油气储运工程师技术岗位资质认证丛书

维抢修工程师

中国石油天然气股份有限公司管道分公司　编

石油工业出版社

内 容 提 要

本书系统介绍了油气储运维抢修工程师所应掌握的专业基础知识、技术管理内容及相关知识，并分三个层级给出相应的测试试题。其中，第一部分专业基础知识重点介绍了常用计算公式及计量单位换算、管道识图、管道材质与油品和焊接工艺等；第二部分技术管理内容及相关知识重点介绍了维抢修日常管理、管道应急、维抢修设备管理、维抢修专业技术、管道抢修技术、管道抢修安全技术等；第三部分为试题集，是评估相关从业人员岗位胜任能力的标准。

本书适用于油气储运维抢修工程师技术岗位和相关管理岗位人员阅读，可作为业务指导及资质认证培训、考核用书。

图书在版编目(CIP)数据

维抢修工程师/中国石油天然气股份有限公司管道
分公司编. —北京：石油工业出版社，2018.1
（油气储运工程师技术岗位资质认证丛书）
ISBN 978-7-5183-1984-8

Ⅰ.①维… Ⅱ.①中… Ⅲ.①石油管道-管道维修-
资格考试-自学参考资料 Ⅳ.①TE973.8

中国版本图书馆 CIP 数据核字(2017)第 160453 号

出版发行：石油工业出版社
（北京安定门外安华里 2 区 1 号　100011）
网　　址：www.petropub.com
编辑部：(010)64523583　图书营销中心：(010)64523633
经　　销：全国新华书店
印　　刷：北京中石油彩色印刷有限责任公司

2018 年 1 月第 1 版　2018 年 1 月第 1 次印刷
787×1092 毫米　开本：1/16　印张：18.25
字数：435 千字

定价：85.00 元
（如出现印装质量问题，我社图书营销中心负责调换）

《维抢修工程师》编写组

主　编：严金涛　李景昌
副主编：刘少柱　张瑞钢
成　员：孙　雷　杨　忠　周　萌　何荣臻　潘文龙　齐健龙
　　　　李明远

《维抢修工程师》审核组
大纲审核

主　审：南立团　刘志刚
副主审：吴志宏
成　员：张晓春　严金涛　张瑞刚　王　伟　尤庆宇　孟令新

内容审核

主　审：刘志刚
成　员：张晓春　张武魁　闫　杰　刘　洋　杨雪梅　吴凯旋

体例审核

孙　鸿　吴志宏　杨雪梅　张宏涛　孟令新　吴凯旋

前　言

　　《油气储运工程师技术岗位资质认证丛书》是针对油气储运工程师技术岗位资质培训的系列丛书。本丛书按照专业领域及岗位设置划分编写了《工艺工程师》《设备(机械)工程师》《电气工程师》《管道工程师》《维抢修工程师》《能源工程师》《仪表自动化工程师》《计量工程师》《通信工程师》和《安全工程师》10个分册。对各岗位工作任务进行梳理，以此为依据，本着"干什么、学什么，缺什么、补什么"的原则，按照统一、科学、规范、适用、可操作的要求进行编写。作者均为生产管理、专业技术等方面的骨干力量。

　　每分册内容分为三部分，第一部分为专业基础知识，第二部分为管理内容，第三部分为试题集。其中专业基础知识、管理内容不分层级，试题集按照难易度和复杂程度分初、中、高三个资质层级，基本涵盖了现有工程师岗位人员所必须的知识点和技能点，内容上力求做到理论和实际有机结合。

　　《维抢修工程师》分册由中国石油管道公司管道处(保卫处)牵头，沈阳输油气分公司、长庆输油气分公司等单位参与编写。其中，第一至第五章由孙雷、杨忠、周萌编写；第六章由潘文龙编写；第七章、第九章由严金涛编写；第八章由齐健龙编写；第十章由何荣臻编写；第三部分试题由对应内容作者编写。李景昌、刘少柱负责技术指导，全书由张瑞钢统稿，最后由审核组审定。

　　在编写过程中，编写人员克服了时间紧、任务重等困难，占用大量业余时间，编者所在的单位和部门给予了大力的支持，在此一并表示感谢。因作者水平有限，内容难免存在不足之处，恳请广大读者批评指正，以便修订完善。

编　者

目　录

第三部分　维抢修工程师资质认证试题集

维抢修工程师工作任务和工作标准清单

序号	工作任务	工作步骤、目标结果、行为标准（维抢修单位）		
		初级	中级	高级
业务模块一：维抢修日常管理				
1	管理平台日常使用	正确登陆并使用管理平台	系统信息填报（人员、设备）	
2	收集管辖范围内管道概况	管道信息收集	管道走向图、高程图识读	
3	设备日常保养			设备定期维修保养
业务模块二：管道应急				
1	应急预案	输油管道泄漏处置		
2	应急预案演练		绘制应急处置流程图	编写现场处置预案
3	演练后评价及问题整改		应急预案演练及后评价	
业务模块三：维抢修设备管理				
1	发电、照明类设备管理	发电机启停操作	照明灯操作与保养	照明灯故障排除
2	高压封堵类设备管理	液压夹板阀操作与保养	（1）液压开孔机保养；（2）液压站保养	塔孔操作
3	低压封堵类设备管理	手动夹板阀操作与保养	手动开孔钻保养	塔孔操作
4	切管类设备管理	电动切管机安装与保养	液压切管机安装与保养	数控火焰切割机安装与点火
5	收油类设备管理	罗茨泵操作与保养	渣浆泵操作与保养	鼓式收油机操作
6	焊接类设备			电焊机操作（林肯DC400）
7	其他维抢修设备管理	可燃气体检测仪操作	溢流夹具安装	对开全包围夹具安装

续表

序号	工作任务	工作步骤、目标结果、行为标准（维抢修单位）		
		初级	中级	高级
业务模块四：管道维修专业技术				
1	管道事故类型与维修方法			补焊操作
业务模块五：管道抢修技术				
1	抢修程序			人员、物资准备
2	水上油品回收		小面积溢油回收	控制坝筑坝
3	陆地油品回收	陆地泄漏处置程序		
4	管道腐蚀泄漏抢修		管体缺陷修复	泄漏处置
5	打孔盗油抢修		未泄漏处置	
6	焊缝开裂抢修		焊缝开裂抢修流程	换管修复
7	管道断裂抢修			蜡堵修复
8	清管器卡堵抢修		清管器卡堵处置	蜡堵处置
9	天然气管道冰堵抢修			冰堵抢修处置
10	天然气管道泄漏抢修（氮气置换）			氮气置换
11	管道漂管抢修			管道悬空处置
12	管道漂管抢修			管道漂管处置
业务模块六：油气管道维修作业安全技术				
1	抢修现场作业安全分析	手动工具操作安全技术		

第一部分　维抢修专业基础知识

第一章　常用计算公式、专业术语及计量单位换算

第一节　常用计算公式及专业术语

一、常用计算公式

1. 常用多面体体积计算公式

$$圆柱的体积=底面积×高$$

即

$$V=S(底面积)×h=(\pi×r×r)h$$

空心圆柱的体积为：

$$V=S(底面积)×h=[\pi×(R-r)^2]h$$

式中　h——圆柱高；

R——圆柱外直径；

r——圆柱内直径。

半径是 R 的球的体积计算公式是：

$$V=\frac{4}{3}\pi R^3$$

2. 直角三角形三角函数

在直角三角形中，当平面上的三点 A，B 和 C 的连线 AB，AC 和 BC，构成一个直角三角形，其中 $\angle ACB$ 为直角。对 $\angle BAC$ 而言，对边(opposite)长度 $a=BC$、斜边(hypotenuse)长度 $c=AB$、邻边(adjacent)长度 $b=AC$，则它们之间存在的关系见表 1-1-1。

表 1-1-1　直角三角形三角函数关系

基本函数	英文	缩写	表达式	语言描述
正弦函数	sine	sin	a/c	$\angle A$ 的对边比斜边
余弦函数	cosine	cos	b/c	$\angle A$ 的邻边比斜边
正切函数	tangent	tan	a/b	$\angle A$ 的对边比邻边
余切函数	cotangent	cot	b/a	$\angle A$ 的邻边比对边
正割函数	secant	sec	c/b	$\angle A$ 的斜边比邻边
余割函数	cosecant	csc	c/a	$\angle A$ 的斜边比对边

注：正切函数、余切函数曾被写作 tg 和 ctg，现已不用这种写法。

3. 扇形常用计算公式

弧长公式：

$$l = n(圆心角) \times \pi(圆周率) \times r(半径)/180$$
$$l = \alpha(圆心角弧度数) \times r(半径)$$

在半径是 R 的圆中，因为360°的圆心角所对的弧长就等于圆周长 $C = 2\pi r$，所以 $n°$圆心角所对的弧长为：

$$l = n°\pi R/180°(l = n° \cdot 2\pi R/360°)$$

弦长公式：

$$L = 2r\sin(\alpha/2)$$

式中　r——半径；

　　　α——圆心角弧度数。

4. 密度的计算

在物理学中，把某种物质单位体积的质量叫做这种物质的密度。密度通常用符号 ρ 表示，国际主单位为单位为千克/米³（kg/m³）。在国际单位制中，质量的主单位是千克（kg），体积的主单位是立方米（m³），于是取 1m³ 物质的质量作为物质的密度。对于非均匀物质则称为"平均密度"。

其数学表达式为：

$$\rho = m/V$$

式中　m——物体的质量，kg；

　　　ρ——物体密度，kg/m³；

　　　V——物体体积，m³。

密度的物理意义，是物质的一种特性，不随质量和体积而变化。某种物质的质量和其体积的比值，即单位体积的某种物质的质量，叫作这种物质密度。用水举例，水的密度在4℃时为 $10^3 kg/m^3$（$1.0 \times 10^3 kg/m^3$）或 $1g/cm^3$ 物理意义是：每立方米的水的质量是 $1.0 \times 10^3 kg$。

5. 流量计算

所谓流量，是指单位时间内流经封闭管道或明渠有效截面的流体量，又称瞬时流量。当流体量以体积表示时称为体积流量；当流体量以质量表示时称为质量流量。单位时间内流过某一段管道的流体的体积，称为该横截面的体积流量。简称为流量，用 Q 来表示，单位立方米每秒（m³/s）。公式为：

$$Q = Sv$$

式中　S——截面面积，m²；

　　　v——速度，m/s。

二、专业术语

1. 流速

流速是指气体或液体流质点在单位时间内所通过的距离。用 v 来表示，单位米每秒（m/s）。当流速很小时，流体分层流动，互不混合，称为层流，或称为片流；逐渐增加流速，流体的流线开始出现波浪状的摆动，摆动的频率及振幅随流速的增加而增加，此种流况称为过渡流；当流速增加到很大时，流线不再清楚可辨，流场中有许多小漩涡，称为湍流，又称为乱流、扰流或紊流。渠道和河道里的水流各点的流速是不相同的，靠近河(渠)底、河边处的流速较小，河中心近水面处的流速最大，为了计算简便，通常用横断面平均流速来表示该断面水流的速度。

2. 高程

高程指的是某点沿铅垂线方向到绝对基面的距离，称绝对高程，简称高程。某点沿铅垂线方向到某假定水准基面的距离，称假定高程。

3. 高程差

也称比高或高差。两点间的高程之差。严格地说，应该是通过两点的两个水准面间的差距。通常用水准测量、三角高程测量或气压高程测量等方法测定。如果从已知高程点出发，测出它和未知点间的高差，就可推算出未知点的高程。已知点比未知点高，则高差为负；反之，高差为正。

4. 扬程

水泵的扬程是指水泵能够扬水的高度，通常用 H 表示，单位是米(m)。离心泵的扬程以叶轮中心线为基准，分由两部分组成。从水泵叶轮中心线至水源水面的垂直高度，即水泵能把水吸上来的高度，叫做吸水扬程，简称吸程；从水泵叶轮中心线至出水池水面的垂直高度，即水泵能把水压上去的高度，叫做压水扬程，简称压程。即水泵扬程=吸水扬程+压水扬程，应当指出，铭牌上标示的扬程是指水泵本身所能产生的扬程，它不含管道水流受摩擦阻力而引起的损失扬程。

5. 热胀冷缩

物体受热时会膨胀，遇冷时会收缩。这是由于物体内的粒子(原子)运动会随温度改变，当温度上升时，粒子的振动幅度加大，令物体膨胀；但当温度下降时，粒子的振动幅度便会减少，使物体收缩。

6. 管道

压力管道定义：指利用一定的压力，用于输送气体或者液体的管状设备，其范围规定为最高工作压力大于或者等于 0.1MPa(表压)，介质为气体、液化气体、蒸汽或者可燃、易爆、有毒、有腐蚀性、最高工作温度高于或者等于标准沸点的液体介质，且公称直径大于或等于 50mm 的管道。公称直径小于 150mm，且其最高工作压力小于 1.6MPa(表压)的输送无毒、不可燃、无腐蚀性气体的管道和设备本体所属管道除外。

长输管道的定义：指产地、储存库、使用单位间的用于输送商品介质的管道。

公称通径的定义：仅与制造尺寸有关且引进方便的一个圆整数，不适用于计算，它是管道系统中除了用外径或螺纹尺寸代号标记的元件以外的所有其他元件通用的一种规格标记。标记由字母"DN"后跟一个以 mm 为单位的数值组成。

管道的作用：管道的作用是用以输送、分配、混合、分离、排放、计量、控制和制止流体的流动。

7. 管道的构成

管道是由管道组成件、管道支承件(管道支吊架)等构成。

管道组成件：指用于连接或装配成管道的元件，包括管子、管件、法兰、垫片、紧固件、阀门以及管道特殊件。所谓管道特殊件，是指非普通标准组成件。包括膨胀节、特殊阀门、爆破片、阻火器、过滤器、挠性接头及软管等。法兰、垫片和紧固件统称为管道连接件。

管道支承件：用于支承管道或约束管道位移的各种结构的总称。但不包括土建的结构。有固定支架、滑动支架、刚性吊架、导向架、限位架、弹簧支吊架、减振和阻尼装置等。管道支承件在通常也称为管道支吊架。

管道支承件包括管道安装件和附着件。

管道安装件：指将负荷从管子或管道附着件上传递到支承结构或设备上的元件。包括吊杆、弹簧支吊架、斜拉杆、平衡锤、松紧螺栓、支撑杆、链条、导轨、锚固件、鞍座、石棉密封垫、滚柱、托座和滑动支架等。

附着件：用焊接、螺栓连接或夹紧方法附装在管子上的零件。包括管吊、吊（支）耳、圆环、夹子、吊夹、紧固夹板和裙式管座等。

8. 管道介质

管道介质按状态分为气体、液化气体和浆体。

浆体是指可燃、易爆、有毒和有腐蚀性的浆体介质。

管道介质按性质分为可燃性介质、爆炸性介质、致毒性介质和腐蚀性介质。

（1）可燃性介质：是指有火灾危险性能引起燃烧的介质，标准中对可燃介质定义为：在生产操作条件下可以点燃和连续燃烧的气体或可以气化的液体。可燃介质分为可燃气体、液化气体和可燃液体。可燃流体的火灾危险性根据 GB 50160—2008《石油化工企业设计防火规范》和 GB 50016—2014《建筑设计防火规范》，可燃气体分为甲、乙两种，液化烃、可燃液体分为甲、乙、丙 3 类。分类见表 1-1-2 和表 1-1-3。

表 1-1-2　可燃液体的火灾危险性分类

类别		名称	特征
甲类	A	液化烃	15℃时蒸汽压力>0.1MPa 的烃类液体及其他类似液体
	B	可燃液体	除甲_{A类}以外，闪点<28℃
乙类	A		28℃≤闪点≤45℃
	B		45℃<闪点<60℃
丙类	A		60℃≤闪点≤120℃
	B		闪点>120℃

表 1-1-3　可燃气体的火灾危险性分类

类别	可燃气体与空气混合物的爆炸下限
甲	<10%（体积）
乙	≥10%（体积）

（2）爆炸性介质：与空气混合后可能发生爆炸的可燃介质或在高温、高压下可能引起爆炸的非可燃介质。

（3）致毒性介质：即具有使人中毒特性的介质。毒物按急性毒性、急性中毒发病状况、慢性中毒患病状况、慢性中毒后果、致癌性和最高允许浓度等 6 项指标，共分为极度危害（最高允许质量浓度<0.1mg/m³）、高度危害（最高允许质量浓度 0.1～<1.0mg/m³）、中度危

害(最高允许质量浓度 $1.0 \sim <10\text{mg/m}^3$)和轻度危害(最高允许质量浓度 $\geqslant 10\text{mg/m}^3$)4 个等级。

极度危害介质也称为剧毒介质,指如有极少量这类物质泄漏到环境中,被人吸入或人体接触,即使迅速治疗,也能对人体造成严重的和难以治疗的伤害的物质。

具有高度危害、中度危害和轻度危害的介质也统称为有毒介质。

在我国一般安全技术法规中提到"有毒"或"有毒介质"时,通常是指所有致毒性介质,包括极度危害、高度危害、中度危害和轻度危害介质在内。

(4)腐蚀性介质:是指能灼伤人体组织并对管道材料造成损坏的物质。如酸、碱以及其他能引起材料损害的流体。如氢、硫化氢等。

9. 气体置换

按照采用的置换方式不同,将置换方法分为 3 类:直接置换、间接置换和阻隔置换。直接置换:将天然气直接通入管道中,天然气与待投产管道中的空气直接接触,直至天然气完全取代空气;或用空气直接通入管道中,空气与待拆除管道中的天然气直接接触,直至空气完全取代天然气的置换方法称为直接置换。间接置换:将惰性气体通入管道内,直至管道内的空气(或天然气)完全被取代,然后再将天然气(或空气)通入管道直至惰性气体完全被取代,这种用惰性气体作为中间介质置换的方法称为间接置换。阻隔置换:在间接置换条件下,使用隔离设备(如阻气球、清管球、专用隔离装置等)或惰性气体将天然气与空气隔离的置换方法称为阻隔置换。

10. 管道的吹扫和清洗

管道系统压力试验合格后,应进行吹洗。吹洗的方法应根据对管道的使用要求、工作介质及管道内表面的脏污程度确定。公称直径大于或等于 600mm 的液体或气体管道,宜采用人工清理;公称直径小于 600mm 的液体管道,宜采用水冲洗;公称直径小于 600mm 的气体管道,宜采用压缩空气吹扫;蒸汽管道应采用蒸汽吹扫;非热力管道不得用蒸汽吹扫;对有特殊要求的管道,应按设计文件规定采用相应的吹扫与清洗方法。

(1)水冲洗。工艺管道中凡是输送液体介质的管道,一般设计要求都要进行水冲洗。冲洗应使用洁净水;管道水冲洗的流速不应低于 1.5m/s,冲洗压力不得超过管道设计压力;冲洗排放管的截面积不应小于被冲洗管截面积的 60%,排水时,不得形成负压;管道水冲洗应连续进行,冲洗质量应符合设计规定,当设计无规定时,排出口的水色和透明度应与入口处的水色和透明度目测一致;对有严重锈蚀和污染的管道,当使用一般清洗方法未能达到要求时,可采取将管道分段进行高压水冲洗;管道冲洗合格后,应及时将管内积水排静,并应及时吹干。

(2)氮气吹扫。工艺管道中凡是输送气体介质的管道,一般多采用氮气吹扫。吹扫忌油管道时,应使用无油压缩空气或其他不含油的气体进行吹扫。氮气吹扫应利用生产装置的大型压缩机或大型储气罐进行间断性吹扫(如液氮车),吹扫压力不得超过容器和管道的设计压力,流速不宜小于 20m/s,除此之外还得严格控制氮气出口温度,防止过低造成冻凝。

氮气吹扫的检查方法,是在吹扫管道的排气口,设置用白布或涂有白漆的靶板来检查,如果在五分钟内靶板上无铁锈、尘土、水分及其他杂质,应为合格。

(3)蒸汽吹扫。蒸汽吹扫这种方法,适用于输送动力蒸汽的管道,因为蒸汽吹扫温度较高，管道受热后要膨胀和位移，在设计时就考虑了这些因素，在管道上装有补偿器，管道支架吊架也都考虑到受热后位移的需要。输送其他介质的管道，设计时一般不考虑这些因素，所以不适用蒸汽吹扫，如果必须使用蒸汽吹扫时，一定要采取必要的措施，并应检查管道热位移。蒸汽吹扫，开始时先输入管内少量蒸汽，缓慢升温暖管，及时排水，经恒温 1h 以后再进行吹扫，然后停汽使管道降到环境温度，再暖管升温、恒温，进行第二次吹扫，如此反复不少于 3 次，吹扫时宜采用每次吹扫一根的方法。如果是室内吹扫，蒸汽的排气管道一定要引到室外，并且要架设牢固。排气管的直径应不小于被吹扫管的管径。蒸汽吹扫的检查方法，中、高压蒸汽管道和蒸汽透平入口的管道，要用平面光洁的铝板靶，低压蒸汽用刨平的木板靶来检查，靶板放置在排气管出口，按规定检查靶板，无脏物为合格。

（4）管道脱脂。某些管道因输送介质的要求，不允许有任何油迹，要进行脱脂处理。脱脂前应根据管道规格、工作介质、脏污程度及现场条件等，制订脱脂方案，对于有明显油迹或严重锈蚀的管子、管件等，应先经蒸汽吹洗、喷砂或其他方法清除油迹、铁锈，然后再进行脱脂。脱脂剂应按设计要求选用，并具有合格证明书。管道脱脂的现场选择，可以是室内，也可以是室外，但不应被雨、雪或尘土污染。

（5）化学清洗。需要化学清洗的管道，其清洗范围和质量要求应符合设计文件的规定；当进行管道化学清洗时，应与无关设备及管道进行隔离；化学清洗液的配方应经试验鉴定后再采用；管道酸洗钝化应按脱脂去油、酸洗、水洗、钝化、水洗、无油压缩空气吹干的顺序进行。当采用循环方式进行酸洗时，管道系统应预先进行空气试漏或液压试漏检验合格；对不能及时投入运行的化学清洗合格的管道，应采取封闭或充氮保护的措施。

11. 囊式封堵短节相关装配尺寸

囊式封堵短节相关装配尺寸包括：选择封堵的管道直径、相对应的封堵短节法兰总成口径、法兰端面距离封堵管道顶部控制参考高度以及挡板装置与送取囊装置两法兰组对中心距，见表 1-1-4。

表 1-1-4　两法兰短节的中心距、法兰端面距管顶控制尺寸及法兰总成口径　单位：mm

管道直径	720	630	529	425	377	325
中心距	1410	1320	1110	980	870	750
控制尺寸	130	130	130	138	138	138
总成口径	DN300	DN300	DN300	DN200	DN200	DN200

第二节　常用计量单位换算

一、面积换算

1 公顷（ha）= 15 亩 = 100 公亩 = 10000 平方米（m^2）

1（市）亩 = 666.66 平方米（m^2）

1 平方米（m^2）= 10.764 平方英尺（ft^2）

二、体积换算

1 美加仑[gal(us)] = 3.785 升(L)

1 桶(bbl) = 0.159 立方米(m^3) = 42 美加仑(gal)

1 英加仑[gal(uk)] = 4.546 升(L)

1 立方米(m^3) = 1000 升(L) = 6.29 桶(bbl)

三、长度换算

1 千米(km) = 0.621 英里(mile)

1 英寸(in) = 2.54 厘米(cm) = 8 英分

1 英里(mile) = 1.609 千米(km)

1 英尺(ft) = 12 英寸(in)

四、质量换算

1 千克(kg) = 2.205 磅(lb)

1 磅(lb) = 0.454 千克(kg)

1 吨(t) = 1000 千克(kg) = 2205 磅(lb)

五、密度换算

1 磅/美加仑[lb/gal(us)] = 119.826 千克/米^3(kg/m^3)

1 磅/(石油)桶(lb/bbl) = 2.853 千克/米^3(kg/m^3)

1 千克/米^3(kg/m^3) = 0.001 克/厘米^3(g/cm^3)

六、运动黏度换算

1 斯(St) = 10^{-4} 米^2/秒(m^2/s) = 1 厘米^2/秒(cm^2/s)

1 英尺^2/秒(ft^2/s) = $9.29030×10^{-2}$ 米^2/秒(m^2/s)

七、力换算

1 牛顿(N) = 0.225 磅力(lbf) = 0.102 千克力(kgf)

1 千克力(kgf) = 9.81 牛(N)

八、温度换算

K = ℃ + 273.15

九、压力换算

1 巴(bar) = 105 帕(Pa)

1 毫米汞柱(mmHg) = 133.322 帕(Pa)

1 毫米水柱(mmH_2O) = 9.80665 帕(Pa) 1 工程大气压(at) = 98.0665 千帕(kPa)

1 兆帕(MPa) = 10 巴(bar) = 10^3 千帕(kPa) = 10^6 帕(Pa)

1 标准大气压(atm)= 0.101325 兆帕(MPa)

1 巴(bar)≈14.5psi

1 磅每平方英寸(psi)= 6.895 千帕(kPa)= 0.0689476 巴(bar)= 0.006895 兆帕(MPa)

psi 英文全称为 pounds per square inch。p 是指磅 pound，s 是指平方 square，i 是指英寸 inch。

第二章 管道识图

第一节 符号及图例

一、线型分类

（1）粗实线：主要管线、图框线。

（2）中实线：辅助管线、分支管线。

（3）细实线：管件、阀件的图线，建筑物及设备轮廓线，尺寸线、引出线。

（4）点划线：定位轴线、中心线。

（5）粗虚线：地下管线，被设备所遮盖的管线。

（6）虚线：设备内辅助管线，自控仪表连接线，不可见轮廓线。

（7）波浪线：管件、阀件断裂处的边界线。

二、管道的规定代号

油管线 Y；油气混输 YM；原油管线 Y1；含水原油管线 SY；天然气管线 M；给水管线 S；排水管线 X；循环冷却水 XH；蒸汽管线 Z；热水管线 R；生产热水管线 R1；热水回水管线 R4；回水管线（凝结水管）N。

三、常用图例

工艺管线安装施工图常用图例见表 2-1-1。

表 2-1-1　工艺管线安装施工图常用图例

序号	名称	图例	说明
1	管道	———————	用于一张图内只有一种管道
		——J—— ——P——	用汉语拼音字头表示管道类别
		------------ — · — · —	用图例表示管道类别
2	地沟管	=========	
3	保温管	∿∿∿∿∿	
4	防护套管	▭▭▭	
5	拆除管	—×—×—×	
6	坡向	——→	
7	流向	——▶——	
8	波形补偿器	—◇—	

续表

序号	名称	图例	说明
9	弹性补偿器		
10	套管补偿器		
11	方形补偿器		
12	球形补偿器		
13	软管		
14	滑动支架		
15	固定支架		
16	阀门		用于一张图内只有一种阀门
17	角阀		
18	闸阀		
19	截止阀		
20	三通阀		
21	四通阀		
22	止回阀		
23	球阀		
24	旋塞阀		
25	电磁阀		
26	电动阀		
27	液动阀		
28	气动阀		
29	减压阀		
30	弹簧安全阀		
31	平衡锤安全阀		
32	蝶阀		
33	隔膜阀		
34	压力表		
35	温度计		
36	流量孔板		

四、常见安全标示

常见安全标示如图 2-1-1 所示。

(a)

(b)

(c)

(d)

(e)

图 2-1-1　常见安全标示

第二节　管道单线图的识图

工程图纸是设计人员对所设计工程全部意图的表达，识图则是维抢修工程师了解工程情况重要而关键的一步。

管道的单双线图：管道施工图从图纸上可分为单线图和双线图。在图形中仅用两条线条表示管子和管件形状的方法叫做双线表示法，由它画成的图样称双线图；另外，由于管子的截面尺寸要小得多，所以在小比例的施工图中，往往把管子的壁厚和空心的管腔全部看成是一条线的投影。这种在图形中用单根粗实线来表示管子和管件的图样，通常叫做单线表示法，由它画成的图样称为单线图。下面将重点学习管道单线图的表示方法。

一、单线图

如图 2-2-1 是管子的单线图，根据投影原理，它的平面投影应积聚成一个小圆点，但为了便于识别，我们在小圆点的外面加画了一个小圆。大部分施工图中，仅画一个小圆，圆心并不加点，所表达的意义都是相同的。

用单线图表示的弯头如图 2-2-2 在平面图上先看到立管的断口，后看到横管立管的断口是一个小圆，横管是一条线。在侧面图上先看到立管，横管的断口在背面看不到，这时横管是一个小圆，立管画到小圆的圆心，表示立管向下然后向后。

图 2-2-3 为 45°弯头的单线图，45°弯头的画法和 90°弯头的画法相似，只是 90°弯头画成整个小圆，而 45°弯头只画成半个小圆。

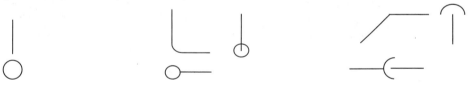

图 2-2-1　管子的单线图　　　　图 2-2-2　弯头的单线图　　　　图 2-2-3　45°弯头的单线图

图 2-2-4 和图 2-2-5 是三通的单线图。图 2-2-4：在平面图上先看到立管的断口，所以把立管画成一个小圆，横管画在小圆两边。在左立面图（左视图）上先看到横管的断口，所以把横管画成一个小圆，立管画到小圆的上边。图 2-2-5 的平面图上是一个三通，立面图上先看到横管，横管是一条线，向后的管线的断口看不到，所以横管穿过圆心。左视图则是先看到横管的断口，向后的管线画到小圆的左侧。

在单线图里不论是同径三通，还是异径三通，它们图样的表示形式相同。

图 2-2-4　三通的单线图（一）　　　　　　　图 2-2-5　三通的单线图（二）

图2-2-6是四通的单线图。同径四通和异径四通的单线图在图样的表示形式上相同。

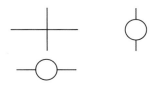

图2-2-6 四通的单线图

图2-2-7是同心大小头的单线图，同心大小头画成等腰梯形和等腰三角形，这两种表示形式意义相同。

图2-2-8是偏心大小头的单线图。如偏心大小头在平面图上的图样与同心大小头相同，就需用文字加以注明偏心两字以免混淆。

图2-2-7 同心大小头的单线图　　图2-2-8 偏心大小头的单线图

图2-2-9是阀门的几种表示方法：

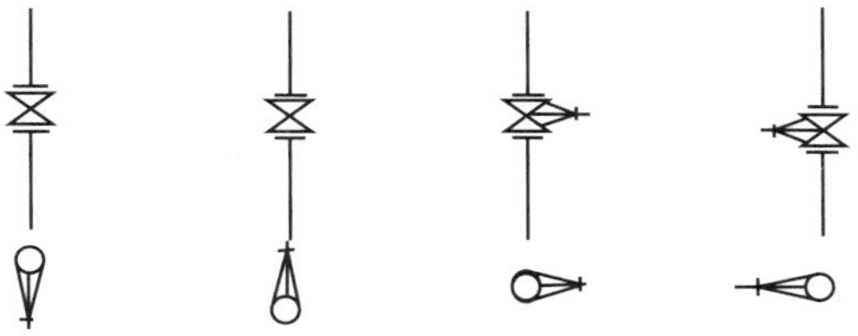

(a)阀柄向前　　(b)阀柄向后　　(c)阀柄向右　　(d)阀柄向左

图2-2-9 阀门的单线图

二、管子的积聚

弯管的积聚：弯管是由直管和弯头两部分组成。直管积聚后是一个小圆，与直管相连接的弯头，在拐弯前的投影也积聚成小圆，并且同直管积聚成小圆的投影重合，如图2-2-10所示。

如图2-2-10右侧平面图，先看到右立管的断口，右立管画成一个小圆，后看到横管，代表横管的直线画到小圆的边，再看到向下拐的左立管，但在平面图上显示的仅仅是弯头背部的投影，因此，横管画到代表左立管的小圆的圆心。

直管和阀门连接的投影从平面图上看，好像圆同阀门内径的投影重合，如图2-2-11所示直管与阀门连接的单线图里仅仅是一只阀门的平面图阀门与弯管连接，先看到弯头背部，再看到仅仅是个阀门并没有管子，实际直管积聚成的小阀门。立管部分在平面图上反映不出，它所积聚的小圆被弯头的投影所遮盖，如图2-2-11所示，平面图上先看到横管一条线，左侧向下拐的立管上和阀门连接，这时横管画到表示立管和阀门的小圆的圆心。立管向下然后向前拐，在立面图上看到的是前后走向的管线的断口，是一个小圆。

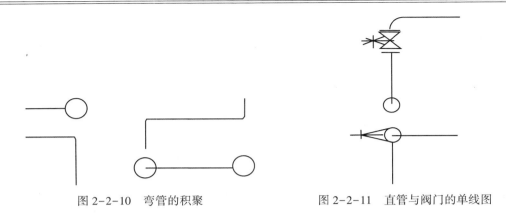

图 2-2-10 弯管的积聚   图 2-2-11 直管与阀门的单线图

三、管子的重叠

长短相同的两根管子，如果重叠在一起的话，它们的投影就完全重合，反映在投影面上好像是一根管子的投影，这种现象称为管子的重叠。

两根直管重叠的表示方法如图 2-2-12 所示。

图 2-2-12 两根直管重叠的单线图

如图 2-2-12 所示，当投影中出现两根管子重叠时，假想前(上)面一根子已经截去一段(加折断符号)，显示出后(下)面的一根管子，用这样的方法可以把两根或多根重叠管线显示清楚。这种表示管线的方法，称为折断显示法。

四、管子的交叉

在图纸中经常出现交叉管线，这是管线投影相交所至。如果两条管线投影交叉，一般高的管线应显示完整，低的管线要断开表示。如图 2-2-13 所示。

图 2-2-13 交叉管子的单线图

五、管线投影图的识读

1. 看视图、想形状

拿到一张管线的平面图后，先要弄清是由几个视图来表示这些管线的形状和走向的，再看立面图或侧立面图，看清平面图和立面图之间的关系，然后想象出这些关系的大概轮廓形状。

2. 对线条、找关系

管线的大体轮廓想象出后，各个视图之间的相互关系可利用对线条（即对投影关系）的方法，找出视图之间对应的投影关系，尤其是积聚、重叠、交叉管线之间的投影关系。

3. 合起来、看整体

看懂了诸视图的各部分形状后，再根据它们相应的投影关系综合起来想象，对各路管线形成一个完整的认识。这样就可以在脑子里把整个管线的立体形状、空间起向完整地勾划出来了。

[例1]运用正投影原理，根据平面图画出立面图。

如图2-2-14所示，平面图的图样是已知的，运用"对线条、找关系、合起来、想整体"的方法，对平面图进行分析，可知这路管线是由两个摇头弯组成，管线的标高从左到右逐渐降低。

[例2]如图2-2-15所示，是管线安装图纸中比较常见的图形。

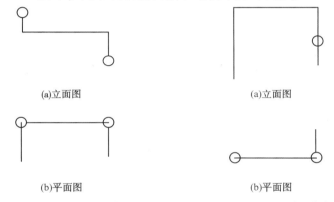

图 2-2-14　识读举例例1　　　　图 2-2-15　识读举例例2

小结：根据以上识图要领，对管线转弯图形可作如下总结：管转弯，看圆圈，平面图上线转弯，竖向管道变圆圈，线进圈中向下弯；立面图上线转弯，前后管线变圆圈，线进圈中向后弯；左（右）视图管转弯，水平管线变圆圈，线进圈中向右（左）弯。

第三节　输油气站场工艺流程

在输油气站内，把设备、管件和阀门等连接起来，以达到某种目的的输油气管道系统，称为输油气站的工艺流程，也可简称工艺流程。输油气站的任务不同，其工艺流程也不相同。

工艺流程中的设备、管件、阀门和管线通过图样或其他载体直观反映其相对位置，表明油气的流动方向，实现某种输油气途经的表示方式，称为工艺流程图。

一、输油管道系统的组成及工艺流程

1. 输油管道系统

输油管道是由油管及其附件组成，并按照工艺流程的需要，配备相应的油泵机组，设计安装成一个完整的管道系统，用以完成油料接卸及输转任务。

输油管道系统，即用于运送石油及石油产品的管道系统，主要由输油管道、输油站及其他辅助相关设备组成，是石油储运行业的主要设备之一，也是石油和石油产品最主要的输送设备，与同属于陆上运输方式的铁路和公路输油相比，管道输油具有运量大、密闭性好、成本低和安全系数高等特点。

2. 输油站场的组成

管道输油站是指沿输油管道干线，为输送油品而建立的各种作业站场。按其所处的位置和作用可以分为输油首站、中间输油站、输油末站和分输站。输油首站收集准备用于管道输送的石油或成品油，进行分类、计量、增压并向下一站输油；中间站接受前一站来油，增压后输往下一站；末站或分输站，接受输油管道来油，分配给消费单位，或交由其他运输方式运转。主要生产设备有泵和原动机组、加热装置、清油收发装置、计量标定装置、储油罐等。

3. 典型输油站场工艺流程

（1）输油首站工艺流程：

首站工艺流程应能完成下列功能：接受来油，计量后储于罐中；进行站内循环或倒罐；向下站正输；反输；收发清管器；原油预热。图 2-3-1 所示为某输油首站工艺流程图。

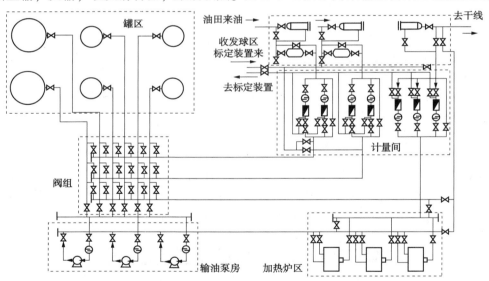

图 2-3-1　某输油首站工艺流程图

（2）输油中间站工艺流程：

中间站工艺流程应能完成下列功能：正输；压力越站；反输；反输压力越站；全越站；清管器越站。图 2-3-2 所示为某输油中间站工艺流程图。

（3）输油末站工艺流程：

输油末站站内工艺流程（图 2-3-3）与输油首站类似；此外，末站还能向炼厂供油和装车、装船外运。

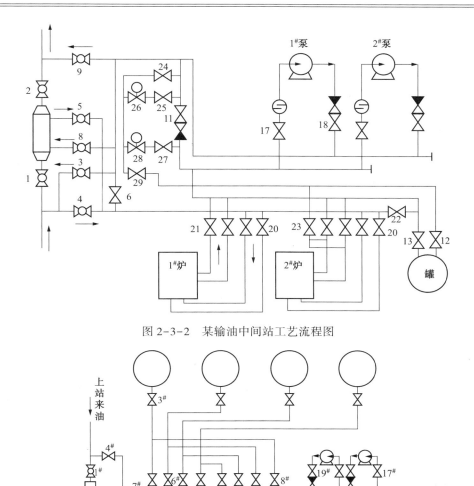

图 2-3-2　某输油中间站工艺流程图

图 2-3-3　输油末站工艺流程

二、输气管道系统的组成及工艺流程

天然气气田或气体处理场距离用气的中心城市和工业企业较远，因此需要通过长输管道或其他途径将商品天然气安全、平稳、源源不断地输送给用户。一般而言，陆上及近海天然气的输送都采用管道方式；而对于跨洋长距离天然气的输送，当铺设管道难以实施时，多采用液化天然气（LNG）方式。

天然气输气管道系统主要由矿场集气管道（网）、干线输气管道（网）、城市配气管道（网）以及与此相关的输（压）气站、场等组成。这些设备和装置从气田的井口开始，经矿场集气、净化及干线输送，再经配气网送到用户，形成统一、密闭的输气系统。另外，与输气管道系统同步建设的还有电力系统、消防系统和自动控制系统等。

1. 矿场集气设备

集气过程从井口开始，经分离、计量、调压净化和集中等一系列过程，到向干线输送为止。集气设备包括井场、集气管网、集气站、天然气处理厂和外输总站等。

2. 输气站

输气站又称压气站，包括首站、中间站(中间气体分输站和中间压气站)与末站。首站主要是对进入站内的气体进行加压后输送至输气干线，同时对进入站内的气体质量进行检测、控制和计量，有时还兼有分离、调压和清管球发送功能。中间气体分输站的功能与首站相似，主要是给沿线城镇、用户供气或接收其他支线与气源来气；中间压气站是为了提高输气压力而设的中间接力站，主要由动力设备和辅助系统组成。末站通常与城市门站合建，除具有一般站场的分离、调压和计量功能外，还要给各类用户配气。

输(压)气站一般由主气路系统和辅助系统组成。主气路系统包括压缩机组、除尘设备、储气库、阀组区(含循环阀组、截断阀组和调压阀等设备)、计量区、空气冷却器等设备和管道连接而成；辅助系统包括各自独立的密封油系统、润滑油系统、燃料气系统、启动气系统以及保护输(压)气站安全正常运行的仪表控制系统与消防系统。

输气站除计量区、阀组区、清管设备、自动控制系统、通信系统、供电系统、消防系统、办公区和生活区有关内容与输油站基本相同外，以下内容有所不同。

压缩机组：是输(压)气站中提供输(压)气动力的关键部分，包括输(压)气机组及辅助系统。输(压)气机组一般都安装在压缩机房内，不能在露天使用。但现代化的机组能适应温度变化和风雨、沙尘等不利的自然条件，有较高自动控制水平，可以露天设置。

除尘设备：包括各种形式的分离器和过滤器，用于除去气体中的固体微粒和液滴。除尘设备都采用露天布置。

储气库：一般设于管道沿线或终点，用于解决管道均衡输气以及气体消费的昼夜与季节不均衡问题。

空气冷却器：输气管道系统主要采用换热器形式的空气冷却器，用于压缩机系统的冷却。

3. 干线输气管道

干线是指从矿场附近的输气首站到终点配气站为止的管线，主要包括管道、线路截断阀室、管道阴极保护设施、管线标志及辅助设施等，其内容与输油站相关内容基本一致。

4. 城市配气站

城市配气是指从配气站(即干线终点)开始，通过各级配气管网和气体调压，按用户要求直接向用户供气的过程。配气站是干线的终点，也是城市配气的起点与枢纽。气体在配气站内经分离、调压、计量和添味后输入城市配气管网。城市配气管网形式可分树枝形和环形两类，按压力则可分为高压、次高压、中压和低压4级。由于不同级别的管网上管道等设施的强度不同，上一级压力的管网必须经调压后才能输向下一级管网。城市一般均设有储气库，用于调节输气量。

5. 典型输气站场工艺流程

1)首站工艺流程

首站的主要任务是接受油气田来气，对天然气中所含的杂质和水进行分离，对天然气进行计量，发送清管器及在事故状态下对输气干线中的天然气进行放空等。另外，如需要增压，一般首站还需要增加增压设备。

首站的工艺流程(图2-3-4)主要有正常流程和越站流程，工艺区主要有分离区、计量区、增压区、发球区等。正常流程：油田来气、分离器分离、计量、出站。越站流程：油田来气直接经越站阀后出站。

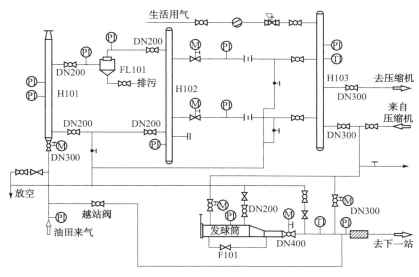

图 2-3-4　首站工艺流程

2)末站工艺流程

在长输管道中，末站的任务是进行天然气分离除尘，接收清管装置，按压力、流量要求给用户供气。末站工艺流程如图2-3-5所示。

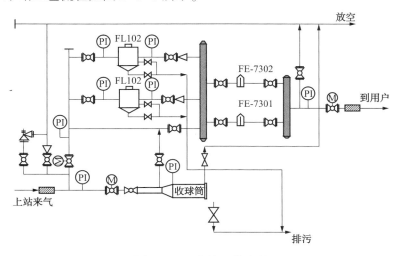

图 2-3-5　末站工艺流程

3)分输站工艺流程

分输站的任务是进行天然气的分离、调压和计量，收发清管球，在事故状态下对输气干线进行放空，以及给各用户进行供气。

其流程主要有：(1)正常流程，包括进站阀进站、经分离器分离、调压计量及向下游供气。（2）越站流程，天然气在进站之前，通过越站阀直接向下游供气，此流程一般是在故障或检修状态下进行。（3）收发球流程，接上一站清管球，向下站发送清管球。如图2-3-6所示。

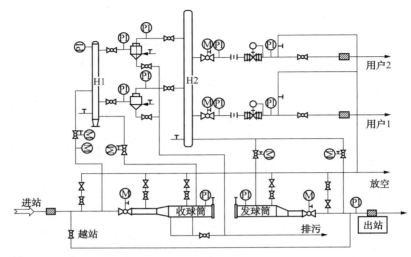

图 2-3-6　分输站工艺流程

4）清管站工艺流程

清管站的功能就是收发清管球。其工艺流程如图2-3-7所示。

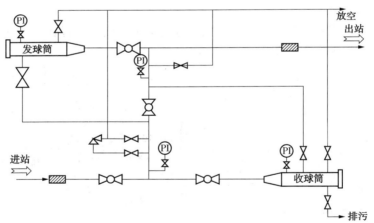

图 2-3-7　清管站工艺流程

第三章 管道与油品知识

第一节 管道与管材知识

管道是由各种组件连接而成，用来输送流体或传递压力的系统，主要由管子、管件、阀门及专用设备等组成。由于在实际生产中所输送介质、操作环境、重要程度和危险性的不同，管道所具有的物性参数也是多样的。不同类型的管材有其适用的场所。目前，工程设计中采用的管道分类与分级方法，按照管道级别和类型分别提出了不同的设计、制造和施工验收要求，以保证各种管道均能在其设计条件下可靠安全地运行，并能合理归并管道附件的品种，简化管道系统的备件，避免管道工程过分复杂。

一、管道的分类

管道的分类方法很多。按用途分类，可分为流体输送管道、传热管道、结构管道以及其他用途管道等；按形状分类，可分为套管、翅片管、各种衬里管等；按材质分类，可分为金属管与非金属管。

《工业金属管道工程施工规范》(GB 50235—2010)中对管道所输送的流体有明确的定义与划分。剧毒流体相当于《职业性接触毒物危害程度分级》(GBZ 230—2010)中 I 级危害程度的毒物，有毒流体相当于 II 级以下危害程度的毒物，可燃流体为在生产操作条件下可以点燃和连续燃烧的气体或可以汽化的液体。《工业金属管道工程施工规范》对输送以上各种流体的管道规定了不同的检验和施工要求。

对管道组成件本身，如阀门的试验，GB 50235—2010 将输送剧毒流体、有毒流体、可燃流体的阀门与输送设计压力大于 1MPa 或设计压力不大于 1MPa，且设计温度小于−29℃或大于 186℃的非可燃流体、无毒流体管道的阀门划分为一类；输送压力不大于 1MPa 且设计温度为−29～186℃的非可燃流体、无毒流体管道的阀门划分为一类。

对于管道焊缝射线检验，GB 50235—2010 将各种管道划分为 3 种情况，管道焊缝需 100%射线照相检验，质量不低于 II 级的为一类。属于这一类的管道有：

（1）输送剧毒流体的管道；

（2）输送设计压力不小于 10MPa，或设计压力大于或等于 4MPa 且设计温度大于或等于 400℃的可燃流体、有毒流体的管道；

（3）输送设计压力不小于 10MPa 且设计温度大于或等于 400℃的非可燃流体、无毒流体的管道；

（4）设计温度小于−29℃的低温管道。

另一类为焊缝可不进行射线照相检验的管道，输送设计压力不大于 1MPa 且设计温度小于 400℃的非可燃流体和无毒流体的管道属于此类。

第三类为焊缝射线照相检验抽检比例不低于5%，质量不低于Ⅲ级的管道，这类管道即为除上述两类管道以外的其他管道。

GB 50235—2010 规定输送剧毒流体、有毒流体、可燃流体的管道必须进行泄漏性试验。因而对泄漏性试验而言，输送以上3种流体的管道又被合并为同一类。

二、管道的分级

1. 按设计压力的分级

在实际管道应用中，管道输送流体的设计压力和设计温度等是管道工程检验、施工和验收的必要条件，这些条件应由设计者提供。为规范压力管道管理，《压力管道安全管理与监察规定》（劳部发〔1996〕140号）对压力管道进行了分级。《工业金属管道工程施工规范》（GB 50235—2010）中的分级以设计压力为主要参数，将管道分为4级。这种分级方法主要用于管道组成件检验、管道加工、管道安装、管道系统试验和工程验收等方面，对各种级别的管道分别有不同的要求。

2. 按管道用途的分级

《压力管道安全管理与监察规定》对工业压力管道按用途进行了分级，它将压力管道按用途划分为长输管道、公用管道和工业管道。长输管道指产地、储存库、用户之间的用于输送商品介质的管道，为GA类，级别划分为GA1级和GA2级。公用管道包括燃气管道和热力管道，为GB类，级别划分为GB1级和GB2级。石油化工管道属于工业管道，为GC类，级别划分为GC1级、GC2级和GC3级。

（1）长输管道。符合下列条件之一的长输管道为GA1级：

①输送有毒、可燃、易爆气体介质，最高工作压力大于4.0MPa的长输管道。

②输送有毒、可燃、易爆液体介质，最高工作压力不小于6.4MPa且输送距离（指产地、储存地、用户之间的用于输送商品介质管道的直接距离）不小于200km的长输管道。

③GA1级以外的长输管道为GA2级。

（2）公用管道。公用管道系指城市或乡镇范围内的用于公用事业或民用的燃气管道和热力管道。GB1级：城镇燃气管道；GB2级：城镇热力管道。

（3）工业管道。工业管道系指企业、事业单位所属的用于输送工艺介质的工艺管道、公用工程管道及其他辅助管道。

符合下列条件之一的工业管道为GC1级：

①输送《职业接触毒物危害程度分级》（GBZ 230—2010）中规定的毒性程度为极度危害介质（苯除外）、高度危害气体介质（包含苯）以及工作温度高于标准沸点的高度危害液体介质的管道。

②输送《石油化工企业设计防火规范》（GB 50160—2008）及《建筑设计防火规范》（GB 50016—2014）中规定的火灾危险性为甲类和乙类可燃气体或甲类可燃液体（包括液化烃），并且设计压力大于或等于4.0MPa的管道。

③输送流体介质并且设计压力大于或等于10.0MPa或者设计压力大于或等于4.0MPa、设计温度大于或等于400℃的管道。

符合下列条件的工业管道为GC2级：除本规定GC3级管道外，介质毒性危害程度、火灾危害（可燃性）、设计压力和设计温度低于GC1级的管道。

符合下列条件的工业管道为 GC3 级：输送无毒、非可燃流体介质，设计压力小于 1.0MPa 且设计温度高于-20℃但不高于 186℃的管道。

压力管道元件指用于连接或装配成管道的组成件，包括管子、管件、阀门、法兰以密封件、紧固件、膨胀节、阻火器、安全保护装置等。

三、管道的材质

钢实质是一种合金，主要成分是铁和少量碳，还含有硅、锰、磷、硫、铬、钼和钒等微量元素。

管道工程中最常用的钢种如下：

（1）碳素钢。碳素钢的钢号表示方法如 Q215Cb。其中，Q—屈服点符号；215—屈服点值；C—质量等级（其余还包括 A 级、B 级和 D 级）；b—脱氧方法中的半镇静钢（沸腾钢为 F）。

碳素钢的应用极为广泛，如低压流体输送管、各种卷焊管、建筑材料和型钢等一般都用它制造。

（2）优质碳素钢。优质碳素钢既保证了材料的力学性能，又保证了化学成分，而且钢中磷和硫杂质含量较低，焊接性好。如 08 钢、10 钢、15 钢、20 钢和 25 钢均属低碳钢。无缝钢管大都用 10 钢和 20 钢制造，10 钢、15 钢与 20 钢也常用来制造容器。30 钢、40 钢、45 钢与 50 钢为中碳钢，热处理后可以得到理想的力学性能，其中 45 钢应用较广泛。

优质碳素钢的钢前面数字表示钢中平均含碳量的万分之几，如 20 钢表示钢中平均含碳量为万分之二十。钢中渗有合金元素时，在钢号后向加上其元素符号，如 Q345(16Mn)、Q390(15MnTi)。对于特殊用途的优质碳素钢，在钢号后而注有汉语拼音字母，如 20g(20 锅炉钢)。

（3）碳素工具钢。碳素工具钢的常用钢号为 T7-T13，T 表示碳素工具钢，后面的数字表示平均含碳量的千分之几。T7 和 T8 常用于制造风镐、冲压模具冲头，T10 和 T11 用于制造绞刀等。

（4）合金钢。在钢中加入一种或几种特定元素，获得具有特殊性能的钢称为合金钢。若加入适量的硅，钢便具有很好的弹性；若加入适量的镍，钢便具有很高的强度、塑性和韧性；若加适量的铬，钢具有较高的强度，在高温下具有防锈和耐酸等特点。

合金钢种类颇多，用途较广，在管道工程中以不锈钢和低合金钢应用较多。

（5）高碳钢。常称工具钢，含碳量从 0.60% 至 1.70%，可以淬火和回火。锤和撬棍等由含碳量 0.75% 的钢制造；切削工具如钻头、丝攻和铰刀等由含碳量 0.90% ~ 1.00% 的钢制造。

高碳钢在经适当热处理或冷拔硬化后，具有高的强度和硬度、高的弹性极限和疲劳极限（尤其是缺口疲劳极限），切削性能尚可，但焊接性能和冷塑性变形能力差。由于含碳量高，水淬时容易产生裂纹，所以多采用双液淬火（水淬+油冷），小截面零件多采用油淬。这类钢一般在淬火后经中温回火或正火或在表面淬火状态下使用。主要用于制造弹簧和耐磨零件。碳素工具钢是基本上不加入合金化元素的高碳钢，也是工具钢中成本较低、冷热加工性良好、使用范围较广的钢种。其碳含量为 0.65% ~ 1.35%，是专门用于制作工具的钢。高碳钢密度为 7.81g/cm³。

四、常用管材

1. 常用管材的种类

管道工程所用的管材可分为金属管材和非金属管材两种。金属管又分为钢管、铸铁管和有色金属管，其中钢管又可分为无缝钢管和有缝钢管两种。非金属管有钢筋混凝土管、石棉水泥管、塑料管和陶土管等。

1）无缝钢管

无缝钢管通常用普通碳素钢、优质碳素钢及合金钢制成，分为冷拔（冷轧）和热轧两种，常用无缝钢管的外径为 12～200mm，壁厚为 2.5～10mm，其中壁厚小于 6mm 的是最常用的。无缝钢管的优点是品种规格多、强度高、耐压高、韧性强，容易加工焊接，是管道工程中最常用的一种材料。其缺点是价格高，容易锈蚀，使用寿命不长。用镍铬不锈钢制成的无缝钢管，其耐腐蚀性、耐酸性强，常用于有特殊要求的化工管道。

无缝钢管多用于压力较高的管道，如氧气管道、压缩空气管道、热力管道、氨制冷管道、乙炔管道以及除强腐蚀性介质以外的各种化工管道。

2）焊接钢管

焊接钢管也称焊管，是用钢板或钢带经过卷曲成型后焊接制成的钢管。焊接钢管生产工艺简单，生产效率高，品种规格多，设备投资少，但一般强度低于无缝钢管。随着优质带钢连轧生产技术的迅速发展以及焊接和检验技术的进步，焊缝质量不断提高，焊接钢管的品种规格日益增多，并在越来越多的领域代替了无缝钢管。焊接钢管按焊缝的形式分为直缝焊管和螺旋焊管。

直缝焊管生产工艺简单，生产效率高，成本低，发展较快。螺旋焊管的强度一般比直缝焊管高，能用较窄的坯料生产管径较大的焊管，还可以用同样宽度的坯料生产管径不同的焊管。但是与相同长度的直缝管相比，焊缝长度增加 30%～100%，而且生产速度较低。

因此，较小口径的焊管大都采用直缝焊，大口径焊管则大多采用螺旋焊。

2. 管材尺寸术语

1）尺寸

公称尺寸：是标准中规定的名义尺寸，是用户和生产企业希望得到的理想尺寸，也是合同中注明的订货尺寸。

实际尺寸：是生产过程中所得到的实际尺寸，该尺寸往往大于或小于公称尺寸。这种大于或小于公称尺寸的现象称为偏差。

2）偏差和公差

偏差：在生产过程中，由于实际尺寸难于达到公称尺寸要求，即往往大于或小于公称尺寸，所以标准中规定了实际尺寸与公称尺寸之间允许有一差值。差值为正值的叫正偏差，差值为负值的叫负偏差。

公差：标准中规定的正、负偏差值绝对值之和叫做公差，亦叫"公差带"。

偏差是有方向性的，即以"正"或"负"表示；公差是没有方向性的，因此，把偏差值称为"正公差"或"负公差"的叫法是错误的。

3）壁厚不均

钢管壁厚不可能各处相同，在其横截面及纵向管体上客观存在壁厚不等现象，即壁厚不均。为了控制这种不均匀性，在有的钢管标准中规定了壁厚不均的允许指标，一般规定不超过壁厚公差的80%。

4）椭圆度

在圆形钢管的横截面上存在着外径不等的现象，即存在着不一定互相垂直的最大外径和最小外径，则最大外径与最小外径之差即为椭圆度（或不圆度）。为了控制椭圆度，有的钢管标准中规定了椭圆度的允许指标，一般规定为不超过外径公差的80%。

5）弯曲度

钢管在长度方向上呈曲线状，用数字表示出其曲线度即叫弯曲度。标准中规定的弯曲度一般分为如下两种：

（1）局部弯曲度。用1m长直尺靠量在钢管的最大弯曲处，测其弦高（单位：mm），即为局部弯曲度数值，其单位为mm/m，表示方法如2.5mm/m。此种方法也适用于管端部弯曲度。

（2）全长总弯曲度。用一根细绳从管的两端拉紧，测量钢管弯曲处最大弦高（单位：mm），然后换算成长度（以米计）的百分数，即为钢管长度方向的全长弯曲度。

例如：钢管长度为8m，测得最大弦高30mm，则该管全长弯曲度应为：

$$0.03 \div 8m \times 100\% = 0.375\%$$

3. 常见钢管等级

常见长输石油天然气管道钢管等级有：L290/X42，L320/X46，L360/X52，L390/X56，L415/X60，L450/X65，L485/X70 和 L555/X80。其中"L"后的数字表示该等级钢材的最小屈服强度，单位 MPa（GB/T 9711—2011《石油天然气工业管线输送系统用钢管》）。

五、长输管道防腐方式

国内涉及工业和自然环境腐蚀的所有行业中，石油工业是腐蚀与防护研究工作基础较好、技术应用效果较为明显的部门之一，其中管道的腐蚀与防护又是石油行业中做得最好的。目前在腐蚀与防护理论研究、腐蚀控制技术开发与应用、防腐蚀设计、防腐蚀工程施工、相关技术标准及规范制（修）订、腐蚀控制系统的管理等方面已形成系列化、规范化的配套技术。

中国石油天然气集团公司（简称中石油）管道干线全部采用了涂层与阴极保护联合的保护方式、站场设施全部采用了保护涂层，部分实施了区域阴极保护，防腐设计已成为管道建设必不可少的一部分，而涂层检测与维护、阴极保护系统管理与监测也都纳入管道系统的正常运营管理体系中。

防腐蚀涂层与阴极保护联合作为公认的最佳保护方法，已被广泛用于埋地钢质管道的腐蚀控制。涂层是埋地管道腐蚀控制的第一道防线，其作用是将管体金属与腐蚀环境隔离。由于涂层不可能近乎完美，涂层中的缺陷不可避免（管道运输、装卸及施工会对涂层造成损伤），而投入运行后，周围土壤环境作用、第三方破坏等都会导致涂层缺陷的发生与发展。因此，仅仅依靠涂层并不能完全控制管道的腐蚀，而且由于涂层缺陷所裸露的局部金属表面与涂层完好的大面积管体构成了小阳极、大阳极的腐蚀电池，反而会加剧局部腐蚀所造成的破坏。

阴极保护的作用是对涂层缺陷处的金属提供附加保护。通过外加阴极极化，使暴露于腐蚀环境的管体金属免遭腐蚀破坏。

涂层的存在极大地降低了建立并维持管道阴极极化所需的保护电流，使阴极保护用于长距离管道保护成为可能；而阴极保护则弥补了涂层中不可避免的缺陷，成为有效控制埋地管道腐蚀必不可少的保障。对于埋地管道的腐蚀而言，两者缺一不可。

1. 防腐涂层

目前在运营的管道中，防腐涂层材料主要有沥青类（包括石油沥青和煤焦油磁漆）、环氧类（包括粉末环氧和液态环氧）、聚烯烃类（包括多层聚乙烯和胶粘带）等。

20世纪80年代中期以前建设的老管道，最初大都采用石油沥青与玻璃布增强涂层系统，近年防腐大修的部分管段涂层更换成了聚乙烯冷缠胶带、改性石油沥青热烤缠带和无溶剂环氧等涂层；20世纪年代中期以后，管道建设采用的涂层系统包括煤焦油瓷漆、熔结环氧粉末、二层或三层聚乙烯复合涂层系统、泡沫夹克复合结构（聚氨酯保温聚乙烯防腐）等。

1）沥青类防腐涂层

（1）石油沥青。由石油蒸馏残余物制得，一般采用玻璃布或玻璃纤维毡增强，涂层较厚（普通级≥4mm，加强级≥5.5mm，特加强级≥7mm）。由于石油沥青具有良好的粘结力、稳定的化学性质，而且价格低廉，来源广泛，对施工要求不高，用作埋地管道防蚀涂层由来已久。我国20世纪80年代中期以前所建的数千公里埋地管道，几乎无一例外地选用了石油沥青防蚀涂层。在长期的使用中，有些石油沥青涂层不近人意，存在吸水率高、耐土壤应力差、支持植物根茎生长、使用温度范围有限等问题，在当今的防蚀设计中，其使用受到一定程度的限制。在有些发达国家近乎淘汰，但实践也证实石油沥青涂层在其适用的环境中，寿命可达到二三十年。

中石油在20世纪80年代中期以前所建的管道全部采用了石油沥青防腐涂层。随着石油沥青涂层陆续进入老化期，其修补或大修问题日益突出，为改善落后的石油沥青加热浇涂施工工艺，开发了改性石油沥青产品，以石油沥青为基本原料，加入增韧剂、矿物填充剂等进行改性与玻璃纤维增强材料复合成热烤缠带，适用于石油沥青管道防腐大修、新建石油沥青管道补口补伤、在役石油沥青管道涂层的日常维修等。

石油沥青涂层适用于对涂层性能要求不高的一般土壤环境，如砂土、壤土环境，长期工作温度低于80℃；不宜用于沼泽、水下以及生物活动频繁、植物根系发达地带。

（2）煤焦油瓷漆。由煤沥青添加煤粉、煤焦油馏分及矿质填料经加热熬制而成，是煤沥青的改性产品。涂层厚度较石油沥青稍低（普通级≥2.4mm，加强级≥3.2mm，特加强级≥4.0mm），构成煤焦油瓷漆涂层的材料包括合成底漆、煤焦油瓷漆、玻璃纤维内缠带、瓷漆浸渍玻璃纤维外缠带等。用作管道防腐已有近百年的历史，80年代中期以前曾连续数十年位居管道涂敷工业的首位，在世界范围内得到广泛应用。随着环境保护要求的日益提高，目前发达国家很少使用。国内于20世纪90年代初开发出来，20世纪90年代中后期建设的长输管道大部分采用了该种涂层。

煤焦油瓷漆用于埋地管道防蚀涂层，其优点是它的防腐性能、耐水性能、耐生物破坏性较好且使用寿命长久，缺点是使用的温度范围有限、高温软化低温硬脆、不耐土壤应力，生产及涂装过程要求有严格的烟气处理和劳动保护措施。

从煤焦油瓷漆的组成及特性可以看出，它较适用于除石方段和黏质土壤外的大多数土壤环境，特别是高含水、植物根系发达、生物活性较强的土壤。

（3）补口补伤技术。沥青类涂层管道的现场补口及补伤，通常采用同类热烤缠带或热收缩套/带，需要加热烘烤。

2）环氧类防腐涂层

（1）单/双层熔结粉末环氧（FBE）。单层环氧粉末由固态环氧树脂、固化剂及多种助剂经混炼、粉碎加工而成，属热固性材料，通过静电喷涂、加热熔融粘结到被保护体上并固化成型。其工业应用于 1961 年始于美国，随后在许多国家得到进一步开发和应用，进入 20 世纪 80 年代以来，其用量不断上涨，已成为国外（特别是发达国家）大多数管道公司新建埋地管道的首选涂层。环氧粉末用作管道防蚀涂层，具有对钢铁强粘结、良好的膜完整性、优秀的耐阴极剥离性能、耐土壤应力、耐磨损、可冷弯等特点，使用温度范围广（-30~100℃），适用于大多数土壤环境，但是耐冲击能力有限、吸水率较高、耐湿热性较差，因此不适用于水下加热温度过高的管道和石方段。FBE 属于一次成膜涂层，涂层厚度普通级为 30~400μm，加强级为 400~500μm。它在我国（特别是近年来）的应用呈上升趋势。除用做埋地管道外防腐层外，也可用于输油、气、水管道的内防腐和减阻涂装。

双层环氧粉末是为提高单层环氧粉末在施工中的抗机械损伤性能和抗岩石划伤能力发展起来的，底层为普通的 FBE（250~375μm），用作防蚀保护，外层为增塑 FBE（375~625μm），用以提供机械保护。可与阴极保护系统更好地匹配，外护层类似于 FBE，但能提供塑料外护层的机械性能优势，塑化 FBE 耐水性和抗冲击性能得到显著改善，同时能保持其作为阴极保护系统一部分的能力，不会屏蔽阴极保护。由于采用热固性固化官能团进行化学粘结，因而省去了中间层，两层之间具有类似的固化官能团，因而不会产生层间分离，最高使用温度可到 115℃。双层环氧系统可用于管道的所有部位，即管体、附件及补口，特别适用于定向钻穿越段、石方段。商业应用始于 1992 年，由于价格较高，国内外总的用量较少，目前主要用于穿越工程。双层环氧粉末已在西气东输管道、忠武管道、郑杭成品油山区管道和钱塘江穿越、甬沪宁管道穿越和南京城市管网等工程上进行了应用。

（2）液态环氧。包括溶剂型和无溶剂型两种，均为双组分反应固化型。这类涂料对铜管具有极强的附着力、优异的耐磨耐腐蚀性能和良好的电绝缘性能，但是需要严格控制固化条件，固化不完全易于造成早期失效。溶剂型涂料用作防腐涂装，溶剂挥发对环境有一定污染，而且容易产生针孔，绝缘性能随时间下降较快。

无溶剂液态环氧是近年来开发成功并逐渐在管道防腐大修中得以应用的。所谓无溶剂涂料是一种不含或含少量挥发性溶剂的涂料。以改性环氧树脂为基料，并以能参与交联固化而成为漆膜的活性稀释剂为溶剂，涂料的有效成分高达 95% 左右。因此，施工中避免了由于溶剂挥发造成的污染以及对施工人员的损害。

目前溶剂型液态环氧主要用于天然气管道内涂减阻，无溶剂型主要用于在役管道防腐大修。

（3）补口补伤技术。粉末环氧涂层的补口可采用粉末环氧（需用专门补口机具）、双组分液态环氧、热收缩套/带等材料，补伤则采用配套热熔修补棒或双组分液态环氧等材料。

3）聚烯烃类防腐涂层

（1）聚乙烯胶粘带。以聚乙烯薄膜为基材，复合上一层胶粘剂（通常为丁基橡胶或 EVA）

而成。具有绝缘性能好、吸水性及透湿性低、施工简单易行、无污染等特点，采用冷缠施工，较适合于现场涂装。国外多用于管道大修及异型管件防腐蚀涂装，国内主要用于管道防腐大修。其缺点是，一旦对钢管失粘，容易产生阴极保护屏蔽，导致涂层下腐蚀。聚乙烯胶带涂层由底漆、防腐胶粘带（内带）和保护胶粘带构成。

（2）二层/三层聚乙烯复合涂层。通过简单的物理叠合或化学粘结将各具特点的单一涂层材料联为一体，形成综合性能良好的多层涂层系统。

二层 PE 由底胶和聚乙烯组成，通过挤出机直接包覆或缠绕于管道上形成保护涂层，用作防蚀涂层具有良好的耐搬运损伤、抗冲击以及优异的防水渗透性，但最严重的问题是容易失粘。失去粘结后，由于高度绝缘的聚乙烯层屏蔽了阴极保护电流，极易造成剥离层下腐蚀，而且很难察觉。国外多用于小口径管道涂装，国内应用不普遍，仅限于部分油气田管道及市政管道。

三层 PE（3PE）防腐钢管涂层也就是三层聚乙烯防腐涂层，是将欧洲的 2PE 防腐层和北美广泛使用环氧粉末防腐钢管涂层（FBE）巧妙地结合起来而产生的一种新的防腐钢管涂层。是在土壤应力和水浸环境中需要长期防蚀保护，因而要求改善粘结的情况下发展起来的。3PE 涂层，底层与钢管面所接触的是环氧粉末防腐涂层，中间层为带有分支结构功能团的共聚粘合剂，面层为高密度聚乙烯防腐涂层。其结构组成为：第一层环氧粉末（FBE>100μm）；第二层胶粘剂（AD）170~250μm；第三层聚乙烯（PE）2.5~3.7mm。由于其兼有熔结环氧（FBE）优异的防腐性能、良好的粘结性与抗阴极剥离性能以及聚烯烃优良的机械性能、绝缘性能及强抗渗透性。到目前为止是全球公认的使用效果最好、性能最佳的管道防腐涂层，从而被应用在诸多的工程当中。近年来，我国新建管道工程就大量应用，已成为新建管道的首选防腐层，如陕京线和西气东输等重大工程全部使用外，库鄯线、涩宁兰、兰成渝、忠武和西南成品油管道等重大工程大部分采用或半数采用。

（3）补口补伤技术。3PE 防腐层补口宜采用无溶剂环氧树脂底漆加辐射交联聚乙烯热收缩带/套复合结构；3PE 防腐层的现场补伤宜采用辐射交联聚乙烯补伤片。

对于聚氨酯泡沫保温结构的补口补伤包括 3 部分：

（1）防腐底层。采用收缩套/带（介质温度低于 70℃）或液态涂料如聚氨酯类（介质温度高于 70℃）。

（2）保温层。补口采用专用模具现场发泡，损伤深度大于 10mm 时予以修补。

（3）外护层。热收缩套，补伤采用热收缩带。

2. 泡沫夹克防腐保温复合结构

由防腐层（防蚀涂层或具有防蚀性能的热溶胶层）、保温层（泡沫塑料层）和防护层（聚乙烯塑料层）组成，预制管管端采用防水帽密封。用于输送介质温度不大于 100℃的管道。各层最小厚度分别为：防腐层 80μm；保温层 25μm；防护层 1.2mm。

该种复合结构用于埋地管道，具有介质输送热损失小、电绝缘性好等特点，但是不具备失效安全性。由于补口和异型管件与主体管道的防腐保温结构很难一致，以至一旦补口失粘、开裂后进水形成腐蚀环境，高度绝缘的聚乙烯夹克又屏蔽了附加阴极保护就会导致管体局部腐蚀。目前长输管道很少使用，主要用于油气田集输管网、石化、供热、热电等工程。

六、绝热材料

绝热材料习惯上称为保温材料，它包括保冷材料和保温材料。保温材料又分为保温层材料和保护层材料。

1. 保温层材料

保温层的作用在于隔热，减少管道或设备的热量或冷量的损失，防止管道冻裂和结露。它的种类很多，通常热力管道用石棉、硅藻土、蛭石水泥、膨胀珍珠岩、泡沫混凝土、矿渣棉和玻璃棉等；低温管道则常用泡沫塑料、油毛毡、矿渣棉和玻璃棉等。

2. 保护层材料

保护层的作用在于保护保温层结构不受外界气候（如雨、雪）以及外力的侵蚀破坏，以保持保温层的耐久性、完整性和美观性。保护层材料有沥青油毡、玻璃丝布、石棉水泥、玻璃钢、薄铁板和薄铝板等。

七、钢板板材

钢板（包括带钢）的分类：

（1）按厚度分类：薄板、中板、厚板、特厚板。

（2）按生产方法分类：热轧钢板、冷轧钢板。

（3）按表面特征分类：镀锌板（热镀锌板、电镀锌板）、镀锡板、复合钢板、彩色涂层钢板。

（4）按用途分类：桥梁钢板、炉钢板、造船钢板、装甲钢板、汽车钢板、屋面钢板、结构钢板、电工钢板（硅钢片）、弹簧钢板、其他。

八、钢铁新旧牌号对照

1. 碳素结构钢

新牌照（GB 700—1988）	旧牌照（GB 700—1979）
Q195	B1（化学成分），A1（力学性能）
Q215A	A2
Q215B	C2
Q235A	A3
Q235B	C3
Q235C	
Q235D	
Q255A	A4
Q255B	C4
Q275	C5

2. 铸钢

新牌照（GB 11352—1989）	旧牌照（GB 979—1967）
ZG200-400	ZG15
ZG230-450	ZG25

ZG270-500	ZG35
ZG310-570	ZG45
ZG340-640	ZG55

3. 灰铸铁

新牌照(GB 9439—1988)	旧牌照(GB 976—1967)
HT150	HT15-33
HT200	HT20-40
HT250	HT25-47
HT300	HT30-54
HT350	HT35-61
HT400	HT40-68
HT100	

第二节　油气管道的组成及其特点

一、输油管道的组成

按照所输油品种类的不同，输油管道可分为原油管道和成品油管道两种。油田、炼油厂和油库(非长输管道输送站、油库)等企业内部输油管道以及油田到附近炼油厂、港口、炼油厂到附近油库、港口等输油管道，长度一般较短，都不属于长输管道的范畴。从油田通向距离较远的炼油厂、港口、火车装油站的原油管道以及从炼油厂到距离较远的油库、港口、火车装油站的成品油管道具有距离长、管径大的特点，并且具备各种配套辅助设施。这种管道都有独立的经营管理系统，属于长距离输油管道。

输送成品油和低凝点、低黏度原油一般采用常温输送；而输送高凝点、高黏度和高含蜡原油，则需要采用加热输送。不论有无加热设备，输油管道系统的总流程是一致的，均由油田(或炼油厂)集输管道(网)、干线输油管道(网)、炼油(或配送)系统以及与此相关的输油站、场等组成。

1. 输油站

输油站包括首站、中间站和末站。首站位于管道的起点，其功能是接收原油(加热)或成品油，并经计量后向下一站输送，站内主要有输油泵房(棚)、油罐区、计量系统等，如果原油需要加热输送，还应设置加热设备；中间站位于管道的中间，是将原油(加热)或成品油加压以便继续向下一站输送，站内主要有输油泵房(棚)、加热设备(如果为加热输送)和油罐等；末站位于管道的终点，是接受管道来油并输向炼油厂，或向铁路、水路、公路转运，站内主要有油罐区和计量系统等，输送高凝点原油的管道，末站还设有反输泵房和加热设备，以备反输。

输油站一般包括生产区和生活区两部分。生产区又可分为主要作业区和辅助作业区。

主要作业区的设备或设施包括输油泵房(棚)或输油泵区、储罐区、阀组区、计量区、清管设施、加热系统(加热炉或换热器组等)、油品预处理装置(多设于首站)等；辅助作业区包括供电系统、供热系统、供水系统、排水系统、消防系统、排污与净化系统、材料库、机修间、调度与监控中心、油品化验室以及通信系统等。

输油泵房(棚)或输油泵区：输油泵房(棚)是输油站中提供输油动力的关键部分，内设输油泵机组及辅助系统。输油泵机组可以安装在泵房或泵棚内。现代化的泵机组能适应温度变化和风雨、沙尘等不利的自然条件，有较高的自动控制水平，可以露天设置。

储罐区：首站和末站储罐区储量较大，用以调节输量和转运量，且按油品性质分区存放。中间站一般不设储罐或只设单罐，用于缓冲(旁接输送)或泄放(密闭输送)。

阀组区：由各种自控或手动阀门与管道组成，是控制工艺流程的枢纽。输油管道系统中主要使用的阀门有截断阀、调压阀和安全阀等。随着国内阀门质量的改善或采用国外高性能优质阀门，阀组已逐渐实现了自控操作，并由室内式改为棚式或露天式。

计量区：计量设施一般设于首站和末站。首站的计量设施用于计量油田或炼油厂所交油量，作为核算交接油量的依据；末站计量设施作为向用户发油的依据。目前，国内不仅在管道首站和末站设有计量设施，港口转运往往也设有计量设施。计量设施都采用室内或棚式布置。

清管设施：清管站通常和其他站、场合建，清管的目的是定期清除管道中的杂物，如水、机械杂质和铁锈等。清管设施包括清管器发放筒、接收筒、清管器、清管器探测器以及指示通过器和相应的阀门。首站设有发放筒，末站设有接收筒，中间站则兼有接收筒和发放筒，但有的中间站可不设置清管设施，清管器可直接通过(越站)。清管设施都采用露天设置。

加热系统：加热输送管道的方式有直接加热和间接加热两种。加热系统一般使用加热炉，但间接加热系统除加热炉外还有换热器和其他辅助设施。对于站内输油管道的伴热，一般采用热水或蒸汽伴热管，热源由加热炉(直接加热式)、热水炉或蒸汽锅炉供给。

油品预处理装置：油品预处理装置主要用于高凝、高黏、高蜡原油添加化学添加剂(降凝剂、流动改进剂、蜡晶抑制剂)、热处理、用轻烃馏分稀释原油、甩水作成乳化液或形成水环等处理，使之改性，以便于输送。

通信系统：管道采用的通信方式通常有明线载波、微波和卫星通信等。通信系统的机房设在站内，微波、卫星通信的塔台设在机房附近。通信系统除满足通话需要外，还承担传输集中控制系统的控制信号与采集数据的任务。

消防系统：包括消防水池或水罐、消防水泵、灭火车、灭火器等灭火设施以及可燃气体浓度探测器、报警系统等。

供电系统，包括变电所、开关场、配电间以及输电线路。变电所将高压输电线路送来的高压电源的电压降为电动机和照明等电气设施使用的几种较低电压，供站内使用。如果泵站输油机组不使用电动机，一般不设变电所或仅设小型照明用变电所。

供热、供水及排水系统：这些系统包括锅炉房、水源井、水塔、污水收集与处理设施以及各种相应的管道。

2. 干线输油管道

干线输油管道(即管线)包括管道、线路截断阀室、管道阴极保护设施、管线标志以及线路辅助设施等。

管道：用于输送油品的设备，一般采用螺旋缝或直缝低合金钢管焊接而成，管道内外表面涂有防腐蚀层，除站(库)内管道沿地、架空敷设外，一般采用埋地敷设。

线路截断阀室：是为了及时进行抢修、检修而设的。一般根据线路所在地区类别，每隔一定距离及在江河、湖泊、公路、铁路等穿跨越处两侧设置线路截断阀室。

管道阴极保护设施：为防止管道的腐蚀，对管线进行保护，每隔一定距离在管线上设置强制电流阴极保护装置，对于穿跨越处，则在管道上悬挂镁或锌阳极的牺牲阳极阴极保护装置。为防止阴极保护系统电流的流失及对其他管道、建（构）筑物造成干扰，在站（场）干线管道进出站口处及各阀室放空管上设置有绝缘装置与绝缘装置电池保护器。

管线标志：敷设好的线路均设置有线路里程桩、转角桩、阴极保护桩、测试桩、穿跨越警示牌，用于管线的状态标志、警示和保护电流测试等。

线路辅助设施：为了保证输油管道的正常运行，线路还设有供电、消防、通信等设施。

二、天然气管道的组成

天然气管道由输气站和线路系统两部分组成。线路系统包括管道、沿线阀室、穿跨越建筑物（见管道穿越工程和管道跨越工程）、阴极保护站（见管道防腐）、管道通信系统、调度和自动监控系统（见管道监控）等。

输气管道可按其用途分矿场集气管道、干线输气管道、城市配气管道等三种。（1）集气管道：从气田井口装置经集气站到气体处理厂或起点压气站的管道，主要用于收集从地层中开采出来未经处理的天然气。（2）干线输气管道：从气源的气体处理厂或起点压气站到各大城市的配气中心、大型用户或储气库的管道，以及气源之间相互连通的管道，输送经过处理符合管道输送质量标准的天然气，是整个输气系统的主体部分。输气管道的管径比集气管道和配气管道管径大。（3）城市配气管道：从城市调压计量站到用户支线的管道，压力低、分支多，管网稠密，管径小，除大量使用钢管外，低压配气管道也可用塑料管或其他材质的管道。

1. 矿场集气

集气过程：从井口开始，经分离、计量、调压、净化和集中，到输入干线前的一系列过程。

集气设备：井场、集气管网、集气站、天然气处理厂、外输总站等。

2. 输气站（或压气站）

任务：对气体进行调压、计量、净化、加压和冷却，使气体按要求沿着管道向前流动。每110-150km设一个中间压气站。

核心设备：压缩机和压缩机车间，根据需要还设有调压计量站和储气库。

3. 干线输气

从首站开始到配气站为止的干线管网。高压、大管径是长距离输气管道的发展方向。

4. 城市配气

任务：从配气站（干线终点）经各级配气管网和气体调压所，按要求向用户供气。配气站是干线的终点，也是城市配气的起点与枢纽。

三、油气管道的特点

1. 原油管道的特点

（1）输量大、运距长、分输点少。在油气资源丰富、原油供应有保证的前提下，采用大口径、高压力管道可以降低输油的成本。我国大庆油田至铁岭的庆铁线（复线）以及铁岭大连、铁岭秦皇岛的原油管道，管径均为720（711）mm，鄯善至兰州的西部原油管道，干线长为1550km，管径为813mm，加上3条进油支线总长约为2340km。俄罗斯地区至东欧的"友谊"原油管道，两条长度分别为5500km和4412km，管径分别为1020mm和1220mm。美国阿拉斯加原油管道是世界上第一条进入北极地区的输油管道，管径为1220mm和长度为1287km，最大工作压力为8.2MPa。沙特阿拉伯东西原油管道穿过浩瀚的沙漠，管径为1220mm和1420mm，长度为1202km。

（2）输油管道随着管径的不同，有着不同的经济输量范围，即输油成本最低的输量范围，过高或过低的输量均会使其输油成本上升。长距离输油管道设计输量一般在经济输量范围附近，以期获得显著的经济效益。在役原油管道的实际输量主要决定于油源和市场的供求关系。

（3）我国各大油田所产原油多为高黏易凝原油，高凝点和高黏度给管输带来困难。我国的大庆、胜利、辽河和中原等油田的原油主要是含蜡原油，凝点较高，如大庆油田原油凝点为33℃，胜利油田混合原油凝点为25℃。高黏重质的原油通常称为稠油。稠油的凝点不高，特点是密度大、黏度高，如渤海油田稠油50℃时的黏度为594mPa·s，辽河的高升油田稠油黏度达到2300mPa·s。在我国东部的高黏易凝原油的管道设计中，为了防凝以及降低黏度，都采用加热输送工艺。由于油田产量递减等原因，当管道输量大大低于设计输量时，油流沿程温度降低的幅度增大，使管内油温接近或低于原油凝点，这将威胁到加热输送管道的安全经济运行。若管道在较低流速及较低温度运行，则可能进入管流的不稳定工况区，这些工况将导致原油管道发生初凝停流事故。

（4）高黏易凝原油的管输工艺方法应根据原油物性特点与管道条件来选择。高黏易凝原油的管输工艺方法有很多种，除了采用最多的加热输送外，还有加降凝剂输送、加减阻剂输送、热处理输送、稀释输送以及掺水降黏输送等方法。各种方法均有其特点及适用范围，需要针对具体的管输条件及原油物性进行实验研究，才能得出安全、经济的输送工艺方案。

2. 成品油管道的特点

同样如长距离输油管道，成品油管道与原油管道有共同之处，也有不同之处。共同之处如成品油管道每种管径都有它的经济输量范围，由于成品油管道输送的油品一般黏度较低，并且为减少混输量，输送流速较高，故相同管径下它的经济输量比原油管道的要大一些。一条成品油管道要输送多种油品，直接供给市场，因此它又有许多不同于原油管道的特点。

（1）成品油管道所输介质进入油库后可直接销售给用户使用，直接为市场服务，故必须是合格的商品油，其运行管理要比原油管道更为严格，采用顺序输送工艺输油，即在一条管道中按一定的顺序输送多种油品。由于两种油品相邻处会互相混掺，形成混油，混油不符合商品油规定的指标，不能直接销售，从而会造成混油经济损失。为了减少混油损失，管道运营中要按油品的相对密度、黏度、牌号相近的相邻顺序排列输油。除了有严格排序外，还有管输最小批量与最大批量的限制以及最低流速的限制。在末站要设混油罐，接收和处理混油。在设计及运行中，也要采取相应的措施，以防止混油损失增大。

（2）输送油品的品种多、变化大。成品油管道可能是由几座炼油厂供应油品，种类繁杂、品牌多、变化大，从成品油中最轻质的丙烷，直到重质的燃料油，都可以在同一管道中顺序运行。国外不同石油公司生产的同一种油品，例如都是95号无铅汽油，但各公司并不同意混合输送，其目的在于保持各公司的油品特色，尤其在油品市场竞争激烈的条件下更可能如此。这给成品油管道运输管理带来极大的难度。即使低级产品（如重质燃料油），若将两个石油公司的批次混为一批输送，也需两个公司的同意。科洛尼尔成品油管道所承运的油品有 118 种，就包含了这些因素在内，这些特点使成品油管道的输油计划编制、生产运行工况等都比原油管道更为复杂、多变。

（3）混油界面跟踪是成品油管道特有的需要。由于两种油品相邻处会形成混油，管内混油段的长度与管径、流速、运行的距离以及管道沿线的地形变化情况、站场内阀门、管件类型、管件数量等多种因素有关。在管输过程中，混油段的长度逐渐增长。如果忽略了混油段界面的跟踪，将不合格的混油当作合格的成品油给了分输站，将是很大的事故，因此必须严密地跟踪、监视混油界面所在位置。在编制运行程序前，就应预测好某一批量油品应于某日某时几分到某分输站卸油，在下达运行程序时，提前通知各站准备届时接收来油。按科洛尼尔管道的要求，油品运行位置的精度应达到准确预计在几时几分到达。该批油品到达某分输站时，由调度员先通知该站做卸油的准备，然后遥控给定该站流量计的卸油量，待监测到该种油品的纯油已进入该站时，开启卸油阀并控制卸油阀的开度，以控制卸油速度，达到给定的卸油量后，流量计自动关闭。

测定各批次油品的准确位置，要依靠各站对混油段密度变化及其位置的监测与对管道的进油量和卸油量的监测，通过计算机的精密计算和总调度室的界面跟踪带状图等多项手段的综合判断，来实现对混油界面的跟踪监测。在每批次的输送油品运行中，当输油温度和压力变化时，由于油品体积的变化，会使混油界面所在位置产生很大的位移。其中温度是影响较大的重要因素，但很难准确测量到长输管道内油品的平均温度，故需计算与监测相结合才能准确定位混油界面。如果混油界面监测失误，就有可能造成管道事故，所以严密的跟踪监测工作十分重要。由于常常是采用多种手段进行监测，这使得成品油管道的自动监测系统比原油管道更加复杂。

目前，国内采用的混油段检测仪表有超声波界面检测仪和密度仪等。新型高精度密度仪可以检测出混油的万分之一浓度变化。

（4）首站和末站油库的油罐所需储存天数多、油罐个数多。首站和末站油罐分别用来调节来油或发油以及管道输量的不均衡。对于原油管道，一般按管道输量及储备天数计算，不同转运方式所需原油储备天数不同，对于用管道、铁路、水运转运的不同情况，首站、末站油罐的原油储备天数一般为 3~7 天。年输量相同的管道，若要求储备天数越多，则首站和末站所需的油罐容量就越大。

顺序输送管道上对某种油品的输送是间歇进行的，而油品的生产和销售过程都是连续的。例如，顺序输送汽油、煤油和柴油时，为了减少混油损失，按它们性质相近相邻排列的原则，一般按汽油—煤油—柴油—煤油—汽油的顺序安排，完成这一排列，即又到输送汽油为一个循环。顺序输送各种油品一个循环所需的时间称为一个周期。顺序输送管道的首站和末站，中间分（进）油点，对每种油品都需要建造足够容量的储罐，储存一个周期内不输送此种油品时的生产量或销售量。因此，首站和末站各种油品的储存天数要按一个周期来考虑。

设计时要根据投资与经营费用、混油损失大小等综合考虑来确定顺序输送的周期长短，也就是要由技术、经济比较来确定最佳的循环次数。成品油管道的首站和末站油罐容量与相同年输量的原油管道相比，其首站和末站的总库容量更大，其油罐个数更多。

3. 输气管道的特点

输气管道由于所输介质是气田所产的天然气，与输油管道相比，它具有不同的特点：

（1）从气田至用户是一个密闭的输气系统。气态的天然气从气井经过集输管网、净化处理厂、输气干线管道、配气管网直至用户，都处于密闭系统之中。其中一处的流量变化、压力波动都会对其他环节有影响。由于气体的可压缩性，流量和压力波动对系统的影响不像输油管道那样剧烈。

（2）天然气供气的可靠性很重要。若管道系统中某处故障造成供气中断，不但会使上游气田、下游工矿企业生产中断，还会影响人民生活的正常秩序，社会效益及经济效益的损失将十分巨大。输气管道在这方面的影响要比输油管道严重得多。保障输气管道的供气能力及安全性有着很重要的意义。目前，发达国家的大型供气管道都形成了多气源、多通道的供气系统，以保障供气的长期可靠性和灵活性。

（3）足够的调峰能力是保证输气系统平稳运行的重要环节。天然气的消费量在一天、一个月或一年之内有很大的不均衡性，特别是城市居民用气量更是如此。民用天然气量一般冬季为夏季的1.3~2倍，一天中不同时段用气量也在不断变化，白天和夜间生活用气量相差很大，城市民用气日夜的峰谷气量可相差10倍左右。

（4）输气管道建设向大口径、高压力和长运距方向发展。由于世界上新开发的大型气田大都在远离消费中心的边远地区以及极地、海洋、沙漠地区。这促使大型天然气输气管道建设向长运距的方向发展。我国除四川省外，近年新发现的气田集中在新疆塔里木盆地、青海柴达木盆地、陕甘宁的鄂尔多斯盆地以及东海、南海海域，而我国天然气消费中心分布在东部和沿海地区。这决定了我国天然气的流向是"西气东输、海气登陆"的长距离输送。于2004年建成的西气东输管道干线长约为4000km，口径为1016mm，最大工作压力为10MPa，设计输量为$120\times10^8m^3/a$。超长距离的输气管道只有在大口径、高压力下才能提高输气量并降低单位输气的投资、能耗及运行费用，提高其经济效益。

（5）大型、高压输气管道破裂事故的后果严重。输气管道一旦发生管道泄漏或破裂的事故，高压天然气将在短时间内大量泄漏并迅速扩散，极易造成爆炸和大范围火灾，除人员伤亡和直接经济损失外，还会带来明显的社会和政治影响。特别当输气管道通过人口稠密、经济发达的地区时，事故的后果将极为严重。

第三节　原油知识

原油又称石油，是一种黏稠的、深褐色液体。主要成分是各种烷烃、环烷烃、芳香烃的混合物。石油的性质因产地而异，密度为0.2~0.6g/cm³，黏度范围很宽，凝固点差别很大（30~60℃），沸点范围为常温到500℃以上，可溶于多种有机溶剂，不溶于水，但可与水形成乳状液。不过不同的油田的石油的成分和外貌可以区分很大。

原油的性质包含物理性质和化学性质两个方面。物理性质包括颜色、密度、黏度、凝固点、溶解性、发热量、荧光性、旋光性等；化学性质包括化学组成、组分组成和杂质含量等。

原油相对密度一般为0.75~0.95，少数大于0.95或小于0.75，相对密度为0.9~1.0的称为重质原油，小于 0.9 的称为轻质原油。

原油黏度是指原油在流动时所引起的内部摩擦阻力，原油黏度的大小取决于温度、压力、溶解气量及其化学组成。温度增高其黏度降低；压力增高其黏度增大；溶解气量增加其黏度降低；轻质油组分增加，黏度降低。原油黏度变化较大，一般为 1~100mPa·s，黏度大的原油俗称稠油，稠油由于流动性差而开发难度增大。一般来说，黏度大的原油密度也较大。

原油冷却到由液体变为固体时的温度称为凝固点。原油的凝固点大约为 -50~35℃。凝固点的高低与石油中的组分含量有关，轻质组分含量高、凝固点低，重质组分含量高，尤其是石蜡含量高，凝固点就高。

含蜡量是指在常温常压条件下原油中所含石蜡和地蜡的百分比。石蜡是一种白色或淡黄色固体，由高级烷烃组成，熔点为 37~76℃。石蜡在地下以胶体状溶于石油中，当压力和温度降低时，可从石油中析出。地层原油中的石蜡开始结晶析出的温度叫析蜡温度，含蜡量越高，析蜡温度越高。

含硫量是指原油中所含硫(硫化物或单质硫分)的百分数。原油中含硫量较小，一般小于 1%，但对原油性质的影响很大，对管线有腐蚀作用，对人体健康有害。根据硫含量不同，可以分为低硫石油或含硫石油。

含胶量是指原油中所含胶质的百分数。原油的含胶量一般为 5%~20%。胶质是指原油中相对分子质量较大(300~1000)的含有氧、氮、硫等元素的多环芳香烃化合物，呈半固态分散状溶解于原油中。胶质易溶于石油醚、润滑油、汽油和氯仿等有机溶剂中。表 3-3-1 为中国石油天然气管道公司部分管道输送原油基本物性数据表。

表 3-3-1　中国石油天然气管道公司部分管道输送原油基本物性数据表

原油名称	凝点(℃)	密度(kg/m³)	含蜡量(%)	胶质沥青质含量(%)	析蜡点(℃)	开口闪点(℃)	反常点(℃)
惠银线长庆油	20	835.0	16.5	4.9	33	24	23
长呼线长庆油	19.5	861.9	17.3	5.0	35	21	22
日照站中东油	-25	859.9	6.2	7.0	15	4	--
铁岭站俄油	-25	862.0	3.4	5.2	12	4	25
铁岭站大庆油	31.5	862.0	27.5	9.9	45	33	38
漠大林源俄油	-25	843.0	4.6	5.0	9	4	--
林源站大庆油	29	862.0	28	9.8	42	33	35
太阳升七厂油	32	893.9	27.4	8.46	53	34	43
新木注入吉林原油	30	852.2	27.3	10.2	53		38
迁安站冀东油	21	839.9	14.3	9.4	40	22	26
秦京房山原油	31	858.8	27	9	44	--	38
秦皇岛大庆油	33	859.4	27.9	10.1	45	--	43
长吉线吉林末站庆俄混油	30	850.3	26.4	9.8	47	--	30

根据原油特性，在管道发生泄漏抢修时，除要注意防火防爆、油气窒息及中毒外，还要重点注意原油泄漏的污染防控工作，做好溢油回收。而且从原油物性表不难看出，无论是"中东油"还是"俄油"，相对国产原油都更具流动性，而且在低温条件下也不易凝固，这些因素也增加了该类油品泄漏抢修时的工作难度。

第四节　成品油知识

一、成品油的分类及特点

成品油是经过原油的生产加工而成的。成品油可分为：石油燃料、石油溶剂与化工原料、润滑剂、石蜡、石油沥青和石油焦6类。

1. 汽油

汽油的沸点范围为30~205℃，密度为0.70~0.78g/cm³，商品汽油按该油在汽缸中燃烧时抗爆震燃烧性能的优劣区分，标记为辛烷值70、80和90或更高。以车用汽油为例，车用汽油按研究法辛烷值分为90号、93号和97号3个牌号。

汽油为水白色、易挥发液体。其用途是作为汽油汽车和汽油机的燃料，并按辛烷值划分牌号。其特点是：

（1）良好的蒸发性。以保证发动机在冬季易于启动；在夏季不易产生气阻，并能较完全燃烧。

（2）足够的抗爆性。以保证发动机运转正常，不发生爆震，充分发挥功率。

（3）化学安定性。要求诱导期要长，实际胶质要小，以保证长期储存时不会发生明显的生成胶质和酸性物质以及辛烷值降低和颜色变深等质量变化。

（4）较好的抗腐性。要求腐蚀试验不超过规定值，保证汽油在储存和使用中不腐蚀储油容器和汽油机部件。

2. 柴油

柴油沸点范围有180~370℃和350~410℃两类，通常国标柴油的密度范围为0.810~0.855g/cm³，柴油习惯上对沸点或沸点范围低的称为轻，相反称为重。故上述前者称为轻柴油，后者称为重柴油。商品柴油按凝固点分级，如5号、0号、-10号、-20号和-35号等，表示适用的环境温度。

5号车用柴油：适合于风险率为10%的最低气温在8℃以上的地区使用；0号车用柴油：适合于风险率为10%的最低气温在4℃以上的地区使用；-10号车用柴油：适用于风险率为10%的最低气温在-5℃以上的地区使用；-20号车用柴油：适用于风险率为10%的最低气温在-14℃以上的地区使用；-35号车用柴油：适用于风险率为10%的最低气温在-29℃以上的地区使用。

轻柴油主要应用于转速不低于960r/min的压燃式高速柴油发动机作燃料。重柴油主要应用于中、低速压燃式柴油发动机作燃料。

轻柴油适合于存储阴凉通风的地方，储油容器应密闭，减少与空气接触。重柴油储油容器应定期清洗，防止油泥沉淀物的积聚和霉菌的滋生。无论轻柴油或重柴油，在装卸、储运、计量和使用过程中都要防止机械杂质或水分混入，严禁混入汽油。注意防火、防静电，保证使用安全。

由于成品油的物性，决定了成品油管道泄漏抢修难度远高于原油管道泄漏抢修，主要表现在成品油远高于原油的燃烧性、蒸发性、爆炸性、流动性、有毒性以及渗透性。成品油管道泄漏极易造成着火、爆炸以及深层的土壤、水源污染，因此在维抢修作业过程中，应从防静电措施、火花控制、个人防护和防渗处理等方面对危险危害进行防控。

成品油管道顺序输送时，动火应尽量放在柴油段进行，不易在汽油段进行动火，且要做好相应的防范措施。

第五节　天然气知识

一、天然气的组成

天然气是一种多组分的混合气态化石燃料，主要成分是烷烃，其中甲烷占绝大多数，另有少量的乙烷、丙烷和丁烷。此外，一般有硫化氢、二氧化碳、氮和水气以及少量一氧化碳和微量的稀有气体，如氦和氩等。在标准状况下，甲烷至丁烷以气体状态存在，戊烷以上为液态。天然气的爆炸极限(体积分数)为 5%~15%。它主要存在于油田、气田、煤层和页岩层。天然气燃烧后无废渣、废水产生，相较煤炭、石油等能源有使用安全、热值高、洁净等优势。

二、天然气的特性

1. 含水量

1) 概念

天然气的含水量用绝对湿度、相对湿度和露点来表示。

(1) 绝对湿度：单位体积或单位质量天然气中所含水蒸气的质量称为天然气的绝对湿度或含水量。

(2) 相对湿度：单位体积天然气的含水量与相同条件(温度、压力)下饱和状态天然气的含水量的比值。

(3) 露点。

在一定的温度和压力下，天然气达到最多容纳水蒸气量时的状态，就称为天然气的饱和状态。在天然气达到饱和状态时，其多余的水蒸气将凝析出来。

在压力一定时，天然气中水蒸气达到饱和时的温度就叫做天然气在这种压力下露点(水露点)。不同的压力下天然气有不同的露点，压力越大露点越高，压力越小露点越低。

2) 天然气含水的危害

天然气从地层中开采出来，如果处理不干净，含有水和酸性离子，会形成电解质，可对金属设备产生电化腐蚀和化学腐蚀。天然气中含有水时，天然气中的烃成分在一定条件下，将与水结合形成水化物，堵塞管道、仪表和阀门。

2. 天然气的燃烧值

1) 概念

单位体积(质量)天然气燃烧时所产生的热量称为天然气的燃烧值。

2）表示方法

天然气的主要组分烃类是由碳和氢构成的，氢在燃烧时生成水并被汽化，由液态变成气态，这样，一部分燃烧热能就消耗于水的汽化，消耗于水的汽化的热值叫汽化热。将汽化热计算在内的热值叫全热值（高热值），不计算汽化热的热值叫净热值（低热值）。由于天然气燃烧时汽化热无法利用，工程上通常用低热值。

3. 天然气的爆炸性

1）概念

（1）燃烧：物质发生激烈氧化，是连续稳定的氧化过程并发出光和热。

（2）爆炸：物质在极短的时间内激烈氧化，瞬间向外传播光和热并产生冲击波，是不连续、不稳定的氧化过程。

（3）爆炸低限：能够引起爆炸的可燃气体的最低含量。

（4）爆炸高限：能够引起爆炸的可燃气体的最高含量。

（5）天然气的爆炸范围：一般在5%～15%（体积）范围内，不同的天然气成分不同，爆炸范围有所变化，但变化不大。

（6）爆炸力：天然气与空气的混合物爆炸时所产生的冲击力。

2）爆炸条件

（1）必须有天然气和空气的混合物；

（2）天然气的浓度必须在爆炸范围之内；

（3）必须满足爆炸所需温度，如遇明火。

3）爆炸特性

（1）天然气与空气的浓度在低限以下时，既不能燃烧也不能爆炸；高限以上条件满足时只能燃烧不能爆炸；只有在爆炸范围内才可能发生爆炸。

（2）天然气与空气的混合物只有同时满足上述3个条件，才能发生爆炸；缺一不可。

4）影响爆炸范围的因素

（1）温度的影响：温度越高，天然气的爆炸范围越大；温度越低，天然气的爆炸范围越小。

（2）压力的影响：压力增大，天然气的爆炸下限变化不大，而上限明显增加。

（3）惰性气体的影响：含惰性气体越多，天然气的爆炸范围越小。

5）影响爆炸力的因素

（1）在爆炸范围内混合气体多少的影响：混合气体越多，爆炸力越大；混合气体越少，爆炸力越小。

（2）混合气压力的影响：爆炸力与混合气爆炸前混合气的压力成正比。

（3）与混合气体的密闭程度有关，密闭越严，爆炸力越大。

在进行天然气管道泄漏的抢修时，要严格布控泄漏区域，进行必要的疏散、防火布控工作，重点做好泄漏段的截断及放空（必要时进行点燃），对截断区间进行氮气置换合格后组织抢修。在抢修工程中要严格监测可燃气体浓度、硫化氢浓度以及空气含氧量，必要时需对进行作业点进行强制通风。

天然气闪点为-190℃，与空气混合能形成爆炸性混合物。

天然气的成分主要是甲烷，甲烷的闪点-188℃。

第六节　氮气知识

氮气，化学式为 N_2，通常状况下是一种无色无味的气体，而且一般氮气比空气密度小。氮气占大气总量的 78.12%（体积分数），是空气的主要成分。在标准大气压下，冷却至-195.8℃时，变成没有颜色的液体，冷却至-209.8℃时，液态氮变成雪状的固体。

空气中氮气含量过高，使吸入气氧分压下降，引起缺氧窒息。吸入氮气浓度不太高时，患者最初感胸闷、气短、疲软无力；继而有烦躁不安、极度兴奋、乱跑、叫喊、神情恍惚、步态不稳，称之为"氮酩酊"，可进入昏睡或昏迷状态。吸入高浓度氮气，患者可迅速昏迷、因呼吸和心跳停止而死亡。

第七节　液压油知识

液压油是液压系统中借以传递能量的工作介质。液压油的主要功用是传递能量，此外还兼有润滑、密封、冷却和防锈等功能。没有液压油，液压装置就不能工作。正确使用液压油，既能最大限度地发挥液压系统的性能，又能延长液压元件的使用寿命，确保整机使用的可靠性和稳定性。据统计，液压系统 70% 以上的故障都是由于没有能够正确使用液压油引起的。

一、常用液压油的规格、性能及应用

常用的液压油类型有 HL 型、HM 型、HR 型、HG 型和 HV 型液压油，均属矿油型液压油，这类油的品种多，使用量约占液压油总量的 85% 以上，汽车与工程机械液压系统常用的液压油也多这类。

以下分别介绍其性能及其应用。

1. HL 液压油（也称通用型机床工业用润滑油）

（1）规格　HL 液压油是由精制深度较高的中性基础油，加抗氧和防锈添加剂制成的。HL 液压油按 40℃ 运动黏度可分为 15，22，32，46，68 和 100 共 6 个牌号。

（2）用途：HL 液压油主要用于对润滑油无特殊要求，环境温度在 0℃ 以上的各类机床的轴承箱、齿轮箱、低压循环系统或类似机械设备循环系统的润滑。它的使用时间比机械油可延长一倍以上。该产品具有较好的橡胶密封适应性，其最高使用温度为 80℃。

（3）使用注意事项

①使用前要彻底清洗原液压油箱，清除剩油、废油及沉淀物等，避免与其他油品混用。

②本品不适用于工作条件苛刻、润滑要求高的专用机床。对油品质量要求较高的齿轮传动装置、液压系统及导轨，应选用中、重负荷齿轮油，抗磨液压油或 HG 液压油。

③本油品代替机械油用于通用机床及其他类似机械设备的循环系统的润滑，经济效益显著，能延长换油周期，平均节约润滑油 1/3～1/2。

2. HM 液压油（抗磨液压油）

1）规格

HM 液压油是从防锈、抗氧液压油基础上发展而来的，它有碱性高锌、碱性低锌、中性高锌型及无灰型等系列产品，它们均按 40℃ 运动黏度分为 22，32，46 和 68 共 4 个牌号。

2）用途

（1）抗磨液压油主要用于重负荷、中压、高压的叶片泵、柱塞泵和齿轮泵的液压系统 YB-D25 叶片泵、PF15 柱塞泵、CBN-E306 齿轮泵、YB-E80/40 双联泵等液压系统。

（2）用于中压和高压工程机械、引进设备和车辆的液压系统。如电脑数控机床、隧道掘进机、履带式起重机、液压反铲挖掘机和采煤机等的液压系统。

（3）除适用于各种液压泵的中高压液压系统外，也可用于中等负荷工业齿轮（蜗轮、双曲线齿轮除外）的润滑。其应用的环境温度为 -1 ~ 40℃。该产品与丁腈橡胶具有良好的适应性。

3. HR 液压油和 HG 液压油

（1）HR 液压油是在环境温度变化大的中低压液压系统中使用的液压油。该油具有良好的防锈、抗氧化性能，并在此基础上加入了黏度指数改进剂，使油品具有较好的黏温特性。

（2）HG 液压油原为普通液压油中的 32G 和 68G，曾用名为液压导轨油，该产品是在 HM 液压油基础上添加油性剂或减磨剂构成的一类液压油。该油不仅具有优良的防锈、抗氧化、抗磨性能，而且具有优良的抗黏滑性。该产品主要适用于各种机床液压和导轨合用的润滑系统或机床导轨润滑系统及机床液压系统。在低速情况下，防爬效果良好。

4. HV 液压油和 HS 液压油（低温液压油）

1）规格

这是两种不同档次的液压油，均属较低温度变化范围下使用的液压油。此二类油都有低的倾点，优良的抗磨性、低温流动性和低温泵送性。HV 液压油和、HS 液压油按基础油分为矿油型与合成油型两种，按 40℃ 运动黏度，HV 油分为 15，22，32，46，68 和 100 共 6 个牌号，HS 油分为 15，32，32 和 46 共 4 个牌号。

2）用途

（1）HV 低温液压油主要用于寒区或温度变化范围较大和工作条件苛刻的工程机械、引进设备和车辆的中压或高压液压系统。如数控机床、电缆井泵以及船舶起重机、挖掘机、大型吊车等液压系统。使用温度在 -30℃ 以上。

（2）HS 低温液压油主要用于严寒地区上述各种设备。使用温度为 -30℃ 以下。

3）注意事项

（1）低温液压油是一种既具有抗磨又具有高低温性能的高级液压油，应注意合理使用。

（2）低温液压油不能用于有银部件的液压设备。

（3）HV 液压油和 HS 液压油由于基础油组成不同，所以不能混装混用以免影响使用性能。

液压油的选择，首先是油液品种的选择。选择油液品种时，优先选购产品推荐的专用液压油，这是保证设备工作可靠性和寿命的关键，如果确无专用液压油，可根据工作压力及工作温度范围等因素进行考虑。

第八节　润滑油与防冻液知识

润滑油是液体润滑剂，一般是指矿物油与合成油，尤其是矿物润滑油。目前，全世界矿物润滑油的年产量超过 20003t，占润滑剂总产量的 95% 以上。

一、润滑油

根据 GB/T 7631.1—1987 的规定，润滑油的代号由类别、品种及数字组成，其书写的形式为：类别+品种+数字。

类别是指石油产品的分类，润滑剂是石油产品之一，润滑材料产品用 L 表示。

品种是指润滑油的分组，是按其应用场合分组，分别用相应字母代表：A—全损耗系统；C—齿轮；D—压缩机；E—内燃机；F—定子、轴承、离合器；G—导轮；H—液压系统；M—金属加工；P—风动工具；T—汽轮机；Z—蒸汽气缸等，是品种栏的首字母，实际上品种栏内还可能有 1 个或多个其他字母，以表示该品种的进一步细分种类。

数字代表润滑油的黏度等级，其数值相当于 40℃（有些则是批号，但要注明，否则是指 40℃）是的中间运动黏度值，单位为 mm^2/s，按 GB/T 3141—1994 规定有 2，3，5，7，10，15，22，32，46，68，100，150，220，320，460，680，1000，1500，2200 和 3200 共 20 个等级。

例：L-AN100，表示黏度等级为 100mm^2/s 的全损耗系统润滑油，其在 40℃时运动黏度为 90～110mm^2/s，中间类的运动黏度为 100mm^2/s。

润滑油的质量指标可分为两大类：一类是油品的理化性能指标；另一类是油品的应用性能指标。下面主要介绍几个主要的理化指标。

（1）颜色：润滑油的颜色与所有物质一样，都具有相应而固定的颜色，它与基础油的精制度及所加的添加剂有关。但在使用或贮存过程中则会因其氧化而变质，从而改变颜色，且变色程度与变质程度有关。如呈乳白色，则表示有水或气泡存在；颜色变深，则表示氧化变质或污染。

（2）黏度：黏度表示润滑油内摩擦阻力的程度，亦即内摩擦力的量度。通常将黏度分为动力黏度、运动黏度和相对黏度 3 种。

黏度是各种润滑油分类、分级、质量评定与选用及代用的主要指标。

①动力黏度：动力黏度是液体在一定切应力下流动时，其内摩擦力的量度。

②运动黏度：运动黏度是液体在重力作用流动时，其内摩擦力的量度。计量单位 mm^2/s。

③相对黏度：相对黏度是采用不同的特定黏度计所测得的条件单位表示的黏度，一般有恩氏黏度、赛氏黏度、雷氏黏度 3 种表示方法。

二、防冻液

防冻液的全称叫防冻冷却液，意为有防冻功能的冷却液。防冻液可以防止在寒冷冬季停车时冷却液结冰而胀裂散热器和冻坏发动机气缸体或气缸盖。

第四章 管道焊接相关知识

第一节 维抢修常用电弧焊工艺

电弧焊是目前应用最广泛的焊接方法。它包括：手弧焊、埋弧焊、钨极气体保护电弧焊、等离子弧焊、熔化极气体保护焊等。绝大部分电弧焊是以电极与工件之间燃烧的电弧作热源。在形成接头时，可以采用也可以不采用填充金属。所用的电极是在焊接过程中熔化的焊丝时，叫作熔化极电弧焊，诸如手工焊、埋弧焊、气体保护电弧焊、管状焊丝电弧焊等；所用的电极是在焊接过程中不熔化的碳棒或钨棒时，叫作不熔化极电弧焊，诸如钨极氩弧焊、等离子弧焊等。

一、手工电弧焊

手工电弧焊是用手工操纵焊条进行焊接的一种电弧焊。它是以外部涂有涂料的焊条作电极和填充金属，电弧在焊条的端部和被焊工件表面之间燃烧。涂料在电弧热作用下一方面可以产生气体以保护电弧，另一方面可以产生熔渣覆盖在熔池表面，防止熔化金属与周围气体的相互作用。熔渣的更重要作用是与熔化金属产生物理化学反应或添加合金元素，改善焊缝金属性能。手工电弧焊使用的设备简单，方法简便灵活，但对焊工操作技术要求高，焊接质量在一定程度上决定于焊工操作技术。手工电弧焊焊接的工件厚度一般在 1.5mm 以上，1mm 以下的薄板不适合采用手工电弧焊。手工电弧焊按电源种类分为：交流手工电弧焊和直流手工电弧焊。采用直流焊接，电弧稳定、柔顺、飞溅少；而交流焊接电弧稳定性差。手工电弧焊的焊条按其熔渣性质分为酸性焊条和碱性焊条。碱性焊条与同级别的酸性焊条相比，其熔敷金属延性和韧性高，扩散氢含量低，抗裂性能强，因此对于重要的钢结构件的焊接，一般都选用碱性焊条。但碱性焊条工艺性能较差，必须采用直流电源焊接。手工电弧焊的最大优点就是灵活性好，焊条可以小批量生产，通过调整药皮和焊芯的成分，可以适应特种材料的焊接，如碳钢、不锈钢、铸铁、铜、铝、镍及其合金等。

二、氩弧焊

氩弧焊是使用氩气作为保护气体的一种焊接技术。又称氩气体保护焊。就是在电弧焊的周围通上氩气保护气体，将空气隔离在焊区之外，防止焊区的氧化。

氩弧焊技术是在普通电弧焊原理的基础上，利用氩气对金属焊材的保护，通过高电流使焊材在被焊基材上融化成液态形成熔池，使被焊金属和焊材达到冶金结合的一种焊接技术，由于在高温熔融焊接中不断送上氩气，使焊材不能和空气中的氧气接触，从而防止了焊材的氧化，因此可以焊接不锈钢、铁类金属。

1. 氩弧焊分类

氩弧焊按照电极的不同分为非熔化极氩弧焊和熔化极氩弧焊两种。

1）非熔化极氩弧焊

非熔化极氩弧焊是电弧在非熔化极（通常是钨极）和工件之间燃烧，在焊接电弧周围流过一种不与金属起化学反应的惰性气体（常用氩气），形成一个保护气罩，使钨极端部、电弧和熔池及邻近热影响区的高温金属不与空气接触，能防止氧化和吸收有害气体。从而形成致密的焊接接头，其力学性能非常好。

2）熔化极氩弧焊

焊丝通过丝轮送进，导电嘴导电，在母材与焊丝之间产生电弧，使焊丝和母材熔化，并用惰性气体氩气保护电弧和熔融金属来进行焊接。它和钨极氩弧焊的区别：一个是焊丝作电极，并被不断熔化填入熔池，冷凝后形成焊缝；另一个是采用保护气体，随着熔化极氩弧焊的技术应用，保护气体已由单一的氩气发展出多种混合气体的广泛应用，如以氩气或氦气为保护气时称为熔化极惰性气体保护电弧焊（在国际上简称为 MIG 焊）；以惰性气体与氧化性气体（O_2，CO_2）混合气为保护气体时，或以 CO_2 气体或 CO_2+O_2 混合气为保护气时，统称为熔化极活性气体保护电弧焊（在国际上简称为 MAG 焊）。从其操作方式看，目前应用最广的是半自动熔化极氩弧焊和富氩混合气保护焊，其次是自动熔化极氩弧焊。

2. 氩弧焊的优缺点

1）氩弧焊的优点

（1）氩气保护可隔绝空气中氧气、氮气、氢气等对电弧和熔池产生的不良影响，减少合金元素的烧损，以得到致密、无飞溅、质量高的焊接接头；

（2）氩弧焊的电弧燃烧稳定，热量集中，弧柱温度高，焊接生产效率高，热影响区窄，所焊的焊件应力、变形、裂纹倾向小；

（3）氩弧焊为明弧施焊，操作、观察方便；

（4）电极损耗小，弧长容易保持，焊接时无熔剂、涂药层，所以容易实现机械化和自动化；

（5）氩弧焊几乎能焊接所有金属，特别是一些难熔金属、易氧化金属，如镁、钛、钼、锆、铝等及其合金；

（6）不受焊件位置限制，可进行全位置焊接。

2）氩弧焊的缺点

（1）氩弧焊因为热影响区域大，工件在修补后常常会造成变形、硬度降低、砂眼、局部退火、开裂、针孔、磨损、划伤、咬边或者是结合力不够及内应力损伤等缺点。

（2）氩弧焊与焊条电弧焊相比对人身体的伤害程度要高一些，氩弧焊的电流密度大，发出的光比较强烈，它的电弧产生的紫外线辐射约为普通焊条电弧焊的 5~30 倍，红外线约为焊条电弧焊的 1~1.5 倍，在焊接时产生的臭氧含量较高，因此，应尽量选择空气流通较好的地方施工，不然对施焊人员的身体有很大的伤害。

（3）对于低熔点和易蒸发的金属（如铅、锡。锌），焊接较困难。

3）氩弧焊在打底工艺上的应用

采用氩弧焊打底工艺，可以得到优质的焊接接头，经射线探伤，焊缝级别均在 II 级以上。其优点有：

（1）质量好。只要选择合适的焊丝、焊接工艺参数和良好的气体保护就能使根部得到良好的熔透性，而且透度均匀、表面光滑、整齐。不存在一般焊条电弧焊时容易产生的焊瘤、未焊透和凹陷等缺陷。

（2）效率高。在管道的第一层焊接中，手工氩弧焊为连弧焊，而焊条电弧焊为断弧焊，因此手工氩弧焊可提高效率 2~4 倍。因不需清理熔渣和修理焊道，则速度提高更快。在第二层电弧焊盖面时，平滑整齐的氩弧焊打底层非常利于电弧焊盖面，能保证层间良好地熔合，尤其在小直径管的焊接中，效率更显著。

（3）易掌握。手工电弧焊根部焊缝的焊接，必须由经验丰富且具有较高技术水平的焊工来担任。采用手工氩弧焊打底，一般从事焊接工作的工人经较短时间的练习，基本上均能掌握。

（4）变形小。氩弧焊打底时热影响区要小得多，故焊接接头变形量小，残余应力也小。

因此，在维抢修动火施工作业中，氩弧焊常常是首选的打底工艺，配合传统手工电弧焊 J507，就形成了人们常说的氩电联焊工艺。

三、下向焊

下向焊接技术自 20 世纪 60 年代引进中国以来，经过几十年的发展，我国已具有成熟的手工下向焊接技术，目前正在普及半自动下向焊技术及全自动气保护下向焊技术，并作为长输管道及市政管道焊接技术发展的趋势，在全国建设中大力推广。

所谓管道下向焊就是从管道上顶部引弧，自上而下进行全位置焊接的操作技术。该方法焊接速度快，焊缝形成美观，焊接接质量好，可以节省焊接材料，降低工人劳动强度。

1. 特点

在管道水平放置固定不动的情况下，焊接热源从顶部中心开始垂直向下焊接，一直到底部中心。其焊接部位的先后顺序是：平焊、立平焊、立焊、仰立焊、仰焊。下向焊焊接工艺采用纤维素下向焊焊条，这种焊条以其独特的药皮配方设计，与传统的由下向上施焊方法相比其优点主要表现在：

（1）焊接速度快，生产效率高。因该种焊条铁水浓度低，不淌渣，比由下向上施焊提高效率 50%。

（2）焊接质量好，纤维素焊条焊接的焊缝根部成形饱满，电弧吹力大，穿透均匀，焊道背面成形美观，抗风能力强，适于野外作业。

（3）减少焊接材料的消耗，与传统的由下向上焊接方法相比，焊条消耗量减少 20%~30%。

（4）焊接一次合格率可达 90% 以上。

采用下向焊的焊接缝隙小，焊接速度快，使得与传统上向焊工艺相比，显得高效、节能；另外，选用的纤维素焊条，焊条电弧吹力大、抗外界干扰能力强；连续焊接，焊接接头少，焊缝成型美观；采用的多层多道焊操作工艺，使得焊缝的内在质量好，无损检测合格率高。

2. 焊接工艺的选择

1）手工下向焊

手工下向焊接技术与传统的向上焊接相比具有焊缝质量好、电弧吹力强、挺度大、打底焊时可以单面焊双面成型、焊条熔化速度快、熔敷率高等优点，被广泛应用于管道工程建设中。随着输送压力的不断提高、油气管道钢管强度的不断增加，手工下向焊接技术经历了全纤维素型下向焊—混合型下向焊—复合型下向焊接这一发展进程。

全纤维素型工艺的关键在于根焊时要求单面焊双面成型；仰焊位置时防止熔滴在重力作用下出现背面凹陷及铁水粘连焊条。我国早期的下向焊均是纤维素型。

混合型下向焊接是指在长输管道的现场组焊时，采用纤维素型焊条根焊、热焊，低氢型焊条填充焊、盖面焊的手工下向焊接技术。主要用于焊接钢管材质级别较高的管道。

陕京管道是我国第一条采用下向焊工艺和进口钢管及焊材建成的长距离管道。

20世纪90年代末期，大壁厚管材广泛应用于国内外油、气和水电工业长输管道中，水电工业的压力管道中一般管径达1m以上，壁厚达10~60mm，在我国北方寒冷地区油气管道壁厚也达到10~24mm。与传统的向上焊相比，由于下向焊热输入低，熔深较浅，焊肉较薄，随着钢管壁厚的增加焊道层数也迅速增加，焊接时间和劳动强度随之加大，单纯的下向焊难以发挥其焊接速度快、效率高的特点。而根焊、热焊采用向下焊，填充焊与盖面焊采用向上焊的复合下向焊技术则可发挥两种焊接方法的优势，达到优质高效的效果。在半自动气体保护下向焊接技术应用于管道建设之前，大壁厚管道多采用复合型下向焊接技术。

2）半自动下向焊

半自动化焊接技术在我国的管道建设中的应用是20世纪90年代逐步引进、发展起来的。由于半自动焊具有生产效率高、焊接质量好、经济性好、易于掌握等优点，自引进中国管道建设中以来迅速地发展起来。半自动下向焊接技术主要分为两种操作方法：药芯焊丝自保护半自动下向焊和CO_2活性气体保护半自动下向焊。

（1）药芯焊丝自保护半自动下向焊技术。

药芯焊丝适用于各种位置的焊接，其连续性适于自动化过程生产。该工艺的主要优点：

①质量好。焊接缺陷通常产生于焊接接头处。同等管径的钢管采用手工下向焊接的接头数比半自动焊接接头数多，采用半自动焊降低了缺陷的产生几率。通常应用的焊丝属低氢金属，而传统的手工焊多采用纤维素焊条。由此半自动焊可降低焊缝中的氢含量。同时，半自动焊输入线能量高，可降低焊缝冷却速度，有助于氢的溢出及减少和防止出现冷裂纹。

②效率高。药芯焊丝把断续的焊接过程变为连续的生产方式。半自动焊溶敷量大，比手工焊焊道少，溶化速度比纤维素手工下向焊提高了15%~20%。焊渣薄，脱渣容易，减少了层间清渣时间。

③综合成本低。半自动焊接设备具有通用性，可用于半自动焊，也可用于手弧焊或其他焊接法的焊接。以焊接厚度为8.7mm钢管为例：手工焊至少需3组焊工完成，半自动焊只需2组焊工，至少可减少2名焊工，也相应减少了焊机数量和等辅助工装数量。同时，药芯焊丝有效利用率高，焊接坡口小，即节省填充金属使用量，又提高了焊接速度，综合成本只及手弧焊的一半。

（2）CO_2活性气体保护半自动下向焊技术。

CO_2半自动焊时，焊机处于短路过渡方式，电源在一个过渡周期内，根据不同电弧电压值，输出不同的焊接电流。CO_2气体保护焊是一种廉价、高效的焊接方法。传统的短路过渡CO_2焊接不能从根本上解决焊接飞溅大、控制熔深与成型的矛盾。采用波形控制技术的CO_2半自动焊机，保证了焊接过程稳定，焊缝成型美观，干伸长度（焊丝伸出导电嘴长度）变化影响小，显著降低了飞溅，减轻了焊工劳动强度。

CO_2 半自动焊以其优异的性能拓宽了在长输管道施工中的应用领域。中国石油天然气管道局曾在苏丹 Muglad 石油开发项目中首次使用了 STT 型 CO_2 活性气体保护半自动下向焊接技术进行管道打底焊接。

3. 缺陷分析

在下向焊焊接施工中，存在的缺陷种类主要有：未焊透、未熔合、内凹、夹渣、气孔和裂纹等缺陷。在立焊与仰焊位置，裂纹和内凹的出现几率较多，尤其裂纹更集中地出现在仰焊位置，这与起初定位焊后过早撤除外对口器关系密切；而内凹则是因为根焊时，电弧吹力不够，另外铁水受重力作用而导致，这与焊工的技能水平有一定关系；多数的未焊透和未熔合与钢管组对时的错边、焊接时工艺参数的波动、操作者的水平、运条方法的选用、工作时急于求成等因素有一定关联；气孔和夹渣除去与环境、选用规范、母材和焊材的预处理有关外，焊缝的冷却速度对该缺陷的影响更大些。

第二节　气焊和气割工艺技术

气焊是利用可燃气体与助燃气体混合燃烧生成的火焰为热源，熔化焊件和焊接材料使之达到原子间结合的一种焊接方法。助燃气体主要为氧气，可燃气体主要采用乙炔、液化石油气等。所使用的焊接材料主要包括可燃气体、助燃气体、焊丝、气焊熔剂等。特点是设备简单不需用电。设备主要包括氧气瓶、乙炔瓶（如采用乙炔作为可燃气体）、减压器、焊枪、胶管等。由于所用储存气体的气瓶为压力容器、气体为易燃易爆气体，所以该方法是所有焊接方法中危险性最高的之一。

气割是利用可燃气体和助燃气体，在割炬内进行混合，使混合气体发生剧烈燃烧，将被割工件在切割处预热到燃烧温度后，喷出高速切割氧气流，使切口处金属剧烈燃烧，并将燃烧后的金属氧化物吹除，实现工件分离。是铁在纯氧中的燃烧过程，而不是熔化过程。基本过程为预热—燃烧—吹渣。

由于气焊作业使用较少，本节重点介绍气割作业。

一、气割作业

气割参数的选择，包括切割氧压力、预热火焰能率、割嘴型号、割嘴与被割工件的距离、割嘴与被割工件表面倾斜角、切割速度。

1. 切割氧压力

切割氧压力与工件厚度、割把型号、割嘴型号以及氧气纯度有关。氧气纯度为 98.5%。压力太低，切割过程缓慢，容易形成吹不透，粘渣。压力太大，容易形成氧气浪费，切口表面粗糙，切口加大。

2. 预热火焰能率

预热作用是火焰提供足够的热量把被割工件加热到燃点。预热火焰能率的选择和板材厚度有关，厚度越大，预热火焰能率越大。

3. 割嘴型号

割嘴型号分为 1 号（切割钢材厚度 1~8mm）、2 号（切割钢材厚度 4~20mm）和 3 号（切割钢材厚度 12~40mm），根据被割工件厚度选择割嘴型号。

4. 割嘴与被割工件的距离

根据工件的厚度选择，厚度越大，距离越近，一般控制在 3~5mm。薄工件应把距离拉开，以免前割后焊。

5. 割嘴与被割工件表面倾斜角

倾斜角直接影响气割速度和后托量。倾斜角大小根据工件厚度而定。切割厚度小于 30mm 钢板的时候，割嘴向后倾斜 20°~30°。切割厚度大于 30mm 厚钢板时，开始气割时应将割嘴向前倾斜 5°~10°，全部割透后再将割嘴垂直于工件，当快切割完时，割嘴应逐渐向后 5°~10°。

6. 切割速度

根据厚度选择，工件越厚，速度越慢；反之，则快。速度过快，后托量越大，甚至割不透。后托量越小越好。

7. 氧气、乙炔表压力

气割乙炔瓶上的两个压力表，一个是显示气瓶内的气压，另一个是减压后的显示。氧气出口压力调至 0.25~0.5MPa，乙炔气出口压力调至 0.05~0.1MPa。

二、气焊与气割作业安全管理

1. 气焊与气割的安全危害

（1）火灾、爆炸和灼烫。

首先，气焊与气割所使用的介质如电石、乙炔气等的燃爆危险性都很大，而且氧气又是良好的助燃物，会加剧燃烧爆炸。其次，乙炔发生器是容易发生着火爆炸的设备。一旦发生回火，乙炔胶管和氧气胶管也可能发生着火爆炸。再次，乙炔——氧气火焰温度超过 3000℃，较大的熔珠和熔渣能飞溅到距操作点 5m 以外的地方，在存有可燃爆炸性混合气体和其他易燃物的场所，气焊或气割时产生的火星、熔珠和熔渣就有可能成为火灾爆炸事故的点火源从而引发事故。所以说，防火防爆是气焊、气割的主要任务。

（2）金属烟尘和有毒气体。

气焊与气割的火焰温度高达 3000℃ 以上，被焊金属在高温作用下蒸发、冷凝成为金属烟尘。在焊接铝、镁、铜等有色金属及其他合金时，除了这些有毒金属蒸气外，焊粉还散发出燃烧物；黄铜和铅在焊接过程中都能散发有毒蒸气。在补焊操作中，还会遇到其他毒物和有害气体。尤其是在密闭容器、管道内的气焊操作，可能造成焊工中毒事故。

2. 气焊、气割安全操作规程

（1）气瓶使用前应进行安全状况检查，对盛装气体进行确认（表 4-2-1）。

表 4-2-1　常用气瓶颜色标志一览表

序号	充装气体名称	化学式	瓶色	字样	字色	色环
1	乙炔	CH≡CH	白	乙炔不可近火	大红	
2	氢	H_2	淡绿	氢	大红	P=20，淡黄色单环 P=30，淡黄色双环

续表

序号	充装气体名称	化学式	瓶色	字样	字色	色环
3	氧	O_2	淡(酞)兰	氧	黑	
4	氮	N_2	黑	氮	淡黄	$P=20$，白色单环 $P=30$，白色双环
5	空气		黑	空气	白	
6	二氧化碳	CO_2	铝白	液化二氧化碳	黑	$P=20$，黑色单环

（2）点火时，割把不能对准人，正在燃烧的焊枪不得放在工件或者地面上。在储存过易燃、易爆及有毒物品的容器或者管道上焊、割作业，应先清理干净，用蒸汽清理、烧碱清洗，作业时应将所有的孔、口打开。

（3）乙炔瓶使用过程中，开、闭乙炔气瓶瓶阀的专用扳手应始终装在瓶阀上。暂时中断使用时，必须及时关闭焊、割工具的阀门及乙炔气瓶瓶阀，严禁手持点燃的焊、割工具调节减压器或开、闭乙炔气瓶瓶阀。

（4）气瓶立放时应采取防止倾倒措施，并绑扎牢靠。乙炔瓶禁止卧地使用，防止丙酮流出。对于卧地的乙炔瓶，使用前应立牢静止 15min 后方可使用。

（5）乙炔瓶阀出口处必须配置专用的减压器和回火防止器。

（6）夏季应防止曝晒。

（7）严禁敲击、碰撞。

（8）严禁在气瓶上进行电焊引弧。

（9）严禁用温度超过 40℃ 的热源对气瓶加热。

（10）瓶内气体不得用尽，必须留有剩余压力，永久气体气瓶的剩余压力，应不小于 0.05MPa。

（11）工作完毕，应将气瓶阀关好，拧上安全罩，检查操作场地，确认无着火危险后，方准离开。

（12）氧气瓶、乙炔瓶的安全距离为 5m，乙炔瓶距离明火的安全距离 10m（高空作业时是指与垂直地面处得平行距离）。

（13）氧气瓶嘴、割把氧气接口严禁油污，防止发生火灾事故。

（14）发生火灾时候，氧气软管着火时候，不能折弯软管断气，应迅速关闭氧气阀门，停止供氧。乙炔软管着火时，可以采取折弯前面一段软管的办法将火熄灭。乙炔瓶着火时，应立即把乙炔瓶朝安全方向推到，用沙子或者消防器材扑灭。

（15）严禁在带压力的容器或者管道上进行焊、割作业，带电设备应先切断电源。

3. 回火发生及处理方法

发生事故或氧气、乙炔供气系统不稳定的状况下，当管内燃气压力降低或相对出口侧压力低时，燃烧点的火会通过管道向气源方向蔓延，这个现象称作回火。如气割时候金属飞溅物堵塞了割嘴，乙炔气不能有效流出，氧气逆行和乙炔气混合后顺着乙炔管路而上进行燃烧。并伴有刺耳的噼啪声，严重的时候在缩放管的位置烧断。

（1）回火原因：

①在切割时候铁渣崩到割嘴上，堵住了混合氧或者切割氧气通道。

②氧气或者乙炔开得太大，火焰收得太狠。

③切割时候割嘴距离板材太近，切割氧开得太大。

④割嘴不严实，漏气。

（2）发生回火的处理方法：

①氧气表、乙炔表装上回火阀装置。

②发生回火应先关切割氧—乙炔—预热氧。

4. 氧气、乙炔运输要求

（1）运输工具上应有明显的安全标志。

（2）必须戴好瓶帽（有防护罩的除外），轻装轻卸，严禁抛、滑、滚、碰。

（3）瓶内气体相互接触能引起燃烧、爆炸，产生毒物的气瓶，不得同车（厢）运输；易燃、易爆、腐蚀性物品或与瓶内气体起化学反应的物品，不得与气瓶一起运输。

（4）搬运气瓶时，应采用专用小车，如需乙炔瓶与氧气瓶放在同一小车上搬运，必须用非燃烧材料隔板隔开，禁止单人用肩扛的方法搬运气瓶。

（5）夏季运输应有遮阳设施，避免曝晒。

5. 储存气瓶规定

（1）应置于专用仓库储存。

（2）氧气、乙炔气瓶的存放点应落实管理责任人，并设置"存放点"、"责任人"、"乙炔危险"、"严禁烟火"等标志牌。

（3）仓库内不得有地沟、暗道，严禁明火和其他热源；仓库内应通风、干燥，避免阳光直射。

（4）乙炔气瓶与氧气瓶要分离储存，不能混合在一个储存仓库内。

（5）空瓶与实瓶两者应分开放置，并有明显标志，距存放点15m范围内严禁存放易燃品、油脂和带有油污的物品，格笼内的气瓶应放置整齐，并戴好瓶帽。

（6）瓶装氧气必须与能引起燃烧、爆炸的瓶装乙炔分开存放，并在存放点附近3米内配置灭火器材，但不得配置和使用化学泡沫灭火器。

（7）气瓶放置应整齐，戴好瓶帽。立放时，要妥善固定；横放时，头部朝同一方向，垛高不宜超过五层。

（8）乙炔气瓶在使用时要注重固定。

（9）发现氧气、乙炔气瓶有泄漏时，禁止在泄漏的情况下继续使用，禁止在带压力的气瓶上以拧紧瓶阀和垫圈螺母的方法消除泄漏。

第三节　管道动火口消磁方法

维抢修在动火作业时，往往在用管道切管作业后，动火口或多或少残存磁性，强烈的磁偏吹致使组对焊接工作无法进行，经过长期实践经验以及新技术应用，这一问题已得到了有效解决，下面就简单介绍一下带磁管道管口消磁方法。

一、磁偏吹和剩磁产生的原因及施工现场常用消磁方法

1. 磁偏吹产生的原因

进行管道焊接作业时，有时会出现因磁偏吹而影响焊接过程的情况。除了焊接设备（直

流焊机比交流焊机易于产生磁偏吹)和焊接材料(焊条或药芯偏心可能产生磁偏吹)本身的原因之外，磁偏吹的形成有两种可能：一是由于焊接电缆地线在管道上的连接位置不对称，造成流过管道的电流所产生的磁场与流过电弧和焊条的电流所引起的磁场产生叠加作用，使电弧两侧的磁场分布不均匀，电弧偏向磁场弱的一侧。二是由于管道中存在的剩磁与电弧所引起的磁场叠加，改变了电弧周围磁场的均匀性，使电弧向磁场弱的一侧偏移。

2. 剩磁产生的原因

铁磁质被磁化是因为铁磁质在外加磁场或其他因素的作用下，使内部原子因能量增大而更加活泼，从而使磁质有规则地排列而对外显示磁性。因磁化过程的不可逆性，在外加磁场或其他因素的作用停止后，各磁质之间的有规则排列在一定程度上继续保留，而表现为剩磁。石油管道中剩磁产生的原因有以下可能：

(1)金属熔炼或管道制造工艺产生剩磁；

(2)管道在强磁场中停置产生剩磁；

(3)管道用磁化方法进行无损检测产生剩磁；

(4)管道接近强力供电线路放置产生剩磁；

(5)采用磁力半自动切割机切割管道产生剩磁；

(6)采用电磁感应法对管道或其焊口进行预热、热处理产生剩磁；

(7)管道采用车床切削或砂轮打磨坡口产生剩磁；

(8)管道轴线与地磁场方向一致并受到冲击或振动被地磁场磁化产生剩磁；

(9)在役管道长期受到高温高压高速介质定向冲刷产生剩磁。

3. 施工现场常用消磁方法

1)利用焊接把线缠绕线圈加反向磁场消减管道剩磁方法

用截面为 $35 \sim 50mm^2$ 的焊接导线绕在管道坡口两侧组成电磁线圈。根据管道剩磁大小确定线圈的匝数，总匝数为一般为 20~30 匝，匝数多的应在剩磁较大的管道上。用直流线圈消磁时，配以适当调节范围的焊接整流器。用交流线圈消磁时，配以适当调节范围的焊接变压器。

通过右手定则确定并使用电磁线圈形成的磁场方向与管道剩磁磁场方向相反。消磁过程中，可调节电流的大小、线圈的多少或者通过改变线圈通电方向来调节消磁效果。

2)利用消磁设备消减管道剩磁方法

利用消磁设备消磁虽然其工作原理与绕线法相近，但操作简单，输出电流可调节，可在设备上实现磁场极性转换，近年来已在维抢修动火作业中广泛使用。其工作原理是采用专业设备对带磁管端附加一个外部反向磁场，抑制原有磁场，使带磁管端剩余磁场低于 10Gs，从而满足焊接需求。

第四节　管道焊接作业

一、焊接前检查

1. 焊接清理

管道在线焊接之前，焊工应综合考虑施焊部位的操作压力、流动条件和焊接位置的壁厚等影响焊接安全可靠性的各方面因素。应检查焊接区域，确保焊接表面均匀光滑，无起鳞、裂纹、夹渣、油脂、油漆和其他影响焊接质量的物质。同时，还应熟悉管道(输送原油、成品油或气体燃料等介质的管道)切割和焊接的安全预防措施。

2. 壁厚测量

现场焊接前，一般使用超声波测厚仪检测焊接位置壁厚，确保管道实际壁厚没有因腐蚀而造成较大影响。焊接位置处推荐的最小管道壁厚为 4.8mm。

3. 管道形变测量

对于需要安装全包围三通或套管的管道，安装前应使用卡钳测量压力管道的椭圆度，确保满足要求，能够与选定的三通或套管匹配。

4. 特殊部位超声检测

对于热开孔操作，应对压力管道上的开孔区域和其周围区域使用超声波进行检查，确保没有任何可能影响热开孔操作的分层和金属缺陷。

二、焊件准备

1. 装配

焊接套袖和马鞍时，套袖或马鞍与输送管道之间的间隙不应太大，应使用夹具进行合理装配。如有必要，可在输送管道上堆焊一层焊道来减小间隙。套袖装配时，最常用的方法是使用链条和液压千斤顶，也可使用专门的卡具。

2. 根部间隙

当整个套袖的纵向对接焊缝需要 100% 焊透时，根部间隙(对接面的间隙)应足够大。焊接时应装配低碳钢背部垫板，以防止焊到输送管道上。

注意：不允许纵向对接焊缝焊透至输送管上，因为输送管中任何裂纹都会受到环向应力的影响。

3. 坡口要求

焊接对接坡口宜采用机械加工或氧气切割并打磨，坡口边缘应光滑、均匀，且尺寸规格应符合焊接工艺规程的要求。

三、作业条件要求

1. 气候条件

当恶劣气候条件影响焊接质量时，应停止焊接。恶劣气候条件包括但不仅限于大气潮湿、低温环境、风沙或大风。如有条件，可使用防风棚。焊接工艺规程应规定适合焊接的气候条件。

2. 作业空间

若在焊接作业坑内进行焊接，则焊接作业坑应足够大，以保证焊工工作。

3. 介质流速

在管道上带压焊接管件时，应对管道内的介质流速有一定的限制，介质流速必须保证焊接过程能够满足相关工艺规程的要求。

4. 现场安全条件

(1)动火作业地带应分区域进行管理，具体分为：作业区、机具摆放区、车辆停放区、休息区等，并用警戒带进行隔离。休息区宜搭设简易凉棚，便于对暂无作业任务的人员进行集中管理；与动火作业无关人员或车辆不应进入动火作业区域；

（2）在密闭空间和超过 1m 的作业坑内动火作业，应根据现场环境及可燃气体浓度和含氧量检测情况确定是否采取强制通风措施；

（3）如遇有 5 级（含 5 级）以上大风不宜进行动火作业。特殊情况需动火时，应采取围隔措施；

（4）动火作业坑除满足施工作业要求外，应分别有上、下通道，通道坡度宜小于 30°。如对管道进行封堵，封堵作业坑与动火作业坑之间的间隔不应小于 1m；

（5）动火现场的电器设施、工器具应符合防火防爆要求，临时用电应执行 Q/SY1244；

（6）动火施工现场 20m 范围内应做到无易燃物，施工、消防及疏散通道应畅通；距动火点 15m 内所有的漏斗、排水口、各类井口、排气管、管道、地沟等应封严盖实。

（7）动火作业前，应按方案要求做好所有施工设备、机具的检查和试运，关键配件应有备用。

（8）动火现场消防车和消防器材配备的数量和型号应在动火方案中明确；必要时，动火现场应配备医疗救护设备和器材。

（9）在易燃易爆作业场所动火作业期间，当该场所内发生油气扩散时，所有车辆不应点火启动，不应使用任何非防爆通信、照相器材。只有在现场可燃气体浓度低于爆炸下限的 10% 时，方可启动车辆和使用通信、照相器材。

四、焊件预热

1. 预热方法

常用的预热方法包括火焰加热、电阻加热和感应加热等。气焊把或气割把是一种预热的常规方法，但是很难控制预热温度，且预热速度慢、效率低，其主要优势是成本低和可携带性。其主要缺点是不能进行连续预热甚至连续加热。而电阻加热和感应加热是目前在役管道焊接应用的有效连续加热方法，其中，感应圈感应加热的优点多于电阻加热，最重要的是相对于管道表面，感应加热能够更彻底地对管壁进行加热。

对于高强度材质的管道，在役管道焊接时，可采用中频加热或火焰加热和中频加热相结合的形式。当管道内部介质温度偏低且介质流速过快时，预热一般采用火焰加热和中频加热相结合的形式。

2. 预热温度

层间温度保持整个焊接过程层间温度的最小值应不低于预热温度的最小值。当焊接作业中断时，再次焊接前应重新预热到要求的温度。

五、可燃气体和含氧量检测

（1）需动火施工的部位及室内、沟坑内及周边的可燃气体浓度应低于爆炸下限值的 10%；

（2）动火前应采用至少两个检测仪器对可燃气体浓度进行检测和复检，动火开始时间距可燃气体浓度检测时间不宜超过 10min，但最长不应超过 30min；用于检测气体的检测仪应在校验有效期内，并在每次使用前与其他同类型检测仪进行比对检查，以确定其处于正常工作状态；

（3）在密闭空间动火，动火过程中应定时进行可燃气体浓度检测，但最长不应超过 2h；

（4）对于采用氮气或其他惰性气体对可燃气体进行置换后的密闭空间和超过 1m 的作业坑内作业前应进行含氧量检测。

六、层间清理

在下一步焊接前，应清除坡口和每层焊道上的锈皮及焊渣。清理工具可使用无动力工具或动力工具；若焊接工艺规程规定使用动力工具，则应使用动力工具。

七、在役管道焊接作业

1. 在役管道焊接基本条件

（1）所有的在役管道焊接必须由具有资质的单位出具相应的焊接工艺规程，焊接工艺规程与焊接形式必须严格对应，一般包括：连头对死口焊接、连头返修焊接、管道全包围对开三通的焊接、同材质加强套管焊接、管道支管及其加强圈焊接等工艺规程；需要的在役管道焊接但没有相应的焊接工艺规程，可由抢修单位提出焊接工艺方案，经应急领导小组审批后实施。

（2）焊接操作的焊工必须持有相应资格证书，并经过必要的相对应焊接工艺规程理论和实际操作培训，并通过在役管道管理单位的认可。

（3）焊接操作必须经在役管道管理单位的批准。

2. 常用在役管道焊接规程

（1）低于 X60 以下钢级管道（包括 X52，L360，16Mn 和 A3 等）补焊以及补板焊接作业，可参照《东北管网焊接试验研究报告》要求执行。

（2）X60 钢级管道焊接管道全包围对开三通的焊接、同材质加强套管焊接、管道支管及其加强圈焊接等，按照《X60 钢级在役管道抢修焊接施工指导书和焊接工艺规程》执行。

（3）X65 钢级管道焊接管道全包围对开三通的焊接、同材质加强套管焊接、管道支管及其加强圈焊接等，按照《X65 钢级在役管道抢修焊接工艺规程》执行。

（4）X70 钢级在役管道维抢修焊接，按照《X70 钢级管道维抢修焊接工艺规程》执行。

（5）管道动火或抢修对口焊接作业，按照相应的连头对死口焊接、连头返修焊接工艺规程执行。

3. 在役管道焊接操作

（1）在役管道焊接操作前，要制订造成管道焊缝缺陷的处理措施（如碳纤维补强、修复套管等），并在焊接操作前做好准备，以便能够及时处理焊缝缺陷，使管道在整体强度上满足运行要求。

（2）焊接前，应测量并记录焊接地点的环境温度、环境湿度、环境风速等数值，如不能满足焊接工艺规程要求，不得进行在役管道焊接作业。

（3）了解、测量并记录所有焊接钢管、管件的参数值，包括钢级、管径、壁厚、坡口形式、钝边、坡口角度、间隙等。

（4）监测并记录焊接前的初始温度、预热温度、层间温度及焊后温度，记录焊工姓名、焊材规格、预热措施、焊接电流、焊接电压、焊接速度、焊接方向、焊接极性、焊后保温措施等焊接工艺及参数。

（5）焊接完成后管道恢复正常运行前，焊缝必须进行超声波探伤检测（投运时间不允许并经运行管道管理单位同意的除外），检测操作按照《石油天然气钢质管道无损检测》（SY/T 4109—2013）标准执行，检测结果评定验收符合《钢质管道焊接及验收》（GB/T 31032—2014）中的无损探伤验收标准为合格。

（6）对于检测不合格的焊缝，按照《钢质管道焊接及验收》（GB/T 31032—2014）标准规定，经动火管道管理单位同意，进行清除缺陷、返修、采取有效的焊缝加强措施或切除焊缝重新下料、对口、焊接。

（7）管道投运 24h 后，输气管道的焊缝必须进行 X 射线探伤检测，检测操作按照《石油天然气钢质管道无损检测》（SY/T 4109—2013）标准执行，检测结果评定验收符合《钢质管道焊接及验收》（GB/T 31032—2014）中的无损探伤验收标准为合格。

（8）管道投运 24h 后，输油管道的焊缝必须进行超声相控阵与超声衍射时差相结合探伤检测。超声相控阵检测按照《ASME 锅炉及压力容器规范 V 无损检测》（ASME-V-2007）标准执行，超声衍射时差检测按照《超声时差衍射技术（TOFD）》（ASTM E2373-04）和《用于缺陷检测、定位、定量的超声衍射时差（TOFD）法——校验和调整指南》（BS 7706—1993）标准执行。检测结果评定验收符合《钢质管道焊接及验收》（GB/T 31032—2014）中的无损探伤验收标准为合格。

（9）对于检测不合格的焊缝，经管道管理单位同意，要采取有效的焊缝加强措施，如碳纤维补强、修复套筒等，必要时需更换缺陷焊缝管段。

4. 运行管道上的焊接作业

（1）在运行管道上焊接宜提前对所焊管道部位进行壁厚检测。

（2）对在运行的油气管道上焊接前应按以下规定提前降低管道内介质压力：

①在运行的原油管道上焊接时，焊接处管内压力宜小于此段管道允许工作压力的 0.5 倍，且原油充满管道。

②在运行的天然气或成品油管道上焊接时，焊接处管内压力宜小于此处管道允许工作压力的 0.4 倍，且成品油充满管道。

（3）当在运行压力超过规定限值（或管道当前壁厚低于原壁厚）管道上进行焊接时，应按 SY/T6150.1 和 SY/T6150.2 的规定计算确定管道焊接压力，而后进行专项风险评估并制定专项预案后实施。

第五节　压力管道无损检测及完整性管理

一、管道无损检测

无损检测是指在不损坏试件的前提下，以物理或化学方法为手段，借助先进的技术和设备器材，对试件的内部及表面的结构、性质和状态进行检查和测试的方法。无损检测是对材料或工件实施一种不损害或不影响其未来使用性能或用途的检测手段。

常用的无损检测方法有射线检测（简称 RT）、超声波检测（简称 UT）、磁粉检测（简称 MT）和渗透检测（简称 PT），称为 4 大常规检测方法。这 4 种方法是承压类特种设备制造质量检测和在用检测最常用的无损检测方法。其中 RT 和 UT 主要用于探测试件内部缺陷，MT 和 PT 主要用于探测试件表面缺陷。其他用于承压类特种设备的无损检测方法有涡流检测（简称 ET）和声发射检测（简称 AE）等。

射线的种类很多，其中易于穿透物质的有 X 射线、γ 射线、中子射线 3 种。这 3 种射线都被用于无损检测，其中 X 射线和 γ 射线常应用于承压设备焊缝和其他工业产品、结构材料的缺陷检测，而中子射线仅用于一些特殊场合。射线检测最主要的应用是探测试件内部的宏观几何缺陷（探伤）。

压力管道射线检测特点：

（1）检测结果有直接记录——底片。由于底片上记录的信息十分丰富，且可以长期保存，从而使射线照相法成为各种无损检测方法中记录最真实、最直观、最全面、可追踪性最好的检测方法。

（2）可以获得缺陷的投影图像，在缺陷定性定量准确的各种无损检测方法中，射线照相对缺陷定性是最准的。在定量方面，对体积型缺陷（气孔、夹渣类）的长度、宽度尺寸的确定也很准，其误差大致在零点几毫米。

（3）体积型缺陷检出率很高，而面积型缺陷检出率受到多种因素影响。体积型缺陷是指气孔、夹渣类缺陷。射线照相大致可以检出直径在试件厚度 1% 以上的体积型缺陷。面积型缺陷是指裂纹、未熔合类缺陷，其检出率的影响因素包括缺陷形态尺寸、透照厚度、透照角度、透照几何条件、源和胶片种类、像质计灵敏度等，所以一般来说裂纹检出率较低。

（4）适宜检测较薄的工件而不适宜较厚的工件。

（5）适宜检测对接焊缝。

长期以来，小径管对接焊缝主要采用射线透照检测，但也存在不少问题：

（1）由于压力管道透照截面厚度变化大，宽容度很难保证，透照一次不能实现焊缝全长的 100% 检测。

（2）若要满足压力管道裂纹检测要求，则底片透照数量很难满足要求。

（3）同时，射线透照大量采用 IR192 射线源和Ⅲ型片，底片质量和清晰度都比较差。

二、管道完整性

管道的完整性评价与完整性管理是指通过对管道运营中面临的安全因素的识别和评价，制订相应的安全风险控制对策，不断改善识别到的不利影响因素，从而将管道运营的安全风险水平控制在合理的、可接受的范围内，达到减少管道事故发生、经济合理地保证管道安全运行管理技术的目的。完整性评价与完整性管理的实质是，评价不断变化的管道系统的安全风险因素，并对相应的安全维护活动作出调整。

管道完整性技术管理内容包括：管道风险管理，地质灾害与风险评估技术管理，管道安全运行的状态监测管理（腐蚀探头监测、管道气体泄漏监测、超声探伤监测、气体成分监测、壁厚测量监测、粉尘组分监测、腐蚀性监测等），管道状况检测管理（智能内检测、防腐层检测，土壤腐蚀性检测等），结构损伤评估管理，土工与结构评估技术管理，腐蚀缺陷分析和评定技术管理，先进的管道维护技术管理等。

管道地理信息系统（GIS）：以空间地理特征与管道特征相结合来表示管道位置信息和各种功能的信息管理系统。

数据收集：数据收集是指按需求收集管道及相关对象数据。

数据整合：数据收集后，将各种数据按管道特征选择相关有使用价值的数据，并将其写入数据库。

数据分类：按照数据的使用功能、建设要求进行合理分类，分类后的内容可按要求使用。

管道信息系统是包括管道全部管道信息，并具有多种管理功能的软件平台。

ECDA 数据：外腐蚀直接评估数据，主要指管道外防腐层特征数据、环境数据、检测数据、评价数据。

ICDA 数据：内腐蚀直接评估数据，主要指管道内部气质数据、高程数据、历史数据等。

风险评价数据：是指用于管道风险评价、风险管理的数据，主要包括定性风险评价数据、定量风险评价数据、高风险区域特征数据等，与管道的风险因素有关的人、设备、房屋、地域等。

安全评价数据：是指生产运行的安全评价数据，包括与生产运行相关的压力数据、地质灾害数据、内检测数据、事故数据等。

数据源：是专门指管道信息数据的来源，分为内部信息源和外部信息源。如内部信息源包括建设期的图纸、设计资料、运行管理数据、检测数据等；外部数据包括气象、水文、地质部门的外界信息源。

第二部分　维抢修技术管理及相关知识

第五章　维抢修日常管理

第一节　管理平台查询与使用

管道完整性管理系统(PIS)是指在公司范围内上线应用的管道完整性管理方面的业务信息系统，访问地址：http://pis.petrochina/。

一、系统信息填报

维抢修工程师需及时在 PIS 系统(图 5-1-1)更新各类信息，包括维抢修人员信息、维抢修设备信息、维抢修依托资源、应急储备物资、应急演练计划、应急预案演练及后评价、应急预案、抢修记录等相关内容。

图 5-1-1　管道完整性管理系统主界面

二、工作管理

当工作管理打开有在办工作提示时，需及时完成该项工作并按流程提交。当人员、设备发生变化时，需及时在 PIS 系统中维抢修管理项目内进行更新。

每年年初制订本单位应急预案计划，并将计划上报 PIS 系统。每季度应急预案演练结束后要及时在 PIS 系统中进行更新。

第二节　收集管辖范围管道概况

管道基本概况主要包括：管道名称、长度、管径、管道材质、设计压力、管道壁厚、管道走向、重点站场、阀室、主要的穿跨越以及周边主要水系等。

例如，原马惠线始建于 1979 年，自曲子输油站至惠安堡输油站由南向北全长 164km；管径为 $\phi325mm\times7mm$，主要管材为 A_3F，后续更换管段材质多为 L360；设计年输量 350×10^4t；沿线共有 3 座热泵站，即曲子热泵站、洪德热泵站、山城热泵站；有 1 座计量站，即惠安堡计量站；有 2 座加热站，即十八里站、甜水站；有 7 座阴极保护站，即曲子阴极保护站、殷家桥阴极保护站、十八里阴极保护站、洪德阴极保护站、山城阴极保护站、甜水阴极保护站、惠安堡阴极保护站；有 7 座阀室，即扬旗跨越南阀室、扬旗跨越北阀室、玄城沟阀室、查儿铺沟阀室、赵家沟阀室、折腰沟南阀室、折腰沟北阀室；全线主要跨越 7 处，主要形式为悬索跨越，即杨旗跨越、玄城沟跨越、查铺沟跨越、赵家沟跨越（拱跨）、赵家北沟跨越、折腰沟跨越、关祭台跨越，其中折腰沟跨越为最长跨越，跨距 278m，同时也是全线最高点；输油管道主要伴行 211 国道以及环江水系，环江水系流经泾河进入渭河，最后进入黄河。

维抢修工程师需熟知本单位管辖管道概况，收集管道走向图和高程图并进行记录，定期更新整理，对穿越点、人口密集区、高后果区等要做详细记录，并根据现场实际情况，提前制订相应事故处置预案。

表 5-1-1 为中国石油管道公司沈阳输油气分公司沈阳维抢修中心管辖管线信息。

表 5-1-1　某维抢修中心管辖管线信息

管线名称	管径（mm）	一般壁厚（mm）	主要材质	输送介质	主要站场、阀室	主要穿越点
庆铁三线	813	8.7	L450	庆油	昌图、铁岭站	清河、柴河
庆铁四线	711	8.8	L450	俄油	昌图、铁岭站	清河、柴河
铁秦线	720	8	16Mn	庆油	铁岭站	凡河
新铁大线	711	11	L450	俄油	铁岭站	柴河、辽河、蒲河浑河
铁抚线	720	8	16Mn	庆油	铁岭、抚顺站	凡河
抚东线	508/529	6.4/9	L360	庆油	抚顺站、前甸、东洲计量站	东洲河
秦沈干线	1016	17.5	L485	天然气	沈阳分输站	辽河、浑河、蒲河
秦沈线沈阳支线	610	9.5	L450	天然气	沈阳分输站、沈阳末站	
大沈干线	711	12.5	L485	天然气	灯塔分输站、抚顺末站	浑河、蒲河
大沈线抚顺支线	457	7.1	L360MB	天然气	灯塔分输站、抚顺末站	沙河

第三节　设备日常保养

一、设备保养"十二字作业"法

（1）设备的日常维护保养，可归纳为"清洁、润滑、调整、紧固、防腐、密封"12个字，即通常所说的"十二字作业"法。

（2）清洁：设备的内外要清洁，各润滑面等处无油污、无碰伤，各部位不漏油、不漏水、不漏汽（气），切屑、灰尘等打扫干净。

（3）润滑：设备的润滑面、润滑点应按时加油、换油，油质符合要求，油壶、油杯、油枪齐全，油窗、油标醒目，油路畅通。

（4）调整：设备各运动部位、配合部位应经常调整，使设备各零件与部位之间配合合理，不松不旷，符合设备原来规定的配合精度和安装标准。

（5）紧固：设备中需要紧固连接的部位，应经常进行检查，若发现松动，要及时拧紧，确保设备安全运行。

（6）防腐：设备外部及内部与各种化学介质接触的部位，应经常进行防腐处理，如除锈、喷漆等，以提高设备的抗腐蚀能力，提高设备的使用寿命。

（7）密封：加强设备密封管理和维护，及时处理和减少设备的"跑、冒、滴、漏"，降低消耗，减少污染，实现文明生产。

二、润滑油管理

为提高设备的可靠性，减少磨损，降低消耗，延长设备的使用寿命，充分发挥设备的性能，维抢修工程师需进行润滑油日常管理。

（1）编制油水管理工作所需的各项技术资料，如油水化验作业指导书等。

（2）添加润滑油时应严格过滤，防止杂物进入设备内部。

（3）对润滑油实行"五定"管理，以保证油品对路（对号率100%）、量足时准，加注清洁。

（4）做好油料换季和到期油料的检测、更换工作，严禁混加。

（5）使用油料要有统计，消耗有定额，按定额核销。

（6）维抢修工程师应加强设备用油水的技术培训工作，采取各种方式进行油料知识的普及，推广应用新产品、新技术，保证设备操作、维护保养、维修和管理人员熟悉各类设备用油牌号、性能及使用要点。

（7）油桶应排放整齐、分类存放，桶装油品要防止雨水、尘土进入桶内，所有油桶应注明油品牌号、入库时间、厂家等内容。

（8）维抢修工程师应定期清洗油壶、油杯、油泵等存储和加油用具，做到专具专用，不得混用。

三、"五定"管理

（1）定点：根据润滑图表上指定的部位、润滑点和检查点（油标窥视孔）进行加油、添油、换油，检查液面高度及供油情况。

（2）定质：确定润滑部位所需油料的品种、牌号及质量要求，所加油质必须经化验合格。采用代用材料或掺配代用，要有科学根据。润滑装置、器具完整清洁，防止污染油料。

（3）定量：按规定的数量对润滑部位进行日常润滑，实行耗油定额管理，要搞好添油、加油和油箱的清洗换油。

（4）定期：按润滑卡片上规定的间隔时间进行加油，并按规定的间隔时间进行抽样化验，视其结果确定清洗换油或循环过滤，确定下次抽样化验时间，这是搞好润滑工作的重要环节。

（5）定人：油品添加要由专人负责。

四、设备保养周期及 MSDS

维抢修工程师需了解本单位抢修类设备名称、数量、配件和存放位置等信息。熟悉设备技术参数和使用用途。

能够编制设备维护保养计划，组织相关人员定期对设备进行试运和检查保养，保养结束后及时填写设备运转、保养记录。（表 5-3-1 和表 5-3-2）

表 5-3-1　设备运转记录 GDGS/ZY 83.02-01/JL-01

日期	内容	运转时间（h）	油耗（L）		
			汽油	柴油	机油

表 5-3-2　设备检查、保养记录 GDGS/ZY 83.02-01/JL-02

日期	保养及更换配件情况	保养人	检验员

1. 设备保养周期

（1）发电机、电焊机和抢修机动设备（包括抢险工程车、吊车、卡车、拖平车、挖掘机、推土机、装载机、吊焊机等）除正常保养外，每周至少发动试运一次，试运时间一般为 15～30min。

（2）罗茨泵、泥浆泵和潜水泵等泵类，每月至少检查、保养一次。

（3）管道切割、开孔和封堵等设备除正常保养外，每月至少检查、保养一次；抢修储备物资每月检查清点一次，并做好检查清点记录。

（4）各种抢修卡具每月检查、保养一次。

（5）用于管道抢修的各种安全防护设备（包括防毒面具、充气泵、轴流风机等）每月至少检查、保养一次。

（6）设备的备品备件分为储备类备品备件和易耗类备品备件。定期对设备备品备件进行巡回检查。发现缺失、损坏、失效等情况时及时补充备品备件（表 5-3-3）。

表5-3-3　抢修储备物资检查记录

GDGS/ZY83.0-01/JL-03

单位：

序号	名称	规格型号	应有数量	现有数量	单位	存放地点

（7）对于在抢修工程中耗损的备品、备件及材料，抢修结束后应及时按"定额"规定的数量补齐。

（8）抢修设备中包含地方安全部门要求强制性检定或校验附件的，应严格按照有关规定进行定期检定或校验，确保安全附件随时处于完好状态。

（9）维抢修工程师能够在保养过程中发现设备存在的隐患、故障并提出修理意见。

（10）配合电工定期对抢修设备中的电气部分进行检查，确保电气安全保护设施完好、可靠。

（11）定期开展设备故障诊断和状态监测工作，及时准确地掌握设备运行状况，积累状态监测历史数据，总结探索设备故障发生规律，根据设备状态监测情况确定设备的小修和大修项，报上级主管部门审批并组织实施。

2. MSDS 管理

MSDS（MATERIAL SAFETY DATA SHEET）即化学品安全技术说明书，亦可译为化学品安全说明书或化学品安全数据说明书。是提供有关化学品的基础知识、防护措施和应急行动等的方面的材料。是化学品生产商和进口商用来阐明化学品的理化特性（如 PH 值，闪点，易燃度，反应活性等）以及对使用者的健康（如致癌，致畸等）可能产生的危害的一份文件。

维抢修工程师应熟知本单位有关工作中涉及或设备使用的化学品的 MSDS，掌握危险化学品的燃爆性能，毒性和环境危害，以便进行安全使用的指导和监护，组织泄漏应急救护处置。

第六章　应　急　管　理

第一节　应急预案编制

一、应急预案的基本概念

应急预案(维抢修单位称为现场处置方案)是指针对可能发生的事故,为迅速、有效地开展应急行动而预先制定的行动方案。编制抢修预案应考虑可能发生的突发事件。

完整的抢修事故应急预案主要包括以下内容:

(1)事故类型与危害分析。分析存在的危险源及其风险性、引发事故的诱因、事故影响范围及危害后果,提出相应的事故预防和应急措施。

(2)适用范围与事件分级。规定应急预案适用的对象、范围,明确突发事件类型和分级标准等。

(3)组织机构及其职责。明确突发事件应急响应的每个环节中负责应急指挥、处置并提供主要支持的机构、部门或人员,并确定其职责,清晰界定职责界面。

(4)应急响应程序。

预警:明确信息报告和接警、预警条件、预警程序、预警职责、预警解除条件。预警条件以突发事件发展趋势的预警信息为依据,把预警工作向前延伸,逐级提前预警,提高预警时效。

信息报告:明确现场报警程序、方式和内容,相关部门24h应急通信联络方式,信息报送以及向外求援方式等。

应急响应:明确应急响应条件、程序、职责及响应解除条件等内容。根据应急响应的程序和环节,明确现场工作组的派驻方式、人员组成和主要职责,应急专家的选派方式,应急救援队伍的协调和调度方式以及与外部专家和救援队伍的联络与协调等。明确预案中各响应部门的应急响应工作流程,绘制流程图,编制应急职能分解表。

(5)应急保障。

通信与信息:明确相关单位和人员的应急联系方式,并提供备用方案。建立健全应急通信系统与配套设施,确保应急状态下信息通畅。

物资与装备:明确应急救援物资、装备的配备情况,包括种类、数量、功能、存放地点等。明确应急救援物资、装备的生产、供应和储备单位的情况。

应急队伍:明确应急队伍的专业、规模、能力、分布和联系方式等情况。

应急技术:阐述应急救援技术方案和措施等内容。

(6)附则。包括主要参数名词与定义、预案的签署和解释以及预案实施等内容。

二、油气管道事故类别及对应应急预案分级

1. 事故类别

1）A 类事故

当管道发生大损伤或破裂，油气泄漏后发生火灾、爆炸事故，造成人员伤亡，对周围环境影响严重或管道损伤严重时，管道必须中断输油输气的事故为 A 类事故。

2）B 类事故

管道穿孔或较小裂纹引起的少量油气泄漏，或自然灾害引发的管道裸露、悬空或漂浮，可以采取不停输补焊处理的事故为 B 类事故。

3）C 类事故

因设备故障或其他原因造成的站场、阀室的电力、通信故障或管段冰堵、水合物积聚等，可以通过工艺参数调整或临时措施处理，而不至于对管道运行造成较大影响的事故为 C 类事故。

2. 应急预案分级

中国石油管道输送企业针对 A 类、B 类和 C 类事故将应急预案按实施主体分为 3 级。地区管道分公司为一级，管道分公司下属输油气分公司、维抢修中心为二级，输油气分公司下属站场、维抢修队为三级。

3. 专项应急预案（现场处置方案）编制内容

1）事故风险分析

分析存在的危险源及其风险性、引发事故的诱因、事故影响范围及危害后果，提出相应的事故预防和应急措施。

2）应急工作职责

明确突发事件应急响应的每个环节中负责应急指挥、处置、提供主要支持的机构、部门或人员，并确定其职责，清晰界定职责界面。

3）应急处置

明确应急响应条件、程序、职责及响应解除条件等内容。

根据应急响应的程序和环节，明确现场工作组的派驻方式、人员组成和主要职责，应急专家的选派方式，应急救援队伍的协调和调度方式以及与外部专家和救援队伍的联络与协调等。

明确预案中各响应部门的应急响应工作流程，绘制流程图，编制应急职能分解表。

4）注意事项

在抢修过程中对抢修人员个人防护器具使用、抢修设备操作、吊装安全、安全救援等方面进行描述。

5）附件

专项预案的附件应和总体预案附件对应，在内容上比总体预案的附件更加详细和具体。除总体预案要求的附件以外，一般还应包括下述附件：

（1）专项应急组织机构及应急工作流程图；

（2）应急值班联系及通信方式；

（3）应急组织有关人员、专家联系电话及通信方式；

（4）上级、外部救援单位相关部门联系电话；

（5）政府相关部门联系电话；

（6）风险分析及评估报告；

（7）现场平面布置图和（或）工艺流程图；

（8）消防设施配置图和气象、互救信息等相关资料；

（9）供水供电单位的联系方式；

（10）医疗资源平面布置图及联系电话；

（11）周边区域道路交通、疏散路线、交通管制示意图；

（12）周边区域的单位、住宅、重要基础设施分布图及有关联系方式；

（13）应急响应工作流程图（含响应程序和应急职能分解表）。

三、油气管道常见事故及危害

油气管道事故一般是指造成输送介质从管道内泄漏并影响管道正常运营的意外事件，主要是管道区段内的事故。油气输送管道具有管径大、运距长、压力高、输量大的特点，输送的介质具有易燃易爆的特性，油气管道一旦失效可能引发人员伤亡和环境污染等灾难性事故。

1. 油气管道泄漏原因

1）管道腐蚀穿孔

管道腐蚀是造成输油和输气管道穿孔、泄漏常见的因素。工程经过的地段土壤若具有腐蚀性，由于防腐材料及涂层施工质量问题，在管道敷设施工中如果防腐层破损或开裂，在土壤中的土、盐、碱及杂散电流的作用，会造成管道外腐蚀；阴极保护失效和防腐绝缘涂层老化等也会导致管道外腐蚀。输送介质中含有酸性介质会导致内腐蚀，而施工、安装不当引起管道产生拉应力会导致应力腐蚀。各种形式的腐蚀都有可能导致防腐绝缘涂层失效、管壁减薄、管道穿孔、甚至发生管线开裂事故。

2）管道材料缺陷或焊口缺陷隐患

埋地管道的管材由于制造加工或运输不当，可能造成管材（母材）缺陷；管段施工安装过程中，由于焊接、补口不善等原因，可能形成施工缺陷，这些因素都有可能导致管道发生事故。如管道薄厚不均，椭圆度、防腐绝缘涂层质量差，特别是焊接水平和焊接质量差，都有可能形成管材缺陷或焊口缺陷，这些隐患的存在将直接导致管道整体强度降低，为管道腐蚀的发生提供可能，直接影响管道的可靠性。

3）物理应力开裂

应力作用开裂是指金属管道在固定作用力和特定介质的共同作用下引起的破裂，这种破坏形式往往表现为脆性断裂，而且没有预兆，对管道具有较大的破坏性。

4）自然灾害与社会灾害

由管道沿线自然因素造成的灾害（如地震、洪水、崩塌、滑坡、泥石流等）和人类活动造成的灾害（如打孔盗油（气）、恐怖袭击、修路、开矿、建筑等）会造成管道裸露、破裂、悬空和扭曲等，都对长输管道安全有影响。

2. 常见线路事故

（1）沙漠段管线：大风或沙丘移动会造成管道裸露，管道防腐层抗阳光照射能力差而老化。

（2）黄土塬管段：黄土遇水发生塌陷、陡坡崩滑、冲沟沟头急速发育，会造成管道露管、悬空甚至断裂事故。

（3）管道与冲沟、河床平行或交叉敷设的管道：因暴雨、洪水冲刷会造成管道悬空、漂浮或位移甚至断裂事故。

（4）山区段管道：山区段管道会因陡坡崩滑、雨水冲刷带走管沟回填土而造成管道悬空、滑移甚至断裂事故。

（5）经过平原及人口稠密地区的管道：会因机械耕种、施工建设而遭到人为破坏。

（6）位于厂矿附近或与公路伴行的管道：重车碾压会导致管道变形甚至断裂。

（7）管道沿线：受到恐怖分子的恶意破坏；受利益驱使的不法分子对管道打孔盗气。

3. 输油管道事故的特点

输油管道系统的事故包括管道、设备、罐区和站场等发生的事故。它们各有其不同的特点。

（1）管道开裂引起油品泄漏事故。

按管道开裂孔径的尺寸从小到大排序，一般分为针孔、裂缝、漏口、裂口、破裂等不同类型。例如，漏口的口径小于 2mm×2mm 为针孔泄漏，一般开裂孔径越大，平均总泄漏量越大。腐蚀常形成针孔泄漏，机械损伤和自然灾害常导致破裂。

不同的泄漏孔洞分类及其面积计算如下：

针孔	小于 2mm×2mm；
裂缝	长（2~75mm）×10%最大宽度；
漏口	长（2~75mm）×10%最小宽度；
裂口	长（75~100mm）×10%最大宽度；
破裂	长度大于 75mm×10%最小宽度。

（2）凝管事故。

对于加热输送的高黏易凝原油管道，当输量过低，沿程温降过大，或管道停输时间过长时，会使管内油温过低，可能会造成凝管事故。若不能及时排除而造成管内凝油的恶性事故，则往往需要在管道上开孔，分段顶挤，排除凝油。

（3）设备故障。

因设计不当或制造质量差，引起的机泵、加热炉、阀门或电气等设备的故障称为设备故障，如机泵密封不严、附件漏油、加热炉炉管穿孔、阀门不密封不严等。

（4）油罐区事故。

油罐区事故包括油罐着火爆炸事故、油罐冒顶、憋罐、油罐破裂、罐板腐蚀、泄漏、基础不均匀沉降、浮顶油罐浮船卡住、沉船等。

4. 输油管道泄漏后的后果分析

（1）泄漏事故可能引发火灾爆炸及污染环境。

输油管道泄漏事故可能引起火灾爆炸，造成人员伤亡及财产损失。泄漏不仅使所输油品大量损失，更由于漏出的油品往往会污染河流、地表和地下含水土层，从而污染饮用水，对生态环境和社会影响很大。原油泄漏后对生态环境有长期负面影响，除了溢油直接损失外，处理事故还需要花费油品回收、清洗、环境净化等费用。

（2）输油管道泄漏后果与影响因素。

①油品泄漏量及扩散条件。管道运行中，因管子开裂引发的泄漏量与裂口大小程度有关，开裂的孔洞越大，泄漏量也越大。局部腐蚀形成的针孔渗漏量很小，机械损伤导致的裂口会大量漏油。一般情况下泄漏量越大，污染范围也越大。例如，在高压管道内油品从小孔中向上喷射，随风四处飘散。埋地管道长期泄漏的油品随地下水或地面水流动，或泄漏处土壤为渗透率较高的沙土、砾石层而使油品容易扩散，这些都可能导致大面积环境污染。若污染了河流、水流，将迅速扩大污染面积。

②管道周边的人口密度。泄漏事故后果的严重程度与当地人口状况有关，若事故发生在荒无人烟地区则后果轻微，人口越密集，事故后果危害性越高。特别在工业区或商业区附近，不但人口密集，还由于土建施工及大型机械作业较多，危及管道的因素增多，发生事故频率较高，风险更大。

③管道所输介质的危险性。所输介质的物理性质将影响到泄漏事故的后果，主要考虑介质的危险性。危险可以分成两类，即当前危险和长期危险。当前危险是指突然发生并需要立即采取措施的危险，但危害的持续时间短。如火灾、爆炸、接触毒物等，会立即造成人员伤亡和财产损失。长期危险是指持续时间较长的危险，如水源污染、潜在致癌性等，这属于慢性危害，随着时间的推移，其危害性可能更大。天然气、液化气等泄漏后，火灾、爆炸危险性比一般油品的危险性更大，而原油泄漏后对生态环境有长期的负面影响，长期危险较大。

④油品净泄漏量。油品净泄漏量等于总泄漏量与回收泄漏量之差。回收油量大，表明事故发生后环境清理的成效较明显。因为减少油品泄漏对减少环境污染，特别是减少对河流、地下水和饮用水等的污染十分重要，必须采取措施控制污染的扩大和蔓延。

5. 输气管道事故的特点

输气管道引发事故的原因可归纳为外界原因和内在原因两大类。

1）外界原因

（1）工地开挖打桩、施工机械碾压损坏管道；

（2）违章建筑占压引起沉陷造成管道断裂；

（3）地下管道施工野蛮作业和不规范操作造成管道损坏；

（4）自然灾害造成管道损坏；

（5）人为破坏造成管道损坏。

2）内在原因

（1）管道施工时基础处理不密实引起管道下沉断裂；

（2）管材质量缺陷引起泄漏；

（3）管沟回填质量差受动荷载震动而引发管道损坏；

（4）管线垂直交叉间距不足最终造成局部应力集中剪切管道。

6. 天然气管道事故定义及表现形式

1）事故定义

由于输气管道腐蚀、施工质量、自然灾害、设备故障或人为破坏等因素造成管道或设施损坏，影响输气管道的正常运行。

2）表现形式

（1）干线表现为管线严重变形、穿孔、悬空、漂管、裂纹、管体断裂等；管线截断阀门故障和干线管道配套设施发生损坏或断裂及清管器卡堵、水合物堵塞等；

（2）站场表现为管线断裂、穿孔、裂纹、冰堵、阀门、法兰和其他设备故障产生漏气，甚至着火爆炸等。

（3）自然灾害对管道构成的危害，断电及通信故障引起的次生事故等。

3）事故类型划分

输气管道事故一般被分为3类：泄漏、穿孔和破裂，划分标准与管道本身的特性（如直径、壁厚等）有关，一般按照：

（1）穿孔的当量尺寸≤20mm 为泄漏。

（2）20mm≤穿孔的当量尺寸≤管道半径，为穿孔。

（3）穿孔的当量尺寸大于管道半径，为破裂。

4）输气管道事故后果分析

（1）输气管道事故后果。

天然气泄漏的后果基本上是急性危害。若形成的天然气云没有遇到火源，则随着气云逐渐扩散，浓度降低，危害性下降；若遇到火源，发生火灾爆炸，造成的人员伤亡及财产损失巨大。

输气管道爆管破裂后一般均会着火，多数会发生爆炸。埋地的高压气管爆裂后将冲起回填土层，在破坏点形成一个坑口。这种管道破裂的气体释放有两个主要特征，开始是一个非常短暂的气团增长的初始瞬态期，接着是一个准静态期，这期间因破裂处气体压力降低，泄漏量逐渐减少。若破裂后泄漏的天然气很快在瞬间期被点燃，会产生火球，火球在 20~30s 内燃尽之后，将出现准静态火焰，火焰的高温热辐射将对邻近一定范围的区域造成灾害。若管道只是发生较小的穿孔泄漏，其泄漏气体流速及泄漏量较小时，火焰和火势会比爆管时要小得多。

（2）天然气火灾爆炸危险性的影响因素。

①天然气的易燃易爆性及毒性。管输天然气的爆炸极限范围宽，爆炸下限较低，火灾危险等级为甲级。管输天然气经过净化处理，符合管输气质标准的天然气的毒性属低等，但浓度大时也会使人窒息或中毒。

②管道内天然气泄漏速率。天然气云的大小主要与泄漏速率有关，而不是泄漏的总量。在管内压力最高和泄漏孔径最大时产生的泄漏速度最大。随着时间推移，管内压力下降，泄漏速率减小，气云开始收缩。泄漏事故刚发生初期，泄漏速率最大。天然气泄漏速率还与管内操作压力高低与管子破坏开裂情况有关。

③天然气的扩散情况。天然气扩散快，可以较迅速地降低气云内天然气的浓度，降低了危险性，但同时又扩大了混合气分散范围，增大了危险性。天然气扩散情况与其密度大小、地形、泄漏点的风速和风向及气温等多种因素有关。若天然气密度较小，风力较强时则扩散较快，在顺风方向扩散的距离最远，这个方向的火灾爆炸范围要比其他方向大很多倍。

④管道沿线的人口密度。输气管道火灾爆炸事故若发生在人口稠密地区，将带来人员伤亡和财产损失；人口越密集，事故后果越严重。

四、输油管道事故应急预案（现场处置方案）示例（以沈阳维抢修中心为例）

1．事故风险分析

1）管辖站场与管道概况

沈阳维抢修中心隶属于中国石油管道公司沈阳输油气分公司（以下简称沈阳分公司），主要承担嫩江以南输油管线及分公司辖内管线和站场的维抢修工作。

管辖输油站场包括：昌图、铁岭、沈阳和抚顺的输油站及抚顺计量站。

管辖输油管线有庆铁三线、庆铁四线、铁秦线、新铁大线、铁抚线、抚东线等6条，总长度515.63km；已停输封存管道6条，包括庆铁一线、庆铁二线、老铁大线、抚前线、抚计线、抚鞍线等，共482.14km。

2）危险源识别与处置方法

危险源识别与处置方法见表6-1-1。

表6-1-1 危险源识别与处置方法表

序号	风险类型	易发区域、装置	原因	适用抢修方法
1	管道原油、天然气泄漏	站外管道	管线打孔	焊接封头、焊接溢流卡具
			腐蚀穿孔	焊接溢流卡具、焊接对开式夹具
			焊缝开裂、断管	塞式封堵、囊式封堵、焊接对开式夹具、动火换管
2	原油泄漏进入市政管网	站外管道穿越城市管段	第三方破坏、管体缺陷	地面油品收油
3	管线异常	站外管道、阀室	阀室损毁	囊式封堵（临时旁通）、动火换管
			管道悬空、漂管	管道临时加固
			原油管道凝管、蜡堵	开孔抽油
			清管器卡堵	塞式封堵、囊式封堵、动火换管
			天然气管道冰堵	输气管线抢修
4	站场原油、天然气泄漏	站场生产设施	法兰泄漏、管线腐蚀穿孔、焊缝缺陷、误操作	更换法兰（密封）、焊接溢流夹具
		储油罐	储油罐冒顶、跑油	地面油品收油

2．应急工作职责

1）沈阳维抢修中心应急组织机构

组长：中心主任

副组长：管道副主任、生产副主任、书记

组员：安全员、技术员、材料员、班长、班员

2）岗位应急职责

（1）主任职责：

①根据分公司领导小组指令，负责现场应急指挥工作，针对事态发展制订和调整现场应急抢险方案。启动、关闭现场处置方案。

②收集现场信息，核实现场情况，保证现场与分公司应急领导小组之间信息传递的真实、及时与畅通；同时，向下传达上级的指令。

③多单位合作抢修时，主任要配合上级应急领导小组对人员设备调拨要求。

（2）管道副主任职责：

①负责管道抢修现场施工操作方法得当，作业安全可靠。

②负责监督现场处置方案的执行情况。

③与主任共同协商抢修事宜，并安排实施。

④修现场人员调配、物资调拨、车辆配合等工作。

⑤站场抢修时负责后续设备、物资装车等相关事宜。

（3）生产副主任职责：

①负责站内设施抢修过程中技术指导和安全管理。

②负责监督现场处置方案的执行。

③与主任共同协商抢修事宜，并安排实施。

④组织抢修人员调配、物资调拨、车辆配合等工作。

⑤管道抢修时负责后续设备、物资装车等相关事宜。

（4）书记（副书记）职责：负责抢修人员后勤保障。

（5）安全员职责：

①负责抢修过程中安全监督和环境管理。

②负责抢修作业过程中安全风险分析及措施的落实。

③出现人员伤亡时，及时组织人员抢救伤员并拨打120电话急救。

（6）技术员职责：

①抢修现场信息收集工作。

②抢修现场人员组织工作。

③抢修设备现场运行、保障工作。

④抢修结束后进行抢修总结及抢修后评价。

（7）材料员职责：

①负责抢修物资出库管理。

②抢修结束后，及时补充消耗物资。

（8）班长职责：

①组织本班人员按照主任指令分工开展抢修作业。

②组织本班人员对抢修设备进行操作。

③负责班组抢修作业的安全监督。

（9）班员职责：

①服从班长安排，按照岗位分工开展抢修作业。

②落实各工种安全及环保措施。

3. 应急处置

（1）应急响应示意图如图6-1-1所示。

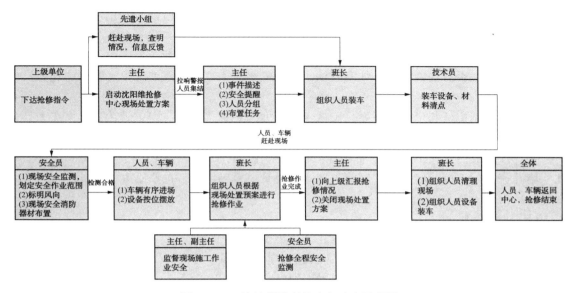

图 6-1-1　输油管道事故应急响应示意图

（2）前期响应注意事项。

①接到抢修指令后，抢修人员立即集结。不在驻地的人员需自行采用最快方式赶赴驻地。

②主任（副主任）及时与事发管段站场领导联系，了解现场信息。

③先遣小组带可燃气体报警仪赶赴现场，及时反馈现场信息。

④司机出发前明确路程信息，必要时每台车辆配备一名随车人员，信息及时沟通。

⑤技术员针对抢修类型对装车物品进行清点。

⑥安全员对安全防护器具进行清点。

⑦抢修车 30min 内出发。

⑧技术员随时记录车辆装车物品、车辆出发时间、随车人员、车辆到达时间等信息。

（3）现场应急处置措施。

结合沈阳维抢修中心所辖管道、站场情况，总结归纳出 10 种抢修方法，包括：焊接封头、焊接溢流夹具、焊接对开式夹具、囊式封堵（临时旁通）操作、输油管线换管、开孔抽油、管道临时加固、陆地油品回收（站内泄漏）、更换法兰（密封）、输气管线抢修。

（4）焊接溢流卡具处置方法（适用于管线被植阀且发生轻微泄漏或管线发生小面积腐蚀穿孔时）。

施工步骤：

①安全员使用可燃气体检测仪检测泄漏点周围气体浓度。气体浓度检测合格后进行后续工作。安全员划定作业安全区域、立风向标，进行实时可燃气体检测。

②班长组织卸车。

③技术员指挥人员在挖好的集油坑内铺防渗布，将漏油引入集油坑内。

④钳工连接罗茨泵（渣浆泵）胶管，并及时将油品抽取到安全地点存放。

⑤电工接电。电工使用轴流风机降低现场可燃气体浓度；夜间照明保障。

⑥泄漏点周围油品收集完成后，管工清理油污，清理防腐层，留出作业面。

⑦钳工检查溢流夹具密封是否变形或位移，如有变形或位移应恢复到正常位置。拆除夹具上密封堵头，安装球阀，在球阀上方安装导油软管。

⑧起重工指挥吊车吊装溢漏卡具，管工将夹具两侧使用手拉葫芦与链条固定。夹具固定好后检查周围是否有溢油渗出，如有溢油，继续调整链条直至无渗油现象。管工清理夹具周围油污。

⑨主任或副主任与生产科联系，确认管线压力满足焊接条件。焊工焊接夹具，在卡具与管线处焊接加强板。

⑩焊接完成后，钳工拆除导油软管，将带有堵头的手动堵孔器安装在球阀上，手动堵孔。堵孔完成后，拆除堵孔器、短管、球阀。经管道科确认后，抢修结束。人员、车辆撤离现场。

（5）注意事项。

①夹具安装前应确认夹具内层密封完好、无位移。

②导流管长度应大于10m，且油品回收位置应在上风口方向。

③焊接前应使用轴流风机对夹具位置不间断吹扫10min，确认可燃气体浓度符合焊接条件时方可施工。

（6）施工流程图如图6-1-2所示。

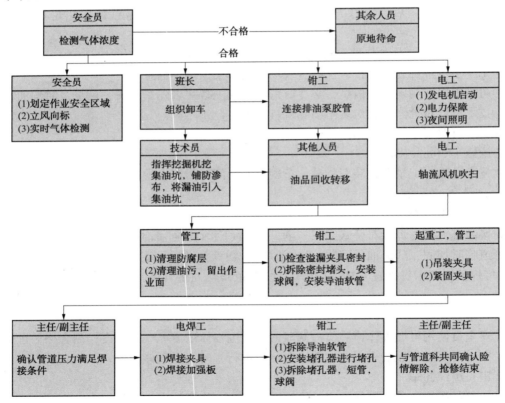

图6-1-2 输油管道事故应急处置施工流程图

抢修人员标准配置：主任（值班干部）2人、安全员1人、钳工2人、管工2人、电工2人、焊工2人、司机4人。

抢修车辆标准配置：抢修车 1 台、指挥车 1 台、中型客车 1 台、随车吊 1 台。

抢修设备、物资标准配置表见表 6-1-2。

表 6-1-2　输油管道事故抢修设备与物资标准配置表

序号	设备名称	数量	存放位置
1	抢修车	1 辆	特种车库
2	轴流风机	1 台	机具库
3	电焊机	2 台	机具库
4	罗茨油泵（或渣浆泵）	1 台	机具库
5	泵胶管	5 根（20m）	机具库
6	防渗布	2 张	机具库
7	发电机	1 台	机具库
8	焊条烘干箱	1 台	机具库
9	防腐层剥离机	1 台	机具库
10	储油单元	2 个	一级物资库
11	吸油毡	若干	一级物资库
12	可燃气体检测仪	2 台	安全员自带

4. 注意事项

1）个人防护器具使用注意事项

（1）安全帽。

①安全帽正确佩戴；

②安全帽要在有效期内使用；

③现场作业过程中，安全帽不得随意脱下；

④安全帽发现异常现象要立即更换。

（2）安全带。

①使用前检查安全带牢固可靠；

②安全带要牢固拴挂；

③安全带要按照高挂低用的方法使用；

④安全带绳保护套要保持完好。

（3）工作服。

①作业人员作业时必须穿着工作服；

②操作转动机械时，袖口必须扎紧；

③抢修现场如可能发生火灾时，抢修人员须穿戴防火服。

（4）护目镜。

①护目镜使用前要检查镜片是否完好；

②进行打磨、切削等操作时必须佩带护目镜；

③进行电焊、气焊等操作时必须佩带专业护目镜。

（5）防护鞋。

作业人员作业时必须穿着防护鞋。

（6）防护手套。

①作业人员作业时必须穿戴防护手套；

②防护手套有破损时要及时更换。

（7）正压式空气呼吸器。

①正压式空气呼吸器佩戴方法要正确；

②气瓶压力要满足半小时使用要求；

③使用前进行 2~3 次深呼吸，应呼吸顺畅。

2）抢修设备操作注意事项

（1）专业设备由专业人员操作；

（2）发电机、抢修车辆在进入抢修现场前要带防火帽；

（3）封堵囊在使用前要进行打压试验；

（4）抽油泵在使用前要将抽油管出入口使用紧固带等方式锁紧，抽油管入口要有过滤装置；

（5）撇油器使用时要及时清理油槽内杂物；

（6）可燃气体报警仪、含氧分析仪等要保障有效、准确；

（7）发电机、电焊机等设备连续使用 4h 应停机冷却，必要时可使用备用设备；

（8）发电机、吊车等设备在现场需有静电接地线接地。

3）吊装安全注意事项

（1）吊车吊装前检查。

①吊车、随车吊要停放在平整牢固地面上，吊脚要使用枕木等支撑。

②起重机械上的各种安全防护装置及监测、指示、自动报警信号装置等应齐全完好，安全防护装置不完整或已失效的起重机械不得使用。

③吊装工作区域应有明显标志，并设专人警戒，与吊装无关人员严禁入内。起重机工作时，起重臂杆旋转半径范围内严禁站人或通过。

④吊钩锁栓要牢固有效。

⑤吊带、钢丝绳应无破损、无断丝。

（2）吊车吊装注意事项。

①吊装时，应有专人负责统一指挥，指挥人员应位于操作人员视力能及的地点，并能清楚地看到吊装的全过程。起重机驾驶人员必须熟悉信号，并按指挥人员的各种信号进行操作；指挥信号应事先统一规定，发出的信号要鲜明、准确。

②起重机械工作中如遇故障或有不正常现象时，应放下重物，停止运转后进行故障排除，严禁在运转中进行调整或检修。

③当施工现场有多台吊装设备同时作业时应制定防碰撞措施。

④当工作地点的风力达到五级时，禁止在露天进行起重机移动和吊装作业；遇有大雪、大雾、雷雨等恶劣气候或夜间照明不足，致使指挥人员看不清工作地点，操作人员看不清指挥信号时不得进行起重吊装作业。

4）安全救援注意事项

（1）发现人员出现急性职业中毒（窒息）时应立即报告中心领导。

（2）戴好正压空气呼吸器、护目镜，迅速将中毒（窒息）人员由危险区撤离至新鲜空气处，由站场急救员根据现场情况对伤者进行适当急救，等待专业医护人员到来。

（3）根据危害物介质的不同，采取救援措施具体如下：

①油气、甲烷中毒。解开上衣及腰带，对症治疗，心跳、呼吸停止时，应立即进行人工呼吸、心肺复苏。

②硫化氢中毒。去除污染衣服；皮肤或眼受到污染应用流动清水冲洗至少20min；及时进行人工呼吸；心肺骤停时，应立即进行心肺复苏。

③氮气窒息。如发生冻伤，则脱掉所有限制冻伤部位血液循环的衣服，不要揉搓冻结部分，注意保暖；脱离氮气环境以后有条件的应立即给予吸氧；心跳、呼吸停止时，应立即进行人工呼吸、心肺复苏。

④组织所有人员紧急撤离警戒区至上风处。

⑤拨打120，请求救援。

⑥向分公司应急领导小组汇报现场情况。

⑦携带便携式可燃气检测仪测试，划定警戒范围。

⑧及时控制或切断危险源，减少或者停止危险源的使用，全力控制事件态势，严防二次污染和伤害的发生。

⑨在事故点附近的主要道路旁接应医疗等车辆及外部应急增援力量。

5）其他特别警示事项

（1）管线开孔前要进行打压试验。

（2）集油坑内要铺设防渗布。

（3）氧气瓶、乙炔瓶存放和运输时要分开放置。

（4）与抢修无关人员禁止进入抢修现场。

（5）抢修现场严禁烟火。

（6）管线焊接前要进行多次可燃气体检查，合格后方可焊接。

（7）使用黄油墙时，若天气炎热，需对管线进行洒水等降温处理。

（8）囊式封堵进行时，需专人监视囊压；若囊压不足需及时充气。

（9）封堵囊提出管线时，需向囊上浇水，消除静电。

（10）作业坑要做好边坡及踏脚，在作业坑两侧对应设立逃生通道；同时，保证人员疏通通道和消防通道畅通。

5. 附件

（1）分公司联系电话。

（2）中心人员联系电话。

（3）外委人员联系电话。

五、输气管道事故应急预案（现场处置方案）示例（以沈阳维抢修中心为例）

1. 施工步骤

1）输气管线泄漏抢修

（1）主任/副主任与站场确认输气站关闭泄漏点上下游阀门，并已将管线内气体放空点燃。确认管线已充满氮气。

（2）安全员对场站泄漏区域的空气中的可燃气体进行检测，警戒并划分出危险区域，严禁人员进入。同时，实时检测可燃气体浓度，并根据检测数据，调整危险区域；观察风向标及进场道路，确认现场风向、逃生通道等。

（3）主任/副主任确定现场车辆、设备及机具摆放位置。

（4）电工利用防爆轴流风机强制对泄漏区域进行排风，降低空气中可燃气体浓度。

（5）所有设备及机具摆放后，安全员要不间断地确认环境可燃气体浓度在安全值范围。

（6）班长确认发电机带防火帽并启动发电机等抢修动力设备试运行，做好维抢修准备；同时，准备好防爆维修工具、材料和附件。

（7）如果管线被植阀开孔，抢修方法与焊接封头处置方法一致。

（8）如果管线开裂需换管操作时，首先使用切管机将事故管段切除，管工测量管线后对新管段下料。管工在管线内放置泡沫球。经气体检测合格后吊装新管段并焊接。

2）输气管线冰堵抢修

（1）如果冰堵较轻，钳工采用加装电伴热外包棉絮方法（电伴热和棉絮由输气站提供）解除冰堵。

（2）当冰堵情况较严重时，司炉工使用蒸汽车对冰堵段用蒸汽不间断加热，直到冰堵现象解除。

2．注意事项

（1）安全员进场检测可燃气体浓度。检测结束前人员、车辆不得入场，需等待安全员划定安全作业区域后方可进场。

（2）所有车辆、抢修机具需放置在上风口方向，车辆佩戴防火帽。

（3）所有抢修工具需使用防爆工具。

（4）抢修前主任/副主任需确认管线已全部完成氮气置换操作。

（5）如需对管线切管时，要不间断对切管机刀片进行冷却。

（6）如需使用泡沫球时，泡沫球尺寸要稍大于管线尺寸。

3．施工流程图

输气管道事故应急处置施工流程如图6-1-3所示。

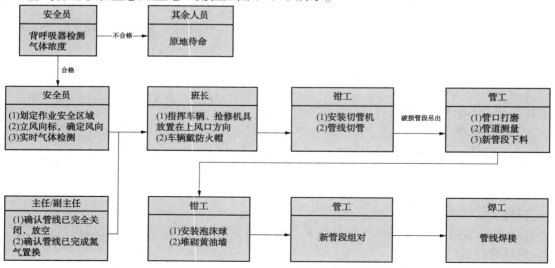

图6-1-3　输气管道事故应急处置施工流程图

4. 应急资源配置

抢修人员：主任 2 人、技术员 1 人、安全员 1 人、钳工 3 人、管工 4 人、电工 3 人、焊工 4 人、司机 7 人、起重工 1 人。

抢修车辆标准配置：抢修车 1 台、指挥车 1 台、中型客车 1 台、随车吊 1 台、货车 2 台、吊车 1 台、蒸汽车 1 台(冰堵用)。

抢修设备、物资配置表见表 6-1-3。

表 6-1-3　输气管道事故抢修设备与物资配置表

序号	设备名称	数量	存放地点
1	抢修车	1 辆	特种车库
2	防爆轴流风机	2 台	抢修机具库
3	发电机	1 台	抢修机具库
4	电焊机	4 台	抢修机具库
5	自发电照明灯	2 台	抢修机具库
6	防腐层剥离机	1 台	抢修机具库
7	切管机	2 台	抢修机具库
8	氮气	6 瓶	氮气库
9	氧气	2 瓶	氧气库
10	乙炔	2 瓶	乙炔库
11	泡沫球	2 个	分公司提供
12	可燃气体检测仪	2 台	安全员
13	含氧分析仪	1 台	安全员
14	蒸汽车(冰堵时)	1 台	特种车库

第二节　应急预案管理

一、预案演练

(1)维抢修工程师应每季度至少组织开展一次站队级应急预案演练。演练可以采用桌面、实战以及与地方政府协同等形式，组织开展人员广泛参与、处置联动性强、形式多样，节约高效的应急演练。

(2)维抢修工程师在演练过程中应当组织演练评估。评估的主要内容包括：演练的执行情况，预案的合理性与可操作性，指挥协调和应急联动情况，应急人员的处置情况，演练所用设备、装备的适用性，对完善预案、应急准备、应急机制、应急措施等方面的意见和建议。

(3)维抢修工程师在演练结束后应当对演练进行总结。对演练中发现的问题提出整改意见并负责督办，直至整改完成。

(4)维抢修工程师应当对应急预案建立定期评估制度，分析评价预案内容的针对性、实用性和可操作性，实现应急预案的动态优化和科学规范管理。

二、预案修订

（1）一般情况下，每3年对预案至少进行一次修订。如有以下原因应及时对应急预案进行修订：

①新的相关法律法规颁布实施或相关法律法规修订实施；

②通过应急预案演练或经突发事件检验，发现应急预案存在缺陷或漏洞；

③应急预案中组织机构发生变化；

④重大工程发生变化时；

⑤国家相关文件、上级单位或公司要求修订时；

⑥生产工艺和技术发生变化的；

⑦应急资源发生重大变化的；

⑧预案中的其他重要信息发生变化的；

⑨面临的风险或其他重要环境因素发生变化，形成新的重大危险源的。

（2）通信录的变更不列入预案修订范围内，通信录人员名单或通信方式有变更，需及时更新。

三、预案培训和宣传教育

维抢修工程师可以通过编发培训材料、举办培训班、开展工作研讨等方式对应急预案实施密切相关的管理人员和专业抢修人员工安排相关的应急培训计划，使其了解并掌握应急预案总体要求和与员工相关内容的详细要求。

四、预案演练后评价

应急演练后评价是指应急演练结束后，演练组织单位组织相关人员总结分析演练中暴露的问题，评估演练是否达到了预定目标，从而提高应急准备水平和演练人员应急技能。

演练后评价一般可分为任务层面后评价、职能层面后评价和演练总体层面后评价。任务层面后评价主要针对演练中的某个具体任务的完成情况进行评估；职能层面后评价主要针对演练中某个部门的实际职责的完成情况进行评估；演练总体层面后评价是对演练的总体完成情况进行评估。

应急演练评估的内容主要包括：观察和记录演练活动，比较演练人员表现与演练目标要求，归纳、整理演练中发现的问题，并提出整改建议。为了确保演练总结评估工作公正、客观，可采用：评估人员审查、访谈，参加者汇报、自我评估以及公开会议协商等形式。应急演练评估与总结是做好应急演练工作的重要环节，它可以全面、系统地了解演练情况，正确认识演练工作中的不足，为应急工作的进一步完善提供依据。

应急预案演练后评价中提出的问题要在15个工作日内解决，必要时可通过加强人员技能、设备维护保养、预案内容培训等措施提高演练质量，增强员工应对突发事件时解决问题的能力。

第七章　维抢修设备操作及维护保养

第一节　发电和照明类设备操作及维护保养

一、发电机（以威尔逊发电机为例）

1. 发电机操作

1）检查和准备

①开关/钥匙开关关掉。

②检查发电机机油及冷却水的水平，不够时应加满。

③检查燃料水平，需要时应添加。

④检查发电机冷却风扇与充电机皮带的松紧，如松则收紧。

⑤检查所有软管，是否有接合处松脱或磨损，如有则收紧或换掉。

⑥检查电池电极有无腐蚀，有则清洁。检查电池液水平，必要时可添加蒸馏水。

⑦检查发电机是否接地良好。

⑧检查控制屏和发电机上是否有大量灰尘堆积，有则清洁。

⑨检查空气滤清器的阻塞指示器，如果堵塞了就要换一个滤清器。

⑩确保交流发电机输出电路开关处在关（off）的状态（柄向下）。

2）操作内容及步骤

①检查电瓶电压：把钥匙从"O"（off）位转到"I"（on）位，检查电瓶电压表，电压是否正常。然后把钥匙转回"O"位。

②启动发电机。

③检查有无异常噪声及振动。

④检查有无液体渗漏，排烟管有无渗漏。

⑤检查控制屏有无异常显示，开机 10～15s 内，油压应达到正常范围。最好空载运转 3min 后，再带负载。

⑥开启电路开关"on"（柄向上）供电。

⑦停机：先把发电机输出断路开关扳下"off"（柄向下），让发电机在无负载情况下运转 3～5min 以便冷却。然后把钥匙转到"O"（off）位停机。

3）操作后检查

（1）送电时：观察发电机仪表盘电流、电压、周波和电瓶显示在正常值范围；机械运行无明显异常噪声、震颤、喘息；检查配电盘、动力设备的连接、三相供电及设备电气供电情况；线路连接及埋地情况。

（2）停电后：观察仪表盘显示归零；检查确认外供线路全部断开并且供电开关全部落

下；冷却管路、燃料油及管路、制动系统及管路、润滑油及管路的容量符合使用要求，无破损、缺失、泄漏等。

2. 发电机日常保养

（1）每周按保养检查标准对发电机进行各种性能检查，并对油箱、连接管路及附件螺栓安装部位、电瓶连接部位进行检查并进行紧固。

（2）每月应对润滑部位进行一次油脂润滑，保持机械的润滑状态。

（3）对点火延时、油门高度等应及时进行调整。

（4）按年度更换燃料油和机油。

（5）每月对设备进行一次清洁、整理，保持设备卫生。

（6）每运行250h应更换机油滤清器，并且更换机油。每250~500h更换柴油滤清器（根据柴油品质）。

二、发电照明灯

1. 操作前检查

（1）机油油位检查（使用四行程汽油机机油如SAE10W-30机油）：

①将照明灯放在平坦的平面上；

②停止引擎来检查机油油位；

③机油添加至油位上限；

④检查灯杆、灯头是否有损坏。

（2）燃油油位检查（使用93#及以上汽油）：

①观察燃油油位标尺；

②加注燃油严禁吸烟、严禁将油溢出；

③燃油加至燃油滤清器的上部。

（3）空气滤清器检查：

①发电机在粉尘大的环境中使用时，每次起动前应拆下空气滤清器抖落滤芯上的粉尘；

②严禁未装空气滤清器起动运行发动机。

2. 起动发动机步骤

（1）关闭交流断路器（严禁带载起动），从交流插座拆卸任何负载——置于"OFF"位置。

（2）将燃油阀打开——置于"ON"位置。

（3）关闭阻风门（冷机状态）——将阻风门杆扳到"CHOKE"（关）位置。

（4）打开发动机开关（即引擎开关）——置于"ON"位置。

（5）轻轻拉起动抓手直到感到阻力为止，然后用力拉起（严禁一开始就用力拉）。

（6）当引擎升温时，将阻风门打开。

（7）打开交流断路器——置于"ON"位置。

注意：使用完毕，先关闭交流断路器再关闭发动机开关，最后关闭燃油开关。

3. 定期检查与保养

（1）每次使用都必须检查机油，如不足请添加。除此之外还必须定期更换。

（2）首次更换机油是在机组使用20h后或一个月后。

（3）机油日常更换为每100h或每6个月彻底更换一次。

(4)每次使用前需检查空气滤清器，还必须定期更换；定期更换时间为每50h和每3个月更换一次。在恶劣环境中使用应每月更换一次。

4. 火花塞检查

(1)火花塞的火花状态：火花以蓝色、强劲为佳，如为红色请调整或更换。

(2)用钢丝刷清除火花塞的积炭。

(3)检查调整火花塞的间隙，适宜间隙为0.7~0.8mm。

(4)发电机每次的检查和维护保养情况，均应作好详细记录。

5. 运输与保存

照明灯组在运输过程中必须水平放置，否则会造成燃油从油箱溢出，可能被点燃或机油流入气缸中导致起动困难，如无法水平放置，请将燃油、机油放尽后运输。

6. 简单故障排除

(1)引擎无法启动：依次检查燃油，检查燃油开关是否打开；检查引擎开关是否打开；检查阻风杆的状态；检查火花塞是否产生火花。

(2)无交流输出：若发电机启动正常，而无交流输出，可能AC交流电路器关闭，请打开；检查插线排保险是否跳出，若是则按下去进行复位。

(3)发电机起动后，插上交流电输出插头与将插头取下时，发动机的声音不同，属于正常现象，因插上插头后发电机处于带载状态。

(4)灯不亮：灯泡损坏，请及时更换。

第二节　塞式封堵类设备操作及维护保养

一、夹板阀

液压夹板阀主体为上夹板体、中间夹板体、下夹板体，中间的闸板由阀杆移动，起开、合作用。闸板两面的"O"形密封圈，起到密封的作用；上夹板体侧面设有排出口，由内螺纹球阀开关，关闭闸板后打开排出口，介质就能够排出。下夹板体侧面设有连通阀，使关闭的夹板阀闸板两侧所受的压力平衡，这样闸板才能够打开。

夹板阀允许双向流动，只要阀孔与管件孔对正，可以从任何方向安装。为了适应管道上所开的接口，此阀能够与管道垂直或平行安装。

液压夹板阀主要包括弯管、内螺纹球阀、三通、压力表、上夹板体、中间夹板体、闸板、螺母、螺栓、阀杆、下夹板体、连通阀座、连通阀锥体、油缸、各种"O"形密封圈等。

1. 液压夹板阀安装

(1)夹板体四角有4个圆孔，阀上还有4个吊环，用同样长度的4根钢丝绳吊起此阀，在整个安装过程中，闸板必须关闭。

(2)在封堵三通端面放好石棉密封垫圈("O"形密封圈)，把夹板阀安装到封堵三通上，使夹板阀孔与封堵三通的内孔对中后紧固螺母。

(3)在夹板阀结合端面放好石棉密封垫圈("O"形密封圈)，把开孔机、封堵设备等安装在夹板阀上，再紧固所有螺母。

2. 液压夹板阀使用

（1）打开阀门：

①用六角扳手逆时针旋转连通阀（平衡时使用），慢慢打开连通阀，从腔体中放出空气来平衡夹板阀闸板两边的压力。

②通过液压站使闸板打开。为了搞清楚阀门是否完全打开，要计算阀杆的行程。

（2）关闭阀门：

①顺时针旋转连通阀，关闭连通阀。

②通过液压站使闸板关闭。

3. 液压夹板阀使用注意事项

（1）必须将与夹板阀连接的设备同夹板阀安装好。

（2）开阀前必须将连通阀慢慢打开，使闸板两侧压力平衡后闸板才可以打开，如果压力不均等时打开闸板，会损坏"O"形密封圈或把它们挤出原来的位置。

（3）关闭闸板之前要先关闭连通阀，开孔刀或堵头必须全部收回到联箱内，然后关闭闸板。

（4）为了弄清闸板是否完全打开或是完全关闭，在开闭闸板时要计算阀杆的行程，以保证闸板处于恰当的位置。

（5）排出口在开孔或封堵作业时必须关闭。

（6）封堵工作完成后，通过排出口的内螺纹球阀，泄放上部腔体的压力使压力表指示为零，方可拆卸夹板阀上的连接设备。

（7）夹板阀打开后，要对液压缸体进行保护，严寒天气要对液压缸体进行保温操作。

4. 液压夹板阀维护与保养

（1）夹板阀每使用一次都要清理一遍，闸板结合面及"O"形密封圈要仔细清理干净，涂上防锈剂。如果"O"形密封圈膨胀，或过软，或过硬，都要进行更换，新的密封圈要检查是否有裂口、缺陷。

（2）检查螺栓、螺帽有无损坏，如有必要可以用套筒扳手将槽形螺母拧得更紧些。

（3）阀杆要保持清洁，经常加机油进行润滑。

（4）如果连通阀漏油，需检查"O"形密封圈和连通阀锥体密封面有无损坏，如有损坏要及时更换。

（5）夹板阀存放和运输时，底部要垫平稳，避免碰坏。端面盖好防护盖，保护闸板密封面和端面结合面。

二、液压开孔机

液压开孔机主要用于管路不停输开孔，要求管内介质压力不大于6.4MPa，温度不超过80℃。适用于易燃、易爆的液态介质和气态介质的管线上进行作业。

1. 结构与工作原理

液压开孔机主要由减速箱体、机架、驱动套筒、主轴、丝杆、筒刀、中心钻、联箱等零部件构成，可以通过更换开孔机的联箱、筒刀、中心钻等零部件来达到开不同直径孔的目的，可以通过标尺杆上的刻度来计算何时开孔完毕。

开孔时，开孔机由液压站驱动液压马达带动蜗杆旋转，经蜗轮蜗杆减速，带动驱动套筒顺时针旋转，通过驱动套筒的内花键将动力传递给主轴，同时，通过链轮差动机构实现主轴与丝杠的差动进给，即主轴每转一转进刀 0.15mm。通过调节液压站上泵的排量，溢流阀、调速阀的流量调解主轴转速，从而控制开孔速度，完成开孔作业。

标尺杆能准确记录进刀尺寸，与理论尺寸相比较，从而准确把握自动进刀、快速进退刀、手动进退刀、停车等操作。

最大开孔直径为 220mm；最小开孔直径为 100mm；最大行程 900mm；最高转速 50r/min，自动进给量 0.15mm/r；手动进给量 3mm/r；快速进给量 100mm/min；额定输出扭矩 600N·m；尺寸 2150mm×1100mm×1350mm；质量 620kg。

2. 液压开孔机配套设备

液压开孔机配套产品主要有液压站、配电柜、开孔刀具、联箱、夹板阀（阀门）和法兰短节等。

1）液压站

液压站是开孔机的专用动力源，采用电动机驱动，手动变量柱塞泵输出液压油，经溢流阀调解，锁定在适合的工作压力区间，再经调速阀调解，使主轴转速锁定在 0~35r/min（以筒刀切削管壁声音正常为宜）。

2）配电柜

配电柜的选用主要是由于电动机功率大，为保护电动机的正常运转而采用降压起动，当电动机启动后，稍等片刻，听到配电柜发出"当"的一声后，电动机处于正常工作状态，方可调压进行作业；同时，配电柜还配有其他插座，供照明等其他使用。

3）开孔刀具

开孔刀具由筒刀和中心钻组成，筒刀的安装可使用套筒扳手，开孔刀具在使用多次后，如发现缺陷，允许通过刃磨重新使用，但因刃角要求较严，建议送回厂家刃磨修复。

中心钻主要起定位导向的作用，同时中心钻上的"U"形卡可以将切下的马鞍卡住，和筒刀一起取出管外，保证了施工作业的正常进行。

4）联箱

开孔联箱是一个压力容器，它连接开孔机和阀门（夹板阀）把筒刀藏入其中以防安装、拆卸、吊装过程中磕碰刀具，该联箱设计压力为 6.4MPa，每个联箱上均配有 2in 阀、3/4in 接头、压力表。在开孔作业中联箱上的小孔主要起到以下作用：

（1）排气、排油用。

（2）对于易燃、易爆管线可以向联箱内注入氮气进行保护或注入冷却润滑液以改善切削条件。

（3）对高压管线作压力平衡用。

3. 液压开孔机操作

（1）开孔作业操作：

①首先将短节焊在管线上；然后，加强板焊在管线上。

②安装夹板阀。

③将筒刀、中心钻安装在主轴上并收回零位。测量、计算进刀位置（按操作流程数据记录），正确连接液压管路，先连接回油管，再连接溢流管，最后连接供油管，开孔机附属的刀具、联箱等配件要对中，调试正常后试机，并连接在阀门上进行整体试压。

④试验阀门完全开启、完全关闭圈数(手动)。

⑤测主轴转速、调整压力及调速阀等。

⑥将开孔机与阀门(夹板阀)连接。打压实验、无泄漏后方可进行开孔作业。

⑦快速进刀,将筒刀送到开孔起始位置。将离合器啮合,开始自动开孔。

⑧计算开孔行程,开孔机连接前,必须进行尺寸测量并记录,同时有第二人复测。将测量计算的结果在标尺杆上。

⑨启动液压站,将发动机转速调整到与开孔尺寸要求的对应范围内,严密注意压力波动及筒刀声音、主轴动作、液压油油温及管路油温,如有异常,应及时停车,排除故障后重新启动,保证一次开孔成功。

⑩完全开启阀门,使用给进马达或手摇把将镗杆伸出,在距中心钻与管体相接处标记20~30mm(1in)处停止伸出镗杆,用手摇把将镗杆伸出至中心钻与管体相接触,退回3~4mm。

⑪将离合器扳到自动位置,开启换向阀,使切刀旋转并自动给进。

⑫至标尺杆达到开孔最大位置时,关闭换向阀,切开离合,用手柄将镗杆前进10~20mm,确认开孔完成后,用手柄将镗杆退回20mm,再使用动力退回镗杆,当标尺杆到20~30mm(1in)标记时,用手柄将镗杆退回到零位置。

⑬完全关闭夹板阀,并确认内部旁通阀关闭,将放气阀打开,检验闸阀是否关严。排油、排气。

⑭将开孔机卸下,完成开孔作业。

(2)置入堵塞:

①首先将筒刀卸下。将开孔机上带出的马鞍焊在塞柄底部的接管上(注意应计算核对接管的尺寸不影响收发球),将堵柄与塞柄连接后,装入开孔机主轴,旋转标尺杆,锁紧堵柄,并收回零位,确认将堵塞完全退回至连箱内。

②连接开孔机与夹板阀,打开干线平衡阀平衡压力。

③降落堵塞,当堵塞底部与限位卡簧片相距离约20~30mm(1in)时,将三通法兰的限位卡簧片对称伸出,改用手动降落堵塞至完全接触,提升堵塞约10mm(1/3in)(逆时针方向旋转要拔5圈),完全退回限位卡簧片。

④手动降落堵塞至限位卡簧片与堵塞卡槽对位,伸出全部限位卡簧片,并手动将塞堵上下活动几次,确定限位卡簧片与堵塞卡槽完全对位,最后提升堵塞,让限位卡簧片下面与堵塞卡槽面接触。

⑤到位后,检查堵孔效果,打开排泄阀,几分钟内不泄压,证明合格,一旦出现泄漏,有下列几种可能:

a. 堵塞没有完全到位,解决方法:将堵塞提出重放;

b. 堵塞上的"O"形圈损坏,解决方法:将堵塞提出,更换"O"形圈。

注意:堵孔必须合格后方可进行下步操作。

⑥当堵塞已被正确定位后,逆时针旋转测杆把堵塞固定座与限位杆脱离,手动退回镗杆约25.4mm(1in)。

⑦放空连箱内压力,卸下开孔机、堵柄、夹板阀,将盲板盖装在三通上完成全部堵孔作业。

（3）注意事项：

①如需堵孔，开孔前必须进行堵孔试验并记录数据，确认堵孔可靠，方可进行开孔。

②计算开孔切削尺寸应准确，特别是开封孔而且开较大封堵时应在管线上焊接加强板，以防开孔后马鞍变形卡住刀体。

③开孔过程中不允许开反车，如遇刀具卡阻，应立即停车将手柄扳至空挡处，稍稍提刀，排除故障后立可继续开孔。

④操纵液压系统中换向阀等液压件时，不许猛拉猛推，以免惯性冲击造成开孔机零件损伤，启停时间应不少于5s。

⑤液压胶管中的快速接头应妥善保管、防尘，防止出现泄漏。

⑥堵孔过程中，严禁主轴转动。

4. 液压开孔机及配套设备维护与保养

1）液压开孔机维护与保养

（1）设备使用后，要对设备进行清洗处理，入库后按位摆放。

（2）定期检查减速箱润滑油，加入30号机油指标，500h或每年换油1次，液压开孔机主机在开孔前应用甘油枪向各注油孔注油，开孔后应及时清理主轴上的油垢，并涂油保护，主轴回零位，并向ZG1/4球阀内注入液压油。标尺杆孔应封装好，防止水及异物入内。

（3）检查开孔机是否有油泄漏，修补泄漏处并清洗开孔机，使开孔机保持清洁。定期对机体进行润滑，在机体上的润滑油嘴注入30号机油，要定期对设备进行润滑保养，机箱体采用工业齿轮油浸油润滑，在首次使用后的1~2周内应更换新油，以后可根据油品情况6~12个月更换一次，最长不超过一年，机体侧面上下各有一个压油杆，作业前应注入适量基润滑脂，以润滑主轴和丝杆。

（4）丝杆的润滑在工作500h后，要拆除清洗并重新涂润滑油，所有金属件要避免生锈和腐蚀，在开孔机的整个寿命期间的维护过程中，要定期采取清洗、涂漆、电镀防腐等措施。

（5）设备长期不用时，应按月定期进行保养试运行。开孔钻使用后要经过清点配件后装箱，检查开孔机及液压站上所有的胶管和接头，长期的工作环境会导致胶管和接头的损坏。要求损坏及接口性能不好的胶管和接头能及时被更换。有问题的胶管和接头可能堵塞或限制液压油的流动，对开孔机液压元件造成永久性的伤害，妨碍正常的操作，要定期检查，确认在胶管和接头在没有使用时，安装有保护帽。

（6）使用前应对液压站和开孔机进行装配和空载调试。

（7）在带压管线上开孔，管线压力应≤6MPa，铣刀进给距离≤1000mm，液压系统工作压力≤10MPa，铣刀顺时针旋转，进行开孔作业。

（8）在进行开孔操作时应两人配合操作。在测量和确定开孔进给距离后，要标出距离刻度，按自动进给量0.133mm/r，进行匀速开孔。

（9）在开孔操作中如出现卡刀或其他故障时要立即停机，手动退回铣刀，待故障排除后，先启动液压站，再下落铣刀。

（10）要保证中心钻的"U"形环灵活完好，用以卡住鞍形弧板。

（11）在需要堵孔作业时，要安上相应的堵塞，用手动方式将堵塞送进至法兰短节卡环处锁住，使管道液体无法外泄。

（12）液压站各阀参数不得随意调整。

（13）每次使用开孔机前必须检查溢流阀手柄是否处于全开位置，方能启动电机和油泵。

（14）严禁离合器转换手柄在制动位置时开动快速进给马达，也就是自动进刀时，快速进给马达换向阀手柄应在中间位置。

（15）检查开孔机吊装部分及连接元件，确认没有过多的磨损存在，损坏的部分要及时更换。开孔机在吊装和运输时，一定要专人指挥注意安全。摆放指定位置。贮存和运输过程中，所有胶管都要被采取适当的方式来贮存。如果没有采取适当的措施，运输过程中的振动会使快使胶管发生磨损。

2）封堵缸的维护和保养

（1）设备在运输及储藏过程中，活塞杆始终保持回收状态。

（2）若触头与活塞杆相连，必须将触头垫起与主轴平行。

（3）设备用完后，必须将缸体、密封板、密封套三者用螺栓紧固在一起。

（4）设备不用时，应将油缸内的压力泄掉。

3）封堵头的维护和保养

（1）安装在封堵头上的所有零件必须处理干净，要从所有的配合面及螺栓孔中去除污垢和杂屑。所有的内螺纹都要检查磨损情况、稍稍涂些机油来减少摩擦。清理及润滑活动架销。

（2）检查各个部件，活动架和触头件的表面不可有任何裂纹或凹陷；密封皮碗不可有任何缺口、撕开、龟裂或其他缺陷。检查每个螺栓的头及螺杆、如有缺陷就更换。

4）三通的维护和保养

（1）如果"O"形密封圈膨胀，或过软，或过硬，都要进行更换，新的密封圈要检查是否有裂口、缺陷。

（2）塞堵和锁环孔及卡环、卡环钩螺母、卡环调整螺杆加润滑油。

5）液压站的维护和保养

（1）应使用带有过滤器的加油油泵向液压站内注油（油牌号 46～68 号抗磨液压油）至油标 4/5 处。

（2）液压油应每 1～2 年交换一次。每次换油后应向油泵加油口注油。

（3）长途运输时应将油箱中的油全部放出，以保护过滤器。

（4）在某些区域，油液在较低的温度下就被加热，液压油和马达里的油液会被潮湿的空气所污染，这就要求更加频繁地更换液压油和过滤器，将过滤器的滤网清理干净。

6）手动开孔钻维护保养

（1）转动外套，将丝杠伸出，确认润滑是否良好；

（2）检查中心钻及开孔刀，是否有损坏和过度磨损；

（3）检查接刀盘、螺栓是否松动；

（4）检查中心钻 U 型环是否缺损，转动是否灵活；

（5）中心钻内丝扣是否损坏，并清除杂质；

（6）观察丝杠表面光滑无磨损，对丝杠表面和注油点进行保养润滑处理；

（7）检验丝杠和铜套间隙是否过大；

（8）全部收回丝杠后，对开孔钻整体进行清洁。

三、塞式封堵器

1. 封堵器安装

(1)正确连接封堵头外壳、封堵头、密封件、液压管路和平衡管路,进行试压并连接在夹板阀上。

(2)封堵器连接前进行尺寸测量并记录,同时有第二人复测。

(3)启动液压站,将发动机转速调整到所要求的范围内。

(4)进行压力平衡,全部开启阀门。

(5)操作控制杆,将封堵头置入管道内,并确认尺寸正确,封堵头在降落过程中,将封堵头导向轮与管内壁刚接触时的尺寸到完全置入尺寸等分3份,封堵头在降落过程中提升几次进行扫描。

(6)锁紧锁紧夹,放空封堵管段,进行后续作业。

(7)解锁封堵时进行作业管段压力平衡,松开锁紧夹,将封堵头提升至零位,关闭夹板阀。

(8)将封堵器内压力放空,拆除封堵器。

2. 封堵器维护与保养

(1)每次使用后都应对封堵头进行清洗,铰链装置应进行清洁,涂抹润滑脂。

(2)检查封堵头外壳的螺纹和密封端盖,不能有任何形式的损坏,在开始作业前在密封元件上涂抹润滑脂。

(3)使用前检查密封皮碗无损伤,且只能使用一次。

(4)清除所有连接密封端面杂物,密封元件应该清洁。应认真检查密封元件的前缘和后缘以及密封圈有无任何碎屑、裂缝、裂口或任何形式的损坏,并涂抹润滑脂。

(5)铰链装置的状态:检查铰链装置表面,确保清洁。检查所有螺栓孔内的螺纹应清洁并去除毛刺,朝向盖板的密封表面应该清洁,并且没有锈蚀和污物,并能手动上紧螺栓。

(6)连接液压管路,查看液压系统有无渗漏,伸出液压杆,检查有无损伤和弯曲,并保护好液压杆端部。

(7)检查所有螺栓确保它们处于良好状态,而且内六角头和螺纹没有任何形式的损坏。任何损坏或磨损的螺栓都应予以更换。

(8)封堵液压缸水平放置3个月要转动一次,每次转动180°。

(9)封堵作业结束后,应清除封堵器各处的油污。

(10)不得在封堵器套筒上直接焊接梯子、平台等附属物。

(11)不允许在没有支撑情况下,将带封堵头的控制杆伸出套筒。

第三节 囊式封堵类设备操作及维护保养

一、手动夹板阀(以 PN64 DN300 夹板阀为例)

DN300 手动夹板阀是用于在 DN500~DN700 管线上封堵作业的专用阀门,安装在压力管线上的法兰短节上,用来承装开孔机、封堵设备,进行带压开孔,封堵压力管线,完成管线的抢修、施工等作业。也可在清管作业中，对某一管段区域的介质流进行堵截或疏通。DN300夹板阀可带压操作，是长输管道抢修、大修、清管作业中所必备的配套设备。

1. 工作原理

主体为上、中、下夹板体，中间的闸板由手柄旋转带动阀杆移动，起开、合作用，阀杆旋出为开阀方向。闸板两面的"O"形密封圈，起到密封的作用，上夹板体侧面设有排出口，由内螺纹球阀开关，关闭闸板后打开排出口，介质就能够排出。下夹板体侧面设有连通阀，使关闭的夹板阀闸板两侧所受的压力平衡，这样闸板才能够打开。

夹板阀允许双向流动，只要阀孔与管件孔对正，可以从任何方向安装。为了适应管道上所开的接口，能够与管道垂直或平行安装。

2. 夹板阀安装

（1）夹板体四角有四个圆孔，阀上还有四个吊环，用同样长度的四根钢丝绳吊起此阀，在整个安装过程中，闸板必须关闭。

（2）在法兰短节端面放好石棉密封垫圈（O型密封圈），把夹板阀落到法兰短节上，使夹板阀孔与法兰短节的内孔对中后紧固螺母。

（3）在夹板阀结合端面放好石棉密封垫圈（O型密封圈），把开孔机、封堵设备等安装在夹板阀上，再紧固所有螺母。

3. 夹板阀操作

（1）打开阀门：

①用六角扳手逆时针旋转连通阀，慢慢打开连通阀，从腔体中放出空气来平衡夹板阀闸板两边的压力。

②旋转手柄，通过阀杆的旋转移动使闸板打开。为了搞清楚阀门是否完全打开，要计算阀杆的行程。

（2）关闭阀门：

①顺时针旋转连通阀，关闭连通阀。

②相反方向旋转手柄，通过阀杆旋转关闭闸板。为了保证阀门能够完全关闭，要计算阀杆的行程，与开阀的行程一致。

（3）夹板阀操作注意事项

①必须将与夹板阀连接的设备同夹板阀安装好。

②开阀前必须将连通阀慢慢打开，使闸板两侧压力平衡后闸板才可以打开，如果压力不均等时打开闸板，会损坏"O"形密封圈或把它们挤出原来的位置。

③关闭闸板之前要先关闭连通阀，开孔刀或砧柱、贮囊筒、囊、溢流法兰（堵塞）必须全部收回到机体内，然后关闭闸板。

④为了弄清闸板是否完全打开或是完全关闭，在开闭闸板时要计算阀杆的行程，以保证闸板处于恰当的位置。

⑤排出口在开孔或封堵作业时必须关闭。

⑥封堵工作完成后，通过排出口的内螺纹球阀，泄放上部腔体的压力使压力表指示为零，方可拆除。

4. 夹板阀维护与保养

（1）夹板阀每使用一次都要清理一遍，闸板结合面及"O"形密封圈要仔细清理干净，涂上防锈剂。如果"O"形密封圈膨胀，或过软，或过硬，都要进行更换，新的密封圈要检查是否有裂口，缺陷。

（2）检查螺栓、螺帽有无损坏，如有必要可以用套筒扳手将槽形螺母拧得更紧些。

（3）如果连通阀漏油，需检查"O"形密封圈和连通阀锥体密封面有无损坏，如有损坏要及时更换。

（4）夹板阀存放和运输时，底部要垫平稳，避免碰坏。端面盖好防护盖，保护闸板密封面和端面结合面。卸夹板阀上的连接设备。

三通短节在日常保养时，应检查以下内容：

（1）法兰端面和各密封有无损伤锈蚀等缺陷；

（2）"O"形锁环是否好用；

（3）堵塞上"单向阀"是否动作灵活；

（4）"O"形密封橡胶圈是否完好；

（5）"O"形密封橡胶圈不应放进闲置的三通短节内存放；

（6）三通短节长期存放时，应一年检查一次锈蚀情况，并进行相应的维护保养法兰短节的维护与保养：

①检查螺栓、螺母有无损坏，若损坏则更换新的；

②如果"O"形密封圈膨胀，或过软，或过硬，都要进行更换，新的密封圈要检查是否有裂口、缺陷；

③堵塞和4个锁环孔及卡环、卡环钩螺母、卡环调整螺杆加润滑油；

④检查短节平衡孔的密封。

二、囊式封堵器

囊式封堵器除使用的动力液压站以外，不同于塞式封堵器的部分有：封堵工作由液动送取囊装置和液动挡板装置两部分共同完成，而堵孔作业也是由专业的堵孔器来独立完成。

1. 液压站日常保养

（1）及时更换柴油滤清器，空气滤清器根据情况随时进行检查更换。

（2）检查机油油面在规定范围内；空气滤清器清洁。

（3）每间隔两星期启动一次，运行半小时左右。

（4）蓄电池电量充足，并认真检查蓄电池的外观，如：接线端子与电缆夹之间应干燥干净，无酸液。

（5）溢出及无腐蚀点，电解液不能低于极板。

（6）每次更换柴油后须发动半小时以上。

（7）在实施维护、保养、维修前必须断开蓄电池的连接电缆。

（8）应使用带有过滤器的加油油泵向液压站内注油（油牌号46~68号液压油）至油标4/5处。

（9）启动液压站前，要注意溢流阀是否完全卸荷，然后方可开启。

（10）液压油应每1~2年更换一次，长途运输时应将油箱中的油全部放出，以保护过滤器。

（11）在液压系统工作一段时间后，如发现某液压元件动作不灵活，要停车将元件拆下用清洗油清洗各件后，按原位组装上；如发现吸油不够时，可将滤油器取下，用清洗油清洗干净后装上即可。

2. 液动送取囊装置的维护与保养

(1)每次使用以后应清洗本设备，活塞杆和充气导管的表面及其他配合表面涂上黄甘油，保持其清洁与润滑。

(2)检查各密封部位密封胶圈是否完好，如有缺陷应及时更换。

(3)液压缸使用的液压油为抗磨液压油，应定期更换，保持液压缸筒内的清洁；检查是否有损坏。

(4)贮存及运输时，应平稳安放在集贮装置的固定位置上，快速接头朝上，锁紧固定螺栓，避免重物压在液压缸的活塞杆及充气导管上。

(5)贮存及运输时，套筒式油缸应处于完全回收状态，并安装保护套筒，卸掉连接胶管及密封胶囊，另存在集贮装置的筒体内。设备的其他配件存放在集贮装置的专用工具箱内。

(6)设备备用时，应将活塞杆全部收回到油缸内，并将输气管全部收回到贮囊筒内。

(7)设备备时，应将导向板防护套罩好。

(8)设备备用时，各液压管路接头应加防尘罩，严禁杂质进入液压系统。

(9)密封胶囊在贮存和运输中，严防机械损伤，不受酸、碱、油类等有害物质的侵蚀；不受阳光直射、雨淋、挤压等，并须远离热源。

(10)设备日常保养时，应检查各动连接部位是否灵活好用，应保持良好的润滑，并检查各种阀门是否开启灵活并有无渗漏。

(11)设备日常保养时，应检查各密封处有无渗漏，仪表指示是否准确。

(12)设备日常保养时，应检查液压系统管路是否堵塞，液压泵能否正常启动，溢流阀是否正常。

(13)设备使用后，应在大锁紧螺母、二级送囊螺母、各处螺栓(螺母)及其动连接部位、导管和活塞杆外表面、贮囊筒与液压缸盖的动连接部位以及无漆处涂抹或加注润滑油；应保持活塞杆和导管外表面有油膜。

(14)设备使用后，应清洗液压系统的溢流阀，并检查阀内弹簧是否弯曲或断裂；清洗液压阀，以防主阀芯阻尼孔堵塞；清洗液控单向阀、液压管路以及液压泵吸入口上的过滤器。

(15)使用后的液压油宜经过滤后存放。液压油使用4~6次后应更换；换油时应用滤油机将油过滤而充入油箱，过滤精度不小于 $100\mu m$。

3. 液动挡板装置的维护与保养

(1)每次使用以后应清洗本设备，活塞杆和两根导向轴的表面及其他配合表面涂上黄甘油，保持其清洁与润滑。

(2)检查各密封部位密封胶圈是否完好，如有缺陷应及时更换。

(3)液压缸使用的液压油为抗磨液压油，应定期更换，保持液压缸筒内的清洁。

(4)妥善保管好挡板，捆好平放，避免变形、锈蚀。

(5)贮存及运输时，应平稳安放在集贮装置的固定位置上，快速接头朝上，锁紧固定螺栓，避免重物压在液压缸的活塞杆及两根导向轴上。

(6)贮存及运输时，套筒式油缸应处于完全回收状态，并安装保护套筒，卸掉连接胶管，另存在集贮装置的筒体内。设备的其他配件存放在集贮装置的专用工具箱内。

（7）停用时，应将活塞杆收至侧油缸内。且将挡板和砥柱外露部分装上保护套。

（8）日常保养时，应检查截止阀、锁环、止动块是否灵活好用。应在大锁紧螺母螺纹止动块销簧螺杆和导向轴外圆等处添加机油，保持导向轴外圆有油膜。

（9）使用后应清洗污油，并加以润滑保养。

4. 堵孔器（以 PN64 DN300 堵孔器为例）

主要技术性能：

适用管线：$\phi529mm$，$\phi610mm$，$\phi630mm$，$\phi660mm$，$\phi711mm$，$\phi720mm$ 等。

管线输送介质：石油、天然气、水；介质温度：≤70℃；工作压力：6.4MPa。

按 GB 150.1~4—2011 钢制压力容器技术要求制造、试验、验收。

1）操作程序

（1）将开孔时切掉的弧形管壁焊于鞍形板架上，再将鞍形板架与法兰短节的堵塞下部相连，这样当堵塞送进法兰短节后，开过孔的管道将恢复成原来管道的形状。

（2）将挺杆装入溢流法兰的 $\phi10mm$ 孔中，再将堵塞紧固在溢流法兰上，这时，挺杆的圆弧面顶住堵塞中的钢球，以便与堵塞的送进。

（3）将挺杆旋入溢流法兰中，转动手轮使堵塞收回于本设备的法兰支架中。

（4）将堵孔器安装在夹板阀上。打开夹板阀的闸板。

（5）转动手轮将堵塞送进法兰短节指定位置，按法兰短节使用说明锁上锁环，即完成封堵。

（6）旋出压杆。打开内螺纹球阀，放掉残压后卸掉本设备。

（7）卸掉溢流法兰。

2）注意事项

（1）发现漏油现象，请查看密封圈是否损坏，若损坏则更换新的。

（2）在管道封堵作业前（夹板阀已安装好，但未开孔），应先进行堵孔实验，以确保正式堵孔的顺利进行。

3）堵孔器装置的维护与保养

（1）检查溢流法兰与压杆的螺纹连接情况。

（2）丝杠涂上黄甘油。

（3）堵孔器每使用一次都要清理一遍。

第四节　切管类设备操作及维护保养

一、液压切管机（以 ZYQ-100 型液压切管机为例）

1. 使用范围

用于输送石油、天然气、煤气等易燃易爆管道的切割及化工，自来水等管线的切割。

切割管径：$\phi219mm\sim\phi1020mm$。切割厚度小于 16mm，其中：30°坡口刀一次切割厚度小于 12mm。0°锯齿刀一次切切割厚度小于 16mm。使用场合：易燃易爆的室内和野外埋地、架空管线、水平、垂直、倾斜管线均可切割。可在原油中、水中进行切割。设备适用环境：

温度为-20~80℃，湿度为40%~85%。

2. 技术参数及规格

（1）型号BM-C315型液压马达主要指标：6.5kW，160r/min，10MPa，420N·m；主轴最佳转速：100±5r/min，最佳爬行速度：77±2mm/min；液压系统主要指标：7.5kW，10MPa，32mL/r；铣刀直径：φ175mm；切管机质量为62kg，液压站质量为160kg。

（2）各管径相配链条节数见表7-4-1。

表7-4-1　各管径相配链条节数（液压切管机）

管径（mm）	219	273	325	426	529	630	720
节数	64	80	94	122	152	180	204

3. 切管机操作前准备工作

（1）被切割管应支撑牢固，尽量缩短管子悬臂长度，以减轻切割时的振动。

（2）为保证切管机顺利地沿管壁外表面爬行，管子周围的障碍物距管外表面不得小于350mm。

（3）根据被切管径的大小改变支承耳套的位置，配备相应节数的链条。

（4）清除管子外表面的泥土及其他脏物。

（5）刀具选择：切割普通碳素钢管和低合金钢管，应选用高速钢铣刀；切割铸铁管时应选用硬质合金铣刀。

（6）切管机在管子上的装卡：将切管机置于被切处，双链条接好，使其处在放松状态，转动张紧丝杠，带动可移动链轮，张紧链条。要求两根链条的张紧力一致。

（7）液压站的准备：注入46#抗磨液压油达油标2/3处。各胶管总成接好。接通电源使其液压站正常运转。调整各系统压力和流量，保证主轴最佳转速（100±5）r/min，最佳爬行速度（77±2）mm/min。

4. 液压切管机安装与使用

（1）将切管机安装上所需要的坡口刀或平口刀，用规定的链条将其安装固定在被切的管线上。

（2）切管机刀口要避开管线环型焊口500mm距离以上，且管线表面应清理，无阻碍物。

（3）切管作业管线圆周围应保证500mm以上距离内无障碍物，保证切管机顺利通过。

（4）连接主轴胶管和爬行胶管，并加入密封圈。

（5）检查液压站各阀的动作是否灵活，并使其处于中间状态，接通电源，电动机顺时为准，将刀具主轴旋转马达和自动爬行进给马达开启，空载运行3~5min，使其液压回路运行畅通。

（6）压力调整：调节溢流阀门使主轴空载压力达到（10±0.2）MPa；调节减压阀门，使副油路空载压力达到（8±0.2）MPa，运行2~3min。

（7）速度调整：拨动换向阀使主轴逆时针转动，调节主油路调节阀，初调主轴转速达（90±5）r/min；使切管机顺时针爬行，调节副油路调速阀，使爬行速度达到（77±2）mm/min（以720管为例，28min爬行一圈为佳）。校正调节主轴转速达（100±5）r/min。铣刀逆时针旋转（人站在铣刀一侧，面向铣刀）。

（8）开启主轴旋转马达通过调整液压阀旋钮，使其转速达到50~55r/min。先拨动换向阀停止爬行，用套筒扳手顺时针旋转进刀手柄，缓缓地将切刀往下走，直至将管壁切透，锁紧螺栓。再拨动手柄使切管机爬行。

（9）当切管机在行进时出现卡阻时，要立即停止爬行和切刀，然后退回切刀；检查原因并处理后，再重新切管操作。

（10）开启爬行马达开关，通过液压阀旋钮，调整爬行进给速度，如果在切管中抖动剧烈，说明切管速度过快，应重新调整爬行进给速度，调整到平稳为止；同时用冷却液对切割刀具进行冷却，可改善机械加工切削性能，保护刀具提高功效；在切管机切割过程中，要经常观察主油路压力变化，若超出 10MPa，应及时调整到（8.0±0.3）MPa 即可。

（11）切割完毕后，先关闭行走马达，将刀具旋至最高位置，然后关上切割主轴马达；先将切管机链条扣打开，吊装到地面，拆卸切刀片和链条，待清洁油污后装车。

（12）对液压站，应先调节溢流阀，降至 1MPa 以下，再停电动机。一般情况下，每次切割时只调节溢流阀，保证主油路在 10MPa 压力下，其他阀可不再进行调整。

5. 液压切管机日常维护保养
（1）定期进行润滑。
（2）对刀具定期保养，保持其刃口的锋利，必要时进行更换。
（3）保持链条的清洁，定期清洗和润滑。
（4）液压系统各部要保持清洁、密封，不得混入异物。
（5）定期更换过滤器，冲洗堵塞物。
（6）定期检查液压油标，防止损坏液压泵。

二、电动切管机

以 ZQG－100A 型自爬式电动切管机为例，如图 7-4-1 所示。

图 7-4-1 ZQG-100A 型自爬式电动切管机

1. 使用范围
该切管机适用于输送石油、煤气等易燃易爆管道的切割及化工、自来水等管道的切割。使用场合：易燃易爆的室内和野外埋地、架空管道，对倾斜、竖直管道切割更有独特之处。

适用管径 ϕ219mm～ϕ1020mm。厚度：5～16mm，其中，30°坡口刀一次切削厚度不大于 12mm；0°锯齿刀一次切削厚度不大于 16mm。

2. 技术参数及规格
主电动机：防爆电动机 Y100L-4；防爆标志：dIIBT4；$n=1400$r/min；$N=3.0$kW；主轴转数：$n_主=70$r/min；进给速度：60mm/min；铣刀直径：ϕ175mm；外形尺寸：730mm×530mm×440mm。

各管径相应链条节数见表 7-4-2。

表 7-4-2 各管径相应链条节数（电动切管机）

管径（mm）	325	377	426	529	630	720
节数	114	120	136	160	178	200

3. 操作及注意事项

(1)准备工作。

①先把被切管支撑牢固,尽量缩短管子悬臂长度,以减轻振动。

②为保证切管机能够顺利地沿着管子外表面爬行,管子周围障碍物距管外皮最小距离为450mm。

③切管径大小,改变支撑耳套的位置,侧板两侧数字表示被切管直径。

④链条节数与管径相吻合,出厂时已选定。

⑤清除被切管子内外表面上的泥土及其他脏物。

⑥切割管子处,如遇焊缝凸起时必须铲平。

⑦刀具选择:不同材质的管子需选择不同的刀具,切割铸铁管子时,宜选用硬质合金铣刀;切割碳钢、低合金钢管时,宜选用高速钢铣刀。

⑧切管机卡紧方式:为双向链条张紧。即通过转动张紧丝杠,带动可移动链轮,张紧两侧链条。

⑨安装切管机时,应不少于两人操作,链条在没有紧固之前应由专人固定位置,防止坠落或滑动。

⑩链条安装的松紧度以手锤轻击链条不下凹为宜。

⑪切管机使用前必须试运转,确认转向正确。

⑫切管机工作过程中,刀具必须保持充足的冷却。

⑬切管机工作过程中,不得用金属条在刀具前插入管内探测介质深度。

⑭切管机工作过程中,不得用任何物件清除刀具前后金属屑,以免发生事故。

⑮切管机使用过程中,不得用手锤敲击操作手柄强行进退刀、进退机。

⑯切管机工作时,电源线必须全部放开,不得卷绕在电动机或切管机其他部位上。

⑰切割有应力的管道时,应在切开部位加楔块,加楔块前应暂停切割作业。

⑱切管机使用完毕后,应先调节溢流阀将压力降到1MPa以下再停机。

⑲当切割倾斜管或立管时,为防止切管机下滑造成切割偏移,需先将10mm×30mm扁钢焊在被切管子外表面上。托住切管机不位移,保证切割不偏移。

(2)切割。

①接通电源,使铣刀逆时针旋转(人站在铣刀一侧,面向铣刀)。

②松开锁紧螺母,转动进刀手柄,使刀具切入管臂并切透。

③拨动手柄,使离合器啮合,行走(进给)开始。

④用高速钢铣刀切削时,必须用肥皂水冷却铣刀。

⑤在切割过程中如遇停机时,先将电源切断,离合器脱开,退出刀具。

⑥切割完成后,将刀具旋至最高位置。

4. 切管机日常保养

(1)设备清洁无锈蚀。刀架导柱、进刀螺杆、链条拉紧螺杆无锈蚀。

(2)零配件、操作工具齐全。

(3)将要使用的刀具应锋利。

(4)电动机试运完好。

(5)链条、链轮爬轮处要清洁、润滑。

三、数控火焰切割机

以 STZQ-I 型火焰管道切割机为例，如图 7-4-2 所示。

1. 安装轨道

(1) 根据切割管径大小选择合适的轨道或轨道组合，每根轨道配一个爪具。

(2) 将爪具的孔端与轨道的螺柱端配合，并用随机配带的垫片及螺母旋紧固定。

(3) 将轨道或轨道组合搭在钢管上，如使用单根轨道，拉紧轨道，并用爪具钩端钩住轨道的拉紧孔；如果使用轨道组合，协调两根轨道的位置，保证所有爪具的钩端都能与轨道的拉紧孔扣合，并使爪具钩端逐一与轨道拉紧孔扣合。

(4) 用随机配带的开口扳拧动爪具的长六角螺栓，使安装的轨道与待切割管道更紧密地贴合。

(5) 轨道安装完毕，如图 7-4-3 所示。

图 7-4-2　STZQ-I 型火焰管道切割机

图 7-4-3　轨道安装

2. 安装主机

(1) 将切割机主机放在轨道上，车轮正好分布在轨道两侧。

(2) 调整主机的预紧旋转把手，使从动链轮降到最低。

(3) 链条活结上的扁平销向外，将防滑链条挂在驱动链轮与从动链轮上，并缠绕待切割钢管。将长出来的链条由内向外伸进链条活节，拉紧挂在扁平销上。

(4) 调整主机的预紧旋转把手，使从动链轮升高合适的距离，拉紧链条，以保证主机在切割过程中环绕待切割管道而不掉机、不滑动。

(5) 主机安装完毕，如图 7-4-4 所示。

3. 调整割炬

将割炬放进夹持机构中，调节好切割角度和切割位置，然后锁紧(图 7-4-5)。

4. 点火与切割

钢材的火焰切割是利用气体火焰(称预热火焰)将钢材表层加热到燃点，并形成活化状态，然后送进高纯度、高流速的切割氧，使钢中的铁在氧氛围中燃烧生成氧化铁熔渣，同时放出大量的热，借助这些燃烧热和熔渣不断加热钢材的下层和切口前缘使之也达到燃点，直至工件的底部。与此同时，切割氧流的动量把熔渣吹除，从而形成切口将钢材割开。

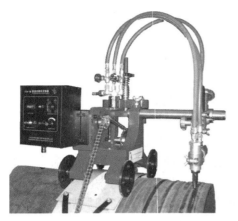 

图 7-4-4　主机安装完毕　　　　　　　　　　　图 7-4-5　调整割炬

该设备随机标配分配器有 3 个阀门，与氧气瓶连通的两个阀门分别为预热用氧气阀和切割氧气阀，与乙炔瓶连接的阀门为乙炔阀，乙炔阀与预热用氧气阀是用来控制混合气体的预热火焰。当预热到一定温度时，打开切割氧阀，喷出切割氧，实现切割。

在选用割嘴装到割炬上时，要缓慢地拧紧火口螺帽。在开始切割前，还必须检查一下机身各部分的连接及螺钉、螺帽等紧固情况，以保证机器正常运转，防止漏气、回火。

5. 控制器操作

1）准备工作

（1）检查控制器与电机是否连接，确认连接。

（2）检查电源线与控制器是否连接，确认连接。

（3）如果切割选用远程控制模式，请先确认远程控制手操盒与控制器相连。

（4）检查控制器中电源开关、模式开关、方向开关是否都处于关闭状态，确认关闭。

2）操作

（1）将电源线接通单相交流 220V/50Hz 电源。

（2）扳动电源开关。电源开关内部指示灯亮，通电正常。

（3）扳动模式开关选择控制模式。

模式开关为 3 挡开关，左右两挡都是接通状态，中间挡为断开。当模式开关扳到"本机"状态挡，模式指示灯亮起，控制器本机进入工作预备状态。而远程控制手操盒操作无效；当模式开关扳到"远程"挡，模式指示灯也亮起，远程控制手操盒，进入工作预备状态，而控制器本机操作无效。当模式开关为中间挡时，模式指示灯灭，本机控制器与远程手操盒操作均无效。

扳动工作开关：工作开关为 3 挡开关，左右两挡都是接通状态，中间挡为断开，当开关被拨到左挡或右挡，工作指示灯亮起，电动机正转或反转；拨到中间挡时电动机停止工作，指示灯灭。

调节切割速度：在工作指示灯亮起时，调节相应操作盒上的调速旋扭，可改变电动机转速。转速可调范围为 0 至电动机额定转速。

切割完毕：扳动工作开关到停止挡，如连续作业，模式开关可不关，为了安全，即使连续作业，电源开关也要在非切割状态关闭。

6. 数控火焰切割机的维护与保养

(1)操作者应在熟悉并理解说明书内容后，才允许操作与维修该设备。

(2)在操作转换开关时，必须使机器停止后才可换向，如果突然改变旋转方向会损坏电动机，影响电动机使用寿命，且易烧断保险丝。

(3)切割工件应在通风良好的环境中进行，在通风不良或容器中进行切割时，应另外采取加强通风的有效措施。

(4)设备通电后不得拆卸箱壳及接触带电零件(包括割炬)。

(5)更换割炬零件前，必须切断电源总开关。

(6)操作者在工作前应穿戴好保护衣、鞋、帽及浅色面罩或色镜。

(7)切割场地上不应有易燃易爆物品。

(8)操作时应注意保护割炬软管电缆不受伤害；也要注意不使火花损伤油漆、塑料及其他金属等物体。

(9)设备停用时应关闭电源。

(10)应经常检查，保持设备的良好状态，并注意保护接零或保护接地是否良好。

(11)车轮应定期进行防锈处理，如长时间不使用，建议半年进行一次防锈处理。

(12)切割机应放在干燥处避免受潮；室内空气不应有腐蚀性的气体；设备要防水防雨，以免电路器件失效。

第五节　收油类设备操作及维护保养

一、罗茨泵

1. 罗茨泵的安装

(1)泵的安装位置应尽可能靠近液面，高差不得大于吸入高度。

(2)使用前应检查过滤器及各部件密封是否泄漏，调运正常后方可使用。

(3)启动前应全开吸入和排出管路中的阀门，严禁闭阀启动。

(4)停机前不应先关进、出口阀门，否则可能损坏设备。

(5)密闭使用时，应在泵出口安装压力表。

2. 罗茨泵的使用

(1)首先对电动机进行正反转试运行，检查排油管的畅通情况，然后将等径规格的排油管分别连接在泵体出入口两端及排油管线的阀门快速接头上。同时预备好插入管和相应螺栓。

(2)检查泵体出入口各阀门是否打开、各部位是否密封以及压力表是否灵活，并进行手动盘车。

(3)先行启动罗茨泵，然后逐渐打开被排油管线阀门。压力不准超过 0.6MPa。

(4)当排油压力为零时，首先关闭排油管线上的阀门，拆下排油管线阀门端的快速接头，接上法兰接头的插入管，进行管内无压情况下的原油排油操作。

(5)排油操作过程中，如需间断时，应先关闭管线控制阀，后停泵。再操作时应先开泵，后开控制阀。

3. 罗茨泵日常保养

（1）当罗茨泵停止工作后，要对过滤器、阀门、排油管进行通透和清洁处理，然后关闭阀门，并将排油管盘好，按位停放到库内。

（2）罗茨泵使用后，要及时加注润滑油并检查各配件情况；

（3）一个月以上不使用时，应定期清洁，并对电动机进行试运行。

二、渣浆泵

1. 渣浆泵使用前准备

（1）启动设备前，检查是否有松动的螺栓或螺母、润滑油是否泄漏，检查任何有可能影响操作的部件，确保均安全可靠。

（2）使手掌、手臂和手指远离所有旋转或运动的部件。做任何调整或维修前，一定要先关闭设备。

（3）系紧或脱下宽松的衣服和首饰，将长发绑紧，以防卷入设备的运动部分。

（4）禁止在通电传输线附近操作设备。连接设备前，确保液压回路控制阀必须处于"OFF"的位置。

（5）连接前，确保进油管回路［快速接头（外）］连接至"IN"端口。回流管［快速接头（内）］连接至相反的端口。请勿颠倒回路流动，否则可导致内油封损坏。

2. 渣浆泵操作

1）检查动力源

（1）确定液压动力源在 2000psi（140bar）时，产生 7～10gal/min（26～38L/min）的流量。

（2）确定动力源配备了泄压阀，设置为在最大 2100～2250psi（145～155bar）时开启。

（3）确定泵动力源回油进油压力不超过 250psi（17bar）。

（4）确定泵入口没有杂物，操作前应清除所有障碍物。

2）连接油管

（1）连接前，将所有油管接头用无绒布擦干净。

（2）将液压动力源的油管连接至泵或油管的接头。较好的做法是回油管第一个连接，最后一个断开，避免在泵马达内形成捕获压力，或将形成的捕获压力减至最少。

（3）观察接头上的箭头，确定流量方向的正确。

3）泵操作

（1）在渣浆泵出口处连接一个排油管。为达到最佳性能，使油管越短越好，将其展开，以避免突然弯曲或扭结。

（2）在泵把手上拴一条绳子或缆线，将泵降低到要抽取的液体中。请勿通过油管或接头提拉或降低渣浆泵。

（3）打开液压动力源，注意所抽取液体中的固体，如果固体过多，排出量可能会降低。若出现这种情况，停止泵的操作，检查问题所在。

（4）完成抽吸后，将液压控制符置于"OFF"位置。用拴的绳子或缆线浆泵从工作区提上来。

（5）为移动泵中的固体颗粒，泵必须保持在一个最小的泵轮速度。抽取的液体中含大量固体时，从消防水带出口检测流量，如果能显示出来，关闭液压动力源，从工作区提出渣浆泵。断开液压油管，清洁水管和泵腔。

3. 渣浆泵日常维护

1）清洁油管和管腔

（1）浆泵中取出油管，如其堵塞，在水管出口端的末端提起，然后摇动，松动杂物，在入口端继续摇动，直到整个水管中都没有杂物。

（2）观察泵出口和入口（底部）并去除所有杂物。如果无法清除杂物，则必须打开渣浆泵。

2）清洁渣浆泵内部

（1）从泵上断开液压油管。

（2）取下固定把手和上蜗壳/马达泵板的6个蝶形螺母。从蜗壳焊件上提起蜗壳/马达泵板，将其放于一个干净、平坦的工作表面。

（3）从蜗壳焊件顶部取下薄片。

（4）清洁泵腔。

（5）去除水出口和入口的所有杂物。

（6）检查泵的密封情况。

三、水上收油机

水上收油机一般有轮鼓式、毛刷式、蝶式及绳式等，如图7-5-1所示。在泄漏油品围控时应提前考虑为收油设备收油创造有利条件。

轮鼓式收油机是利用轮鼓材料亲油憎水的原理，来收集浮在水面的浮油（图7-5-2）。当水面静止不动时，浮油表面的张力会持续地将浮油带到轮鼓上。水面流动时，会加速浮油流向轮鼓。

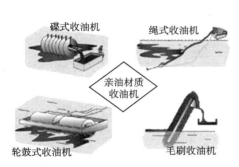

图7-5-1 水上亲水材质收油机

图7-5-2 轮鼓式收油机

1. 收油机安装与准备

收油机安装与准备如下（图7-5-3）：

（1）收油机组装安装管接头到收油机后部，建议使用螺纹润滑油。将泵连接到快速接头上，将隔网放置于收油机槽中间（后部），阻止垃圾进入送油泵。

（2）将2个"U"形螺栓安装在收油机的前部，它们用于存储时，悬挂收油机而达到保护轮鼓的作用。

（3）保持液压管连接头的干净、无尘。

（4）试运行：当所有管路连接好之后，就可以在陆地上试运行。

(5)检查动力机组液压油箱,通过玻璃液位观察柱观察,如果液压油面到了液位观察柱的最底部"Add"位置,就需要加注液压油,使液面达到"FULL"(满)的位置。

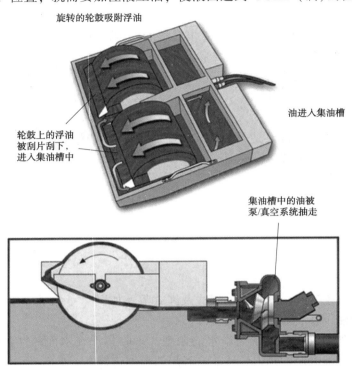

旋转的轮鼓吸附浮油

油进入集油槽

轮鼓上的浮油被刮片刮下,进入集油槽中

集油槽中的油被泵/真空系统抽走

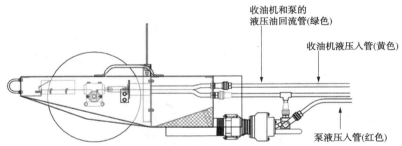

收油机和泵的液压油回流管(绿色)

收油机液压入管(黄色)

泵液压入管(红色)

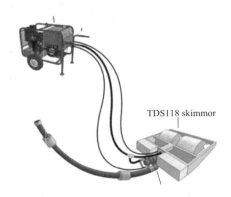

TDS118 skimmor

图7-5-3 收油机安装示意图

（6）检查动力机组机油位，查看机油标尺，如果低于要求，加注机油到标准位置。

（7）检查电瓶连接线是否连接，平常不使用时，为了减少放电，可将电源线断开。

（8）检查冷却液（50%防冻液+50%干净水）是否缺少，若缺少，按要求补充。

（9）连接液压管线，将动力单元回流管路系统（绿色）、泵液压管路系统（红色）、收油机液压管路系统（黄色）和收油机相应管路系统连接，在连接时要保持液压管连接头的干净、无尘。

（10）动力机组启动时严禁连接液压管线，应该在启动前连接好液压管线。

（11）把液压管线摆顺，避免管路绞缠和摩擦。如果管路纽结或漏油，必须更换。

（12）链接泵输油管线。

2. 收油机启动

（1）在确认液压管线全部连接好的情况下才可启动动力机组，严禁在液压管线未连接或连接不好的情况下启动动力机组。

（2）将节气门放到半开位置。

（3）确定液压控制阀在关闭的位置（顺时针方向转到不能动的位置）。

（4）逆时针转动钥匙，动力单元面表上的电热塞指示红灯就会亮，当红灯灭后，顺时针转动钥匙直到引擎启动。

（5）引擎启动后，让引擎开动5min（暖机）后，再打开收油机和泵的液压输出控制开关；如果天气冷，可以暖机10min再工作。

（6）动力单元表盘下部是液压输出控制阀，黄色标记的阀控制收油机，红色标记的控制泵。将液压输出控制阀逆时针转动，既可启动收油和收油泵。注意：在无介质的情况下严禁启动收油泵。

（7）通过调节液压控制阀来控制收油机轮鼓和收油泵的速度。

3. 溢油回收

（1）把收油机吊放到需收油的水中，注意水深至少7.5cm（3in）。

（2）启动收油机，通过调节控制阀控制轮鼓转速，当看到水被油带上来，然后减慢轮鼓速度，直到很少的水被收集，然后固定收油机的速度进行溢油回收。

（3）当油膜厚度变厚或变薄时，应相应地增加或降低收油机运转速度。

（4）启动收油泵把回收的溢油输送到储油设备里。

4. 收油机转数设置范例

1）轻质—中等黏度油

如果浮油大于1.26cm厚，轮鼓转速可以加快（最快到40r/min），当浮油厚度变薄时，需降低轮鼓转动速度。

2）重油

如果浮油小于1.26cm厚，轮鼓转速应该减慢（20r/min或更低），当浮油厚度变薄时，需降低轮鼓速度。如果收油机是不停地转动，轮鼓转动速度应该调节到非常低。建议速度5r/min，这样会收集遇到的浮油而不收集水。

5. 收油机停机

（1）溢油回收结束后，关闭收油机和输油泵。

（2）将收油机液压控制阀顺时针转到不能动的位置，关闭收油机。

（3）将输油泵液压控制阀顺时针转到不能动的位置，关闭收油泵。

（4）降低引擎速度，将节气门放到最小位置（控制杆最短时），逆时针转动钥匙，关闭引擎。

6. 收油机清洗

（1）清洗设备时，必须穿戴防护服和手套。

（2）收油机是由海洋防腐铝制造的，所以用热水清洗效果非常好，也可以使用溶剂（如柴油）清除表面的油污。

（3）一些有机溶剂会严重地损坏轮鼓，使得轮鼓不能有效地收集浮油，所以，严禁使用未经允许的溶剂清洗轮鼓。

（4）快速接头应该保持干净，采用刷子、压缩空气、煤油或其他溶剂清洁。

（5）清洗液压软管和输油管表面，清洗后，液压连接部分要涂保护性润滑油。

（6）清洗输油泵。将输油泵灌满溶剂，启动动力机组。当水和溶剂填满输油泵时，让输油泵缓慢旋转；输油泵清洗完毕，打开排水阀，将泵中的水抽干。严禁输油泵内有水残留，以免冰冻损坏输油泵。

四、移动式真空回收车（以 PACS1000 为例）

移动式真空回收车适用于陆上分散在滩涂、岩石、坑壁等无法集中的油品和油泥；还可配合水上铲式收油头和收油机，回收介于收油机和吸油毡两种设备能力之间的黏度较小的浅水面的溢油。

陆上集油坑内的溢油在泵无法继续回收的情况下，首选利用真空回收车直接抽吸进行回收。也可向坑内适当注水，使油品漂浮后，在表层回收。

在静水或河湾水流较缓、较浅、杂草丛生的区域，亦适合采用真空回收车配合铲式收油头联合作业。如图 7-5-4 至图 7-5-6 所示。

图 7-5-4　真空回收车

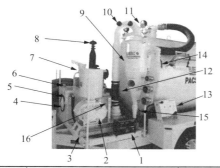

序号	部件	描述
1	启动操作台	启动操作大型真空收油
2	真空泵	抽空真空罐的空气，让罐体产生真空负压
3	真空绪液压杆支持保护杆	维修保养时放置在液压油缸的保护装置(放置在旁侧工具箱)
4	液压油箱	液压油箱容量 92.7L，需要添加 46 号抗酎磨液压油
5	液压油液位表	"Add"(缺少)需要添加，"FULL"(满)不要超过
6	液压油添加口	液压油添加口
7	冷却液箱	冷却液添加口在冷却液箱的顶端
8	防火帽	安全保证装置
9	二级过滤器和消声器	真空泵过滤保护装置，防止垃圾、液体、进入真空泵以及消音
10	真空过载保护阀	确保真空绪内负压不超过安全值
11	真空表	正常的真空值为 15 个真空点
12	机油油尺位置示意	发动机靠罐体侧(图片无法具体体现出来)
13	液压系统操作台	对大型真空系统液压设备进行操作控制
14	真空泄压阀	控制真空釜内是否产生真空的开关控制阀门
15	二级过滤器阀门	排放进入保护过滤器的液体或油污
16	离合操作杆	真空泵启动离合

图 7-5-5　铲式收油头

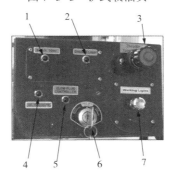

图 7-5-6　PACS1000 移动式真空回收车操作面板功能示意图
1—水过热警示灯：灯亮时表示水过热；2—充电灯：灯亮时表示没有充电；3—节气门控制旋钮：逆时针转动增加转速；
4—油压灯：油压低时灯亮；5—预热指示灯：预热完成后灯才熄灭；
6—钥匙开关：逆时针转动钥匙到"预热指示灯"发亮，等"预热指示灯"熄灭后，再顺时针转动钥匙启动引擎，启动后松开钥匙；
7—工作灯：拉出按钮，点亮工作灯

105

1. 使用前准备

（1）检查大型真空收油机压油箱，通过观察玻璃的液压油液位，如果液压油面到了液位观察柱的最底部"Add"位置，就需要加注液压油，使液位达到"FULL"（满）的位置。

（2）检查大型真空收油机组机油位，查看机油标尺，如果低于要求，加注机油到标准位置。

（3）检查电瓶连接线是否连接，平常不使用时，为了减少放电，可将电源线断开。

（4）检查冷却液（50%防冻液+50%干净水）是否缺少，若缺少，按要求补充。

（5）动力机组启动时严禁连接液压管线。

（6）把液压管线摆顺，避免管路绞缠和摩擦；如果管路纽结或漏油，必须更换。

2. 启动收油

（1）检查机油油量和燃料油箱。松开离合器，把控制杆拉向操作者即可[图7-5-7（a）]。

（2）打开真空破坏阀，将控制杆朝下即可[图7-5-7（b）]。

（3）打开二级过滤器和消声器，只需旋转控制杆朝下，排空任何液体即可，然后将控制杆横置[图7-5-7（c）]。

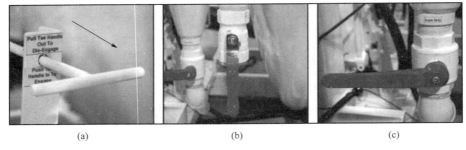

(a)   (b)   (c)

图7-5-7　启动收油顺序图1

（4）打开防护盖，再合上离合[图7-5-8（a）]。

（5）确保液压系统没有启动：速度控制旋钮应该逆时针转到不能动的位置[图7-5-8（b）]。

（6）预热（逆时针转动钥匙等指示灯熄灭），将节气门调到1/4。启动引擎，让系统空转5min[图7-5-8（c）]。

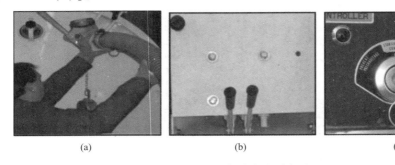

(a)   (b)   (c)

图7-5-8　启动收油顺序图2

（7）合上离合器，将控制杆推向远离操作者的位置[图7-5-9（a）]。

（8）逆时针转动节气门，这样可以增加引擎速度[图7-5-9（b）]。

（9）关闭真空阀门，这样灌内开始产生真空［图7-5-9（c）］。

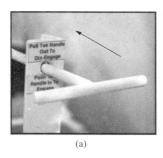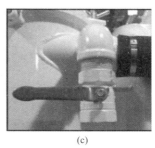

(a) (b) (c)

图7-5-9 启动收油顺序图3

（10）牢牢关闭罐后门，顺时针转蝶形螺母［图7-5-10（a）］。

（11）检查真空表［图7-5-10（b）］。

（12）打开吸入阀。使用吸管或者吸头收集液体和固体［图7-5-10（c）］。

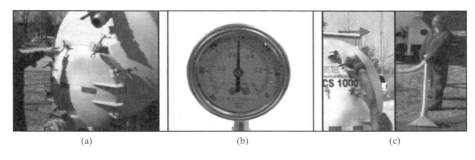

(a) (b) (c)

图7-5-10 启动收油顺序图4

（13）可以通过安装在罐门上的玻璃可视器观察液位（图7-5-11）。注意：当罐吸满时，浮球会上顶，自动停止吸入。

（14）操作时注意下列情况：引擎温度和油压、液压油温度及液压油位、泵的油位（图7-5-12）。

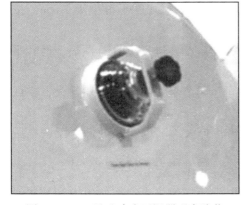

图7-5-11 通过玻璃可视器观察液位

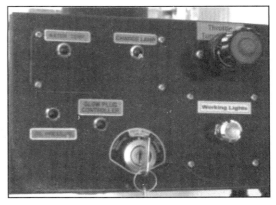

图7-5-12 观察指示灯显示状况

第六节　焊接类设备操作及维护保养

一、电焊机(以林肯 DC-400 型为例)

1. 电焊机操作

(1)闭合主 AC 输入电源。

(2)设定电压表极性开关到合适位置。如电极与负(正)输出端连接,则设定此开关到电极负(正)极位置。

(3)焊接模式开关设定焊接方法,本机共有三种焊接模式,为 CV FCAW/GMAW 焊、CV 埋弧焊和手工电弧焊/TIG 焊。

(4)将输出开关设定在本机位置(例外,当使用自动或半自动送丝机时此开关设定在遥控位置)。

(5)设定输出端开关到合适位置。

(6)设定电弧力控制在中等范围 5~6(全调节共分为 10 档)。这个控制仅用于恒流手工电弧焊或 TIG 焊。

(7)设定电弧控制到中等范围 3(全调节分为 5 档),仅供 CV FCAW/GMAW 焊。

(8)设定电源开关旋钮至导通位置。电源指示灯亮,风扇启动。

(9)设定输出控制电位器到合适的电压或电流。

(10)运行后检查:电焊机仪表显示值在正常范围且电流输出、调整正常,机体平稳,无异常噪声及颤动,线缆接头及保护层无破损、导电、虚连、过热及打火现象,二次线连接牢固,焊接的管道位置有导电装置。

(11)焊接完毕后关闭输出开关、关闭电源开关、拆除二次线并收取两条焊接线、关闭藏线箱门。

2. 安全规范

(1)外置电焊机时,必须安放在通风良好且干燥,无腐化媒质、高温高湿和多粉尘的地方,雨天应搭防雨棚或遮阳伞,电焊机应用绝缘物垫起,垫起高度不得小于 20cm,按要求配备消防器具材料。

(2)焊接前应断开输出开关,待发电机供电后空载启动,进行电焊机预热,运转平稳后再搬动送电开关。

(3)电焊机开始工作后,必须空载运行一段时间,调节焊接电流及极性开关,空载电压不得超过 80V、电流不得超过 120A。

(4)在承压管道上焊接作业时,应先在管道外进行打火,试点焊并进行电流调整后方可进行正式焊接并按焊接进度及时调整电流大小。

(5)焊接方式及方法应根据现场焊接工艺要求进行选择。

(6)焊接过程中,严禁用拖拉电缆的方法移动电焊机,焊接半途突然停电和补缀时,必须当即切断电焊机电源。

(7)电焊机的工作负荷应依照设计划定,不应超载运行,作业中应时常查看电焊机的温升,超过 A 级 60℃、B 级 80℃时必须停止运转。

3. 使用氩弧焊机作业应遵守的规定

（1）工作前必须检查管路，气瓶不得受压、泄漏。

（2）氩气减压阀、管接头不得沾有油脂，安装后应试验，管路应无障碍、不漏气。

（3）高频氩弧焊机，必须保证高频防护装置良好，不得发生短路。

（4）改换钨极时，必须切断电源；切削钨极必须戴手套和口罩；切削下来的粉尘应及时清除；钍、铈钨极必须放置在密闭的铅盒内保存，不得随身携带。

（5）氩气瓶内氩气不得用完，应保留 98~226kPa；氩气瓶应竖立、固定放置，不得倒放。

（6）作业后切断电源，关闭气源，焊接人员必须及时脱去工作服，清洗手脸和外露的皮肤。

4. 焊钳、焊接电缆及焊帽应符合的安全要求

（1）焊钳应保证任何斜度都能夹紧焊条，且便于改换焊条。

（2）焊钳必须具有良好的绝缘、隔热能力，手柄绝热性能应良好。

（3）焊钳与电缆的连接应简便可靠，导体不得外露。

（4）焊钳弹簧失效，应当立即更换。

（5）焊接电缆应具有良好的导电能力和绝缘外层。

（6）焊接电缆的选择应按照焊接电流的大小和电缆的长度，按划定选用较大的剖面积，一次线长度要求在 5m、二次线长度不得超过 30m。

（7）焊接电缆接头应接纳铜导体，且接触良好，安装安稳可靠。

（8）焊把稳定、帽体完整、玻璃镜及遮光镜完好。

第七节　其他抢修类设备操作及维护保养

一、堵漏夹具

堵漏夹具使用要求为：

（1）除去管道表面的防腐层、铁锈等异物。

（2）测量管道的椭圆度，不大于 2%。

（3）给密封垫涂上润滑剂。

（4）把夹具的 2in 短节内的堵塞取出，安上 2in 阀门，阀门打开，处于引流状态，使用吊装设备吊住夹具的吊环，把夹具套在管道的泄漏阀门或泄漏点上，并将夹具尽量地置于管道上泄漏位置中心。

（5）将丝杠—链条组合放在左、右两链座上，右旋均匀紧固，使夹具外套与管线紧密接触，通过密封垫，实现密封。

（6）确认夹具无泄漏后，实施焊接。焊接时防止密封垫过热。依次焊接不同的部位，避免热量集中。在现场焊接中，应定时扭紧丝杠—链条组合及拉紧环链手拉葫芦，防止焊接可能引起的松动。

（7）完成焊接后，拆下链座，焊加强圈。由手动开孔机完成送堵后，卸下阀门，拧上并焊牢 2in 短节盖，完成堵漏。

二、对开全包围夹具

对开全包围夹具适用于管线的泄漏时的堵漏抢修，结构分为分半式，规格有标准型和加长型，可用于直径 1016mm，813mm，720mm，610mm 和 529mm 等管道的泄漏抢修。

使用前需检查夹具是否完好可用，重点是密封垫和石棉绳；同时，检查管道压力是否在夹具的工作压力范围内。

1. 对开全包围夹具使用

（1）在管道上安装夹具前，要除去管道表面的防腐层、铁锈等异物。

（2）检测管道的椭圆度不大于 2%，密封垫准许管道表面有较小的不规则度，范围在 0.8mm 内。

（3）给密封垫涂上润滑剂。

（4）把夹具吊装并卡在管道上，使涂有黄漆的两端相对，并将夹具尽量地置于管道破坏点的中心。有时候，先将夹具放松置于管道破坏点的一边，然后移到破坏点中心更方便些。

（5）所有螺栓、螺母都应一致扭转。在固定好螺栓的同时，最好能保持钢梁缝隙相同。

（6）当夹具完全固定后，侧面钢梁缝隙约 3.6~4mm（对于 720 夹具，侧面钢梁缝隙大约要 6mm 左右），同时打开溢流阀，利用溢流管路排泄露点压力或液体。

（7）确认夹具无泄漏后，方可实施焊接。注意：焊接时不要让密封垫过热。依次焊接不同的部位，避免热量集中。

（8）在现场焊接中，必须定时扭紧螺栓、螺母，因为焊接可能引起松动。

（9）密封焊接侧面。

（10）扭紧螺栓、螺母。

（11）密封焊接螺母与侧面钢梁。

（12）密封焊接螺栓、螺母。

2. 操作后的检查

使用可燃气体检测报警器检测密封处是否存在漏气现象。

三、可燃气体检测仪

可燃气体检测仪就是气体泄漏检测报警仪器。当工业环境中有可燃气体泄漏，当气体报警器检测到气体浓度达到报警器设置的临界点时，可燃气体报警器就会发出报警信号，以提醒工作人员采取安全措施，从而保障安全生产。

可燃气体检测仪主要用于检测空气中的可燃气体，常见的如氢气（H_2）、甲烷（CH_4）、乙烷（C_2H_6）、丙烷（C_3H_8）、丁烷（C_4H_{10}）等。

空气中可燃气体浓度达到其爆炸下限值时，我们称这个场所可燃气环境爆炸危险度为百分之百，即 100%LEL。如果可燃气体含量只达到其爆炸下限的 10%，我们称这个场所此时的可燃气环境爆炸危险度为 10%LEL；对环境空气中可燃气的监测，常常直接给出可燃气环境危险度，即该可燃气在空气中的含量与其爆炸下限的百分比来表示：［%LEL］；所以，这种监测有时也被称作"测爆"，所用的监测仪器也称"测爆仪"。

可燃气体在空气中遇明火种爆炸的最高浓度，称为爆炸上限，简称"UEL"。英文：

Upper Explosion Limited。爆炸下限 LEL 是可燃气体报警器和可燃气体检测仪的一个重要指标。如果环境中的可燃气体处于爆炸下限和爆炸上限之间，并有以下 3 个条件成立，就会发生爆炸：(1)可燃物(燃气)；(2)助燃物(氧气)；(3)点火源(温度)。

报警浓度一般设定在爆炸下限的"25%LEL"以下。固定式可燃气体检测仪通常设有两个报警点(具体值与报警主机的型号有关)："10%LEL"为一级报警，"25%LEL"为二级报警。便携式可燃气体检测仪通常设有一个报警点："25%LEL"为报警点。那这里的"10%LEL"和"25%LEL"到底是什么意思呢？我们来举例说明，例如甲烷的爆炸下限为"5%"体积比(即空气中的甲烷的体积含量达到5%时达到爆炸下限)，把这个"5%"体积比100等分，让"5%"体积比对应"100%LEL"，也就是说，当检测仪数值到达"100%LEL"报警点时，相当于此时甲烷的含量为"5%"体积比。当可燃气体检测仪数值到达"25%LEL"报警点时，相当于此时甲烷的含量为"1.25%"体积比。

不同气体 LEL 浓度对照表，等同于 100%LEL 的气体浓度：

甲烷　　　　　　5.0%(体积分数)

丙烷　　　　　　2.2%(体积分数)

戊烷　　　　　　1.8%(体积分数)

硫化氢　　　　　4.3%(体积分数)

一氧化碳　　　　12.5%(体积分数)

便携式可燃气体检测仪为手持式，工作人员可随身携带，检测不同地点的可燃气体浓度，便携式气体检测仪集控制器，探测器于一体，小巧灵活、操作简便、开机就能检测，可以对动火前的可燃气体浓度检测，各种燃气管道燃气设备的检漏。

1. 泵吸式可燃气体检测仪

1)结构

泵吸式可燃气体检测仪如图 7-7-1 和图 7-7-2所示。

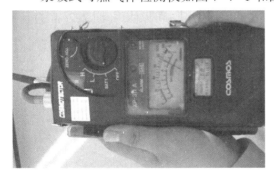

图 7-7-1　泵吸式可燃气体检测仪

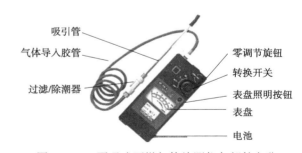

图 7-7-2　泵吸式可燃气体检测仪各部件名称

(1)转换开关(电源及测定转换开关)。开机时将转换开关转至"BATT"位置。确认电压正常后，将转换开关转至 L 挡或 H 挡，而进行测量。

(2)零调节旋钮。将转换开关转至 L 挡，调此旋钮将仪表指针调到零。顺时针旋转，指针向(+)方向摆动，逆时针旋转，指针向(-)方向摆动。

(3)表盘。

(4)表盘照明按钮。按此按钮即可使两个发光二极管工作，照亮半透明的刻度板，从而在黑暗的地方也可测定。

（5）电池腔。电池腔内装 4 节 5 号干电池做仪器电源。

（6）吸引管。以金属管为标准。

（7）气体导入胶管。使用了优良的耐腐蚀性的氟化橡胶双层管，吸附气体少，便于吸入气体。

（8）过滤/除潮器。阻挡灰尘和水，保护传感器和微型空气泵。刻度设有 L 挡 0~10%LEL，H 挡 0~100%LEL 及另设电池电压检验刻度。

2）使用操作步骤

（1）使用前的检查：

①检查检测仪是否有检验合格证，是否在有效期内［图 7-7-3(a)］。

②检查检测仪吸气导管有无堵塞，损坏等［图 7-7-3(b)］。

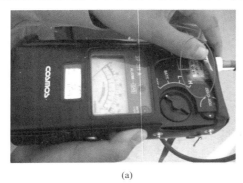 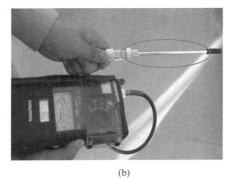

(a) (b)

图 7-7-3　检验合格证及导气管

（2）操作步骤：

①将转换开关由"OFF"转至"BATT"挡位置。

②检查电池电压，当指针在"BATT"刻度右侧时，说明电压正常，可以使用［图 7-7-4(a)］。

③当指针在"BATT"刻度左端时，说明电压不足，应及时更换电池［图 7-7-4(b)］。

(a) (b)

图 7-7-4　检查电池电量

④将转换开关由"BATT"挡转至 L 挡位置，检测仪显示屏指针在"0"位。

⑤如指针偏差于"0"时，将"零(ZERO)"调节旋钮缓转，进行调节，调节至"0"为止（零

调节须在 L 挡进行，必须在干净空气中进行）。

⑥先将转换开关转至 L 挡(0~10%LEL)或(H)挡(0~100%LEL)将吸入管靠近所要检测地点来测量。在检测气体时，如果开关在(H)挡，如指针指示在 10%LEL 以下时，当即转换到(L)挡，以便读到更精确的数值。

⑦检测完成后，将吸入管离开检测点，在干净的空气里等指针回零后，关闭电源。

2. 扩散式可燃气体检测仪

扩散式可燃气体检测仪如图 7-7-5 和图 7-7-6所示。

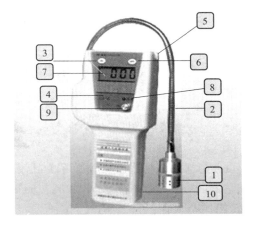

图 7-7-5　扩散式可燃气体检测仪

图 7-7-6　扩散式可燃气体检测仪各部件名称
1—探头；2—探管；3—"ON"开机按钮；4—欠压指示灯；
5—充电插孔(背面)；6—"OFF"关机按钮；7—显示屏；
8—报警指示灯；9—调零按钮；10—电池

使用操作步骤：

(1)按动"ON"轻触按钮，机器通电，显示屏显示数字。

(2)预热 3min，在清洁空气中，数字应显示"000"，若有偏差，旋动调零按钮，使数字回零，仪器进入正常工作状态，如图 7-7-7 所示。

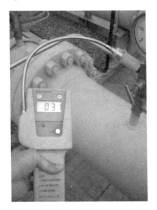

图 7-7-7　扩散式可燃气体检测仪数字显示

(3)当有被测气体泄漏时，显示数字发生改变，显示数字到最大时，探头所处位置即为气体泄漏点，其数值为被测气体在空气中爆炸下限的百分比浓度。

（4）当被测气体浓度大于20%LEL时发出声光报警；当被测气体浓度小于20%LEL时，声光报警自动消除（图7-7-8）。

图7-7-8　扩散式可燃气体检测仪测量数据及报警消除

（5）当仪器发出欠压声光报警时，说明电池电压不足，应立即关机充电，每次充电10~14h。

（6）充电方法：将仪器电源开关处于关闭状态，充电器充电插头插入仪器的充电插孔，将充电器的电源插头插入交流220V，这时充电器上的红色指示灯亮，说明充电正常。

（7）关机操作：按下"OFF"按钮2~3s，仪器关机（图7-7-9）。

（8）SQJ-IA型主要技术指标。

检测气体：可燃气体（天然气、液化气、煤气等）；

检测范围：0~100%LEL；

报警设置：20%LEL；

取样方式：扩散式；

报警方式：声光报警；

响应时间：<30s；

防爆标志：ExiaIICT3；

温度：-40~70℃；

供电方式：可充锂电池供电4.8V。

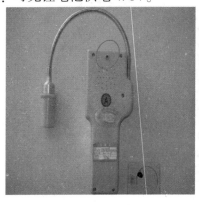

图7-7-9　扩散式可燃气体检测仪更换电池及关机

3. 泵吸式与扩散式可燃气体检测仪的区别

泵吸式可燃气体检测仪是仪器配置了一个小型气泵，其工作方式是电源带动气泵对待测区域的气体进行抽气采样，然后将样气送入仪表进行检测。

泵吸式可燃气体检测仪的特点是检测速度快，对现对危险的区域可进行远距离测量，维护人员安全。

扩散式可燃气体检测仪是被检测区域的气体随着空气的自由流动缓慢地将样气流入仪表进行检测。这种方式受检测环境的影响，如环境温度、风速等。

扩散式可燃气体检测仪的特点是成本低。

第八章　管道维修专业技术

第一节　管道维修原因及处置原则

一、管道维修事件产生的原因

油气管道维修事件通常是指管道本体由于内在或外在原因，改变原有形状或产生缺陷，但未造成泄漏及次生灾害的小型事故，可通过在线维修恢复原有或安全的状态，造成这类事故的主要原因有以下几种。

1. 腐蚀

腐蚀是造成油气管道事故的主要原因之一。腐蚀既有可能大面积减薄管道壁厚，从而导致过度变形或破裂，也有可能直接造成管道穿孔或应力腐蚀开裂，引发油气泄漏事故。埋地管道主要会产生化学腐蚀、微生物腐蚀、应力腐蚀和杂散电流腐蚀等。同时随着管道服役年限增长，管道腐蚀概率也会增大。

2. 施工缺陷

施工质量的好坏直接影响管道的安全可靠性，严重的施工缺陷会直接导致管道破坏。管道施工缺陷主要有以下几个方面：

（1）焊接缺陷。常见的焊接缺陷有裂纹、夹渣、未熔透、未熔合、焊瘤、气孔和咬边等。

（2）防腐层补口、补伤质量缺陷。

（3）管沟开挖与回填质量不良。如开挖深度不够，基础不实，回填压实方法错误导致管道变形，回填土质不符合要求造成防腐层咯伤。

（4）穿（跨）越质量问题。如河流冲刷造成管道悬空、顶管，定向钻穿越段主管回拖防腐层保护不当造成腐蚀穿孔等。

3. 第三方损坏

据不完全统计，人为外力损伤已成为油气长输管道泄漏、火灾、爆炸事故的主要原因之一，近年来这种现象尤为突出。第三方损害类型主要体现在以下几个方面：

（1）建筑、施工损伤管道。

（2）在河道、鱼塘上作业损伤管道。如在河道上进行挖沙、取土、清淤等作业时，造成管道裸露、悬空或破坏。

（3）违章建筑占压管道。

（4）不法分子打孔盗油（气）。

4. 自然灾害

地质气候自然灾害也是造成管道破坏事故的原因之一，主要包括地震、崩塌、滑坡、泥石流、地面沉降、地面坍塌、土地沙漠化等地质灾害造成的管道破坏；同时，台风、雷电、暴雨和洪水等气候灾害也会造成管道破坏。

5. 设备及材料缺陷

相关事故统计分析表明，设备和管材等缺陷占到管道事故的 1/4，主要包括：管材质量问题，加热炉、输油泵、压缩机和阀门故障以及站场工艺与附属设备事故等。

6. 操作失误

操作失误包括人员的误操作和设备等误动作，管道运行调度人员及操作人员，进行误指挥、误操作，造成输油泵、阀门等设备开关不正确，使管道憋压或抽空，误操作引起管道发生水击，这些失误轻微时会造成管道运行不稳，严重时将会引起管道破裂；管道运行的自动化控制系统出现故障，导致设备操作失误、误动作，进而破坏管道引起油气泄漏。

管道事故状态下的油品泄漏，可能造成火灾、爆炸、油气中毒和环境污染等次生事故。这类事故的处理往往动用较多的人力物力，并需要社会力量配合，措施不当或处理不及时可能会造成严重后果。

二、维修类型与特点

油气管道维修的类型可根据其性质、规模和工作量等分为以下几种：

（1）维护保养及日常检查，是指每天或每周进行的设备维护检查、润滑、清洁、调整、紧固等活动，这种活动能防止设备的劣化，推迟劣化速度，延长设备的寿命。

（2）管道巡线，是指在管道输送过程中与停输期间对管道进行巡视和检查，以发现运行中出现的问题、自然灾害等，并进行先期应急处置和及时报告。

（3）状态检测评估。定期对管道和设备进行专项检测与分析评估，指导制订相应的维修计划。

（4）故障分析诊断。对管道和设备已出现的故障进行分析和诊断，以确定故障种类、故障点和故障原因。

（5）应急抢修。对事故、自然灾害或其他突发事件造成管道破坏等应急处置与维修，可分为临时处置和永久性恢复两类措施。

（6）维修。为完善管道和设备技术性能所进行的修理作业，包括根据设备日常维护、点检发现设备的缺陷而进行的更换或小修，以及根据管道及设备故障情况进行的大修。

（7）配套工程施工。是指进行线路阀室、穿跨越结构、水工保护以及站场输油设施等土建配套施工工作。

三、应急维修的原则、任务以及基本程序

1. 基本原则

油气管道事故维修应在预防为主的前提下，贯彻统一指挥、分区负责、单位自救和社会救援相结合的原则。其中，预防工作是应急抢修工作的基础，除了平时做好事故的预防工作，避免或减少事故的发生外，落实好维修工作的各项准备措施，按照事故处理应急预案，做到事先有准备，一旦发生事故或故障，能及时实施维修。油气管道重大事故具有发生突然、分散迅速、危害范围广的特点，这也决定了维修和救援行动必须达到迅速、准确和高效。因此，抢险救援工作应实行统一指挥下的分级和分区域负责制，以管道管辖区域为主，

并根据事故的发展情况，采取集中自救和社会救援相结合的形式，充分发挥事故管段管理处及地区的优势与作用。

油气管道应急抢险救援是一项涉及面广、专业性强的工作，靠某一个部门或一套装备是很难完成的，必须把各方面的力量组织起来，形成统一的救援指挥部，在指挥部的统一指挥下，安全、救护、公安、消防、环保、卫生等部门密切配合，协同作战，迅速有效地组织和实施，尽可能地避免和减少损失。

2. 主要任务

油气管道事故应急维修是油气管道管理工作的重要组成部分，主要应做好以下工作：

(1)研究和总结管道遭破坏的可能情况和应急对策。

(2)研究和优选应急维修技术和维修工法。

(3)编制本级应急情况处置预案。

(4)定期进行演练和总结。

油气管道发生重大灾害事故时，其抢险救援工作的主要任务有以下几点：

(1)立即组织营救受害人员，组织撤离或者采取其他措施保护危害区域内的其他人员。抢救和保护管道重大事故周围受害人员是管道事故应急救援的首要任务，在应急救援行动中，快速、有序、有效地实施现场急救与安全转送伤员是降低伤亡率、减少事故损失的关键。应指导群众防护，组织群众撤离。由于油气管道重大事故发生突然，扩散迅速，涉及范围广，危害大，应及时指导组织群众采取各种措施进行自身防护，并迅速撤离出危险区域或可能受到危害的区域。

(2)迅速控制危险源，并对事故造成的危害进行检验、检测，测定事故的危害区域、危害性质及危害程度。及时控制造成事故的危险源是应急救援工作的重要任务，只有及时控制住危险源，防止事故的继续发展，才能及时有效地进行救援。特别对城市或人口密集地区的油品泄漏事故，应尽快控制事故继续扩展。

(3)做好现场清洁，消除危害后果。对事故外溢油品，应及时回收处理，消除危害后果，防止环境污染，并对已造成的污染进行检测和处置。

(4)查清事故原因，评估危害程度。事故发生后，应及时调查事故发生的原因和事故性质，评估出事故的危害范围和危险程度，查明人员伤亡情况，做好事故调查并编写事故处理报告。

3. 基本程序

油气管道维修作业的基本程序是：

(1)勘查现场，判断事故。维修人员抵达现场后，应听取有关险情及先期处理，迅速组织现场勘察，摸清险情现状，研究并分析情况，做出准确判断。

(2)确定方案，布置任务。依据应急预案内容，结合现场险情，迅速确定维修设备、人员和技术方案，组织动员，布置维修任务，明确责任要求。

(3)布置设备，人员就位。依据预案要求和任务分工，迅速布置维修设备，所有人员按分工各就各位。

(4)检测油气，设立警戒。作业实施前，先进行可燃气体浓度检测，并设置防火、防爆作业警戒线；在不满足作业安全要求时，进行局部通风换气并进行防爆惰化处理。

(5)灵活处理，实施作业。根据现场情况和预设的施工工序，采用相应的管道修复和应急处置措施。

（6）施工验收，撤收设备。作业完成后，先进行施工质量验收并及时整改，而后再撤收维修设备，并清理作业现场，做好资料整理和移交。

四、维修设备基本功能与性能要求

1. 基本功能

（1）管道的应急抢修，包括管道的堵漏、切割、连接、更换；特殊地质、水害等事故的应急处理；通信光缆的检查和应急连接。

（2）环保及污染处理，指常规地段或水域农田等特殊地段外泄油品拦截、抽吸、回收和处理。

（3）通信保障，即维修队伍内部及与上级间的通信联络。

（4）个人防护，即维修人员个人安全防护和应急救护。

（5）安全检测、消防及其他，包括作业环境中烃类物质、氧浓度和毒气浓度的安全监测；作业现场的照明、通风和防爆惰化；作业现场的防火及初起火灾灭火。

（6）装备搬运，包括普通公路运输及山地、农田、湿地、沼泽地等特殊地段装备运输。

2. 性能要求

根据油气管道维修的特点，维修装备应具备以下基本性能要求：

（1）性能好。装备应适应性强，运行安全可靠，有较高的技术含量。

（2）体积小。装备应质量轻、体积小，便于装箱、车载和搬运。

（3）功能全。装备应功能齐全，且能完成不同维修作业的要求，并优先选配具有多种功能的装备。

（4）效率高。装备应操作简单、运行高效，并能适应维修作业时间紧、任务重的特殊要求。

（5）适应机动。装备应尽量实现单元化装箱及车载，并能可靠定位，方便撤收，具有较强的机动性和快速反应能力。

（6）适应野外条件。装备应能在缺乏其他外供动力源的情况下实现现场实时操作，适应野外复杂地形、不同气候条件的作业要求。

（7）适应特殊环境要求。装备应能适应成品油维修的特殊环境要求；需要在爆炸危险场所操作的设备应满足防爆安全要求。

第二节　管道维修方法

目前，管道维修标准主要参考国际管道研究协会出版的《管道维修手册》，该手册对不同管道缺陷的维护和维修方法进行了详细的介绍。也包括打磨、补焊、A 型套筒、B 型套筒、特殊结构套筒、复合材料补强、机械夹具，打补丁、打压开孔、换管等。这些方法相互补充，基本能够满足管道中存在的各种缺陷的维修要求，并且对于同一类型的缺陷可以选择多种维修方法进行维修，可以根据缺陷的实际情况、管道运营要求、维修费用等选择适合的维修方法。

在管道实际运行中，由于管道管理对安全要求的提高。《管道维修手册》中提到的部分方法已经很少使用，如打磨、补焊和打补丁，主要是因为上述方法在操作时存在一定的局限性，并且容易产生明火，维修时对管道存在安全隐患。另外，机械夹具维修成本高，操作复杂，并且在施工中需要动用大型机具，在日常维修中也很少使用。目前，管道缺陷修复常用的主要方法为 B 型套筒和复合材料套筒。

一、维修基本程序

1. 前期准备

（1）在维修过程中，管道运营方应根据维修施工工艺的要求调整管道输送参数。

（2）现场可利用开挖、搭建平台等手段为维修创造足够的空间。

（3）现场入场道路应满足车辆、人员进场要求。

2. 维修作业要求

（1）维修作业应符合 GB/T 28055—2011《钢质管道带压封堵技术规范》和其他相关标准的规定。

（2）维修作业过程中，每道工序应设专人监督。得到确认后方可进行下一步操作。

（3）若需开挖作业坑，应满足如下要求：

①开挖前，应在管道上方人工开挖，深度至管顶，确认管道上方无其他隐蔽工程，查明管道走向和埋深。

②土方应堆放在管沟作业相对较少的一侧，且具沟边不小于 1m，堆积高度不超过 1.5m。

③作业坑两端应设有安全通道，通道上下不应有障碍物。

④作业坑周围应设置护栏和安全警示标志。

⑤夜间作业应设置照明灯及红色示警灯，并配备值班人员。

⑥开挖深度超过 1.2m 时，应设置安全边坡或加固支撑。

（4）在役管道焊接应符合相关标准的规定。

（5）维修过程中若需排放气体，应在排放管段开排气孔，通过排气孔连接临时管道至临时燃放塔。

（6）管道进行切割或连头焊接前应关闭管道的阴极保护系统。

（7）断管作业环境有可燃气体时应采用机械能切割作业；断管前氮气或惰性气体置换完成可进行火焰切割作业。

（8）连头作业应符合以下规定：

①连头作业前，宜采用隔离囊或黄油墙等隔离措施对截断管道进行隔离。

②连头焊接应符合 API Std 1104 的要求。

③连头作业过程中应持续进行可燃气体检测，保证可燃气体浓度低于其爆炸下限 10%。

④连头作业结束后，应对连头焊道进行 100% 超声波检测和 100% 射线检测。

（9）维修作业过程中应按照相关要求采取质量控制及质量保证措施，并做好过程检验。

（10）验收应满足如下要求：

①符合当地政府相关法律法规。

②工程质量符合设计文件及本部分的规定。

3. 维修完工要求

(1)应由专业人员对修复后的管道进行检验，合格后由管道运营方恢复正常运行。

(2)应根据当地政府相关法律法规对施工垃圾和受污染的土壤进行处理。

(3)修复完成后应恢复原始地貌。

(4)交工资料要求：

①维修方应完成全部施工后进行交工。

②工程交工后，交工资料(若有)应包括：

a. 缺陷描述、测量及评估结果。

b. 管道维修施工组织设计，HSE 作业指导书、HSE 作业计划书、HSE 现场检查。

c. 维修用主要材料的质量证明文件。

d. 焊接工艺规范及焊工证书、考试记录，特种作业人员的资质证书。

e. 维修作业过程控制及过程监测记录与无损检测人员证书、无损检测报告。

f. 强度试压、严密性试验报告。

g. 防腐、回填、设桩记录。

二、打磨修复方法

打磨修复(以下简称打磨)是一种使用手工或机械方式，去除管道缺陷中包含的应力集中点以及有裂纹、变质的金属本体等，并与周边完好的表面形成过渡面的修复方法。

通常打磨是一种受到普遍认可的管道永久性维修方法。打磨适用于外部机械损伤的管道。包括管壁的褶皱、凿痕、刮伤，挤出金属以及除腐蚀以外的金属损失。对于管道内部缺陷和制管缺陷不应使用打磨方法进行修复。

1. 适合打磨的缺陷

(1)对管道的有害凹槽、沟槽和外部机械损伤进行打磨维修处理，但是凹陷区域的深度不应超过公称管径的4%。

(2)对于凹槽和沟槽，打磨之后的剩余壁厚应至少为公称壁厚后的90%。

(3)对于管道外部机械，损伤打磨深度小于或等于10%管道公称壁厚时，打磨长度不受限制。打磨区域深度超过10%的建议采用其他方式进行维修。

2. 工艺要求

(1)在打磨前运行压力应降低至发现缺陷时压力的80%，或近期记录最高压力的80%及以下。

(2)采用套袖进行缺陷修复之前可以采用打磨来对缺陷清除。但打磨前必须进行工程评估，以确保打磨期间降低后的运行压力达到安全水平。

(3)打磨时宜使用角向磨光机，打磨角度宜不大于45°，打磨时应防止管体过热。

(4)打磨修复完成后，必须对打磨后的位置进行渗透检测或磁粉探伤，确保表面应无裂纹和其他缺陷。

三、补焊修复方法

补焊修复(以下简称补焊)是一种通过焊接金属熔敷、堆集来恢复管道本体强度的方法。

1. 适用范围

补焊可用于修复在役管道腐蚀造成的金属损失，包括单点缺陷和深度较小的体积型缺陷，且管道最小剩余壁厚不小于3.2mm。当这些缺陷出现在下列管道上时不能采用补焊修复。

（1）输送酸性流体的管道。

（2）凹坑、凿槽、环焊缝上的缺陷的修复。

（3）管道内部缺陷(腐蚀、划痕和褶皱等)的修复。

补焊的主要优点是操作简单、相对快速、费用较低；不会产生腐蚀问题，也不需要除焊接材料以外的其他材料。在某些特殊位置，当安装全包装是套袖和复合强化材料很困难或不现实时，补焊可以作为一种替代的维修方法。缺点是在在役管道上焊接时，焊穿的危险性大，有产生氢脆和冷裂的危险性。

2. 焊前准备

焊接前，有必要清除损坏区域内的腐蚀产物。如果需要，还应进行必要的打磨，直到外表面满足焊接要求。焊接部位不应存在氧化物、锈皮、涂层、水分和其他污染物。测量补焊位置的管道壁厚，确保管道壁厚符合管道安全运行的要求。而且管道剩余壁厚应大于或等于3.2mm。检查管道剩余壁厚时，应采用合适的超声波检验设备和方法。

3. 补焊作业程序

（1）在沿需修复缺陷的外延焊接一圈，确定焊缝的边界。初始边界焊缝规定了后续焊接不允许超过的周界。

（2）在圈内以直焊道熔敷第一层，使用焊接工艺规程规定的较小的热输入。以防止熔穿。

（3）第一层焊接完成后，在初始边界焊道上进行打磨，焊脚距边界焊道焊趾距离为1~2mm。

（4）在进行第二层熔敷填充焊接前，先进行第二层边界焊缝的焊接。第二层以及以后熔敷时可以使用较大的热输入，确保回火效果。

（5）持续堆焊到预定的维修厚度。

（6）打磨补焊区域最外沿焊道与管道本体保持平滑过渡，打磨深度不允许低于母材。

（7）补焊后应按照相关标准规范的要求对焊缝进行磁粉检测或超声波检测，表面应无裂纹、气孔、夹渣等焊接缺陷。

4. 内部管壁腐蚀的外部维修

补焊用于修复管壁内部腐蚀时，补焊最大外圈应至少为超出内腐蚀边界1倍管道壁厚的位置。补焊时，首先焊接内腐蚀区域最大外圈的边界焊缝，然后对边界内进行连续平行的填充焊道焊接。紧接着是第二外圈焊道和第二层填充。如果此种方法没有使所有位置等壁厚恢复到公称壁厚值，则需在小于公称壁厚的区域超出1倍管道公称壁厚的位置采取同上地补焊工艺。直到所有区域的厚度均达到1倍公称壁厚及以上。

5. 其他

有下列情形之一的不应采用补焊补强方法：

（1）进行补焊的管道剩余壁厚小于3.2mm。

（2）金属损失区域轴向或环向长度超过外径的一半以上的。

（3）管道运行压力大于或等于40%的额定最小屈服强度的输气管道。

（4）对于脆性断裂敏感的管道。

四、补丁修复方法

补丁修复是一种通过角焊缝在母材待修复区域覆盖一块弧板的修复方法。补丁修复适用于表面金属损失缺陷的维修，焊缝缺陷不应采用补丁修复。

1. 补丁弧板

补丁弧板应满足如下要求：

（1）弧板尺寸应覆盖金属损失区域外50mm，弧板的内弧长度与轴线长度不应超过管道外径的一半。

（2）弧板的设计强度应等于或大于带修复管道的强度。

（3）弧板宜采用与母材相类似的材质。

（4）弧板形状应采用圆形或椭圆形。

2. 补丁焊接

补丁焊接修复作业应满足如下要求：

（1）补板焊接前，应使用超声波检测仪检测将进行角焊接处的管体，确保该处管体不存在夹层等缺陷。

（2）组对过程中应使用链卡等机具，补丁弧板与管壁应贴合紧密，组对间隙应不大于5mm。

（3）角焊缝位置贴合间隙大于1.5mm的，角焊缝尺寸应在设计尺寸的基础上增加一个实际间隙量。

（4）焊接区域应将油污、锈蚀、涂层等杂物清理干净。

（5）焊接区域不应与原有管道焊道交叉。

（6）应采用经焊接工艺评定试验合格的焊接工艺进行补丁焊接。

（7）补丁焊接过程中应尽量减小应力集中。

（8）焊接完成后，应使用磁粉检测或渗透检测方法对角焊缝进行检测，表面应无裂纹、气孔、夹渣等焊接缺陷。

五、全包围套袖方法

全包围套袖一般是由上、下两片半瓦组成的一个完整圆柱体，其内径与待修复管道的外径相匹配。维修时可通过焊接的方式将整个待修复管道区域包住。

1. A型套筒

A型套筒是一种只需要安装在管道上但无须与修复的输送管道进行焊接的一类全包围套袖。这种套袖对修复管道的缺陷区域提供补强功能。由于A型套筒不能承受压力，只能用于非泄漏缺陷的修复。

1）结构形式

在管道受损区域的外围将A型套筒的两个半圆管筒或两片合适弧度的板件组对定位，然后通过两边侧缝的焊接实现套袖的安装。焊缝可为单V形对接焊缝或可通过钢带与A型套筒的两个半圆进行搭接焊。如果侧缝为对接焊缝，且套袖两个半瓦均从与修复管子直径相同的管道上截距，则套袖每个半瓦实际尺寸必须大于管道的半圆大小，否则在对接焊缝填充焊接时，焊口间隙会过大；若采用打接钢带来连接上、下半瓦，则每个半瓦的实际尺寸可小于该管道的半圆大小。

2）技术特点

A 型套筒的主要优点是用于相对短的缺陷修复，安装简单，不需进行严格的无损检测。其主要缺点是不能用于修复环向缺陷和泄漏性缺陷；并且，由于对套袖与管体间形成的环形区域难以进行阴极保护，可能会产生潜在的腐蚀问题。

3）设计要求

（1）A 型套筒材料等级一般与输送管道相同，套袖厚度应等于或大于待修复管道 2/3 的壁厚。

（2）套袖长度不小于 102mm，且套袖至少从缺陷的两边各自延伸出去 50mm。套袖侧缝焊接时，如果边缝焊接采用平对焊，且这两块半圆加强版是采用相同管径的管子制成，则每块的实际弧长应大于制作管的半圆弧长；如果采用叠缝角焊接，则其间歇宜做桥接处理。

4）工艺要求

为了确保有效性，A 型套筒必须对缺陷区域实施补强，尽可能防止出现径向隆起，首先，套袖必须在不合格区域装有无缝隙等配件。套袖的形成和（或）定位方式必须使其牢固地紧贴输送管，尤其是在缺陷区域。以确保不存在任何间隙。

2. B 型套筒

1）结构形式

B 型套筒由一段圆管的两个半圆部分，或以 A 型套筒相同的方式加工和定位的两块弧度合适的弧形板组成。B 型套筒与 A 型套筒明显的区别是它不仅需要进行上、下半瓦的焊接，它的两个端部均以角焊的方式与输送管道连接。

套袖的纵向对接焊缝（简称焊缝）焊接时应全部焊透，侧缝位置内侧应预加垫板，以防止焊到管壁上。

2）技术特点

B 型套筒修复技术适用于修复的缺陷类型较为广泛，可用于管道的腐蚀、裂纹、机械损伤、焊缝缺陷、金属损失、碳弧烧伤、夹渣、分层、凹坑等多种缺陷类型的修复；可修复泄漏性缺陷，修复效果好，可靠性高，属于永久性修复。缺点如下：

（1）施工中待修复管道需要降压，影响管道介质正常运输。

（2）动火存在一定的安全隐患。

（3）安装难度大，焊接质量对修复效果影响较大。

（4）施工中使用大型配套设备，效率较低，修复成本较高。

3）技术指标

由于 B 型套筒可能需要承压或承载横向载荷给管道施加较大轴向应力，套袖在加工时要求比较高，以保证其完整性。

4）B 型套筒的选择

（1）B 型套筒的厚度等于或大于待修复管道的壁厚。管套的材料等级一般与输送管道的材料等级相同。套袖应按照能承受管道最大运行压力进行设计。

（2）套袖长度不低于 102mm，且套袖至少从缺陷的两边各自延伸出去 50mm。相邻套袖的角焊缝不能太接近，距离不小于1/2的管道直径。如果两个套袖的角焊缝距离小于1/2的管道直径，则不能将套袖与管体焊接，而是再使用另一个套袖连接着两个套袖。

（3）套袖按外形分为圆形套袖、凸式套袖和凹槽式套袖。圆形套袖用于修复表面平滑无焊缝管道，也可用于修复焊缝事先打磨掉的管道。凸式套袖预制凸起部分是为了过渡焊缝的要求，焊接到管道上可承受轴向应力。凹槽式套袖安装时凹槽罩于焊缝上，其他部分与管体紧密结合，套袖设计壁厚要减去凹槽深度，即套袖整体厚度要大于上述两类套袖厚度。

5）工艺要求

B型套筒用于修复泄漏缺陷时，其作为承载部件必须满足与系统中其他承载部件相同的完整性要求。该要求包括设计的实用性（即壁厚、材料等级）以及侧缝与端部角焊缝的完整性。B型套筒安装常用方法之一是将套袖半圆带有引流支管和阀门的孔对准泄漏处，然后使用链条和液压千斤顶将套袖半圆与输送管子紧密安装。有些情况下还需要放置一个氯丁橡胶圈，通过链条将其压缩，在泄漏位置上形成密封并通过直观将泄漏介质引流，并在安全位置将介质排出，保证焊接套袖作业环境的安全性。套袖焊接完成后支管阀门关闭，并密封严实。

在役输送管道上进行带压焊接前，必须采用超声波检测焊接位置区域的管道壁厚，以确定焊接区域内输送管道的剩余壁厚。如果剩余壁厚不能确定，则不能对在役输送管道进行焊接。管道修复焊接完成后应对所有焊道采用磁粉检测或渗透检测等无损检测，以保证焊接质量。

六、复合材料修复

复合材料修复是一种使用玻璃纤维、碳纤维等非金属复合材料对管道缺陷进行维修的方法。

复合材料修复适用于管道、异型管件外部非泄漏缺陷的补强，不适用于裂纹、内腐蚀等缺陷，也不适用于易滑坡、洪水冲击等地质灾害频发区域。

1. 碳纤维复合材料修复工艺

纤维复合材料修复技术使用填平树脂对管道缺陷进行填平处理，然后配合专用粘结剂在需要补强的管道外缠绕纤维材料，形成纤维复合材料补强层。补强层固化后，与管道形成一体，代替管道材料承载管内压力，从而达到恢复甚至超过管道设计运行压力的目的。

碳纤维复合材料修复补强技术相对于其他类型的修复技术，具有更高的安全性、可靠性及适应性。对于管道凹坑类型的机械损伤有较好的修复能力。

1）技术优点

（1）免焊接，不动火，可在带压运行状态下修复。

（2）施工简便快捷，操作时间短。

（3）碳纤维弹性模量与钢的弹性模量十分接近，有利于复合材料尽可能多地承载管道压力，降低含缺陷管道的应力水平，限制管道的膨胀变形。

（4）碳纤维的抗拉强度高，用于管道修复具有极高的安全性；并且碳纤维复合材料的抗蠕变性能优异，其强度随着服役时间增加基本保持不变。

（5）碳纤维复合材料补强层厚度小，方便后续的防腐处理。

（6）碳纤维补强缠绕、铺设方式灵活。可对环焊缝和螺旋焊缝缺陷（包括高焊缝余高和严重错边）补强；还可对弯管、三通、大小头等不规则管件修复。

（7）可以用于腐蚀、机械损伤和裂纹等缺陷修复补强，也可用于整个管段的提压增强处理，应用范围广。

2）施工流程

（1）对管道外表面进行预处理，清除防腐层。

（2）使用电动除锈工具打磨管道表面，达到St3级的除锈要求。

（3）使用清洗剂清洗管道表面并使之充分干燥。

（4）在凹陷处涂抹填平树脂，修补至缺陷部位表面平整。

（5）填平树脂初步固化后，缠绕高强度碳纤维复合材料，确保复合材料覆盖了缺陷部位，缠绕层数为6层。

（6）对补强区域进行防腐处理，然后回填。

2. 玻璃纤维复合材料的修复工艺

1）一般规定

修复前应清除管道表面的防腐层，管道修复表面除锈等级达到Sa2.5要求。锚纹深度$50\sim70\mu m$。根据确定的修复层总轴向长度，以缺陷部位为中心进行缠绕，确保纤维与管道轴向垂直。修复时应尽量减少修复层的接头数量。

2）适用范围

（1）缺陷程度低于80%壁厚管道的腐蚀缺陷的修复。

（2）内腐蚀管道临时增强、单点补强，也可用于整体管道的缺陷补强。

（3）增加管道安全系数以及管道提高运行压力的提压增强。

（4）泄漏性缺陷修复。

3）技术特点

（1）作业简便、快速，现场修复设备简单，无须焊接。

（2）修复层的强度随着时间延长而降低。

（3）玻璃纤维复合材料的弹性模量比钢的弹性模量小于一个数量级，修复时只有当钢管发生很大塑性变形时才能将压力传递到修复层。

3. 凯芙拉纤维复合材料的修复工艺

1）一般规定

修复前应清除管道表面的防腐层，管道修复表面除锈等级达到Sa2.5要求。锚纹深度$50\sim70\mu m$。根据确定的修复层总轴向长度，以缺陷部位为中心进行缠绕，确保纤维与管道轴向垂直。修复时应尽量减少修复层的接头数量。

2）适用范围

（1）外腐蚀缺陷的修复。

（2）内腐蚀缺陷的修复。

（3）裂纹的修复。

（4）机械损伤、焊缝缺陷、材质缺陷的修复。

（5）增加管道安全系数与管道提高运行压力的提压增强。

（6）泄漏性缺陷的修复。

3）技术特点

（1）使用安全，维修时不导电，修复后能保证管道的安全性。

（2）作业简便快速，现场维修设备简单，无须焊接。

（3）适用广泛，弯头和三通以及管道焊接部位的不平整表面同样可以修复。

（4）技术领先，修复前有专业的分析计算软件，可保证管道修复的可靠性。

（5）有效地增加原油管道的强度和刚度，杜绝腐蚀。

第九章　管道抢修技术

第一节　抢修应急准备

应急准备是指针对在施工生产活动过程中可能发生的事件，为了迅速、有序地开展应急行动而预先进行的组织准备和应急保障。应急准备工作是应急管理过程中一个极其关键的过程，它包括应急组织和人员准备、应急预案准备、应急物资与设备准备以及应急培训与演练准备等，目的是保持突发事故应急抢修所需的应急能力。

一、应急组织和人员准备

应急组织是应急准备的执行机构，是应急准备和响应的组织基础，职责明确、分工清晰、机构健全的应急响应组织是应急响应过程成功的关键。为保证在第一时间内对陆地油气管道泄漏、爆炸等事故实施快速、协调、有效的应急抢修，必须建立完善的应急组织体系。应急组织体系的构成一般由应急领导小组、应急指挥中心、办事机构和工作机构、应急工作主要部门、应急工作支持部门、信息组、专家组、现场应急指挥部等构成。应急指挥中心成员可以包括总指挥（最高管理者）、安全总监、各关键部门主管、各关键岗位操作人员等，并应明确工作职责、协调管理范畴、负责解决的主要问题以及具体操作步骤等。指挥中心应承担应急响应中总的协调和组织指挥工作，并指挥各抢修组的成员进行相应的应急响应。抢险中最重要的是应急抢修人员，应加强对抢修人员的岗位技能操作培训和演练。

二、应急物资与设备准备

根据油气管道发生突发事故的类型及特点，准备相应的应急物资与设备。应急物资与设备的准备是应急救援工作的重要物质保障。应急组织应对其在应急抢修时所需使用的物资与设备建立台账，并定期进行检查、维护和补充，保证各种设备与物资随时处于可用状态，以免由于设备损坏或维修保养不及时、物资缺乏而延误应急抢修。

在应急物资与设备的配置上，应根据突发事故的风险程度来进行物资和设备的准备工作，应急抢修物资和设备主要包括：抢修人员防护用品、检测仪器、通信工具、抢修卡具、开孔封堵设备、消防设备、电力供应设备、断管设备、焊接设备、抢修工具（铜制）。

第二节　水上油品回收技术

一、水上油品回收技术——围

管道发生泄漏事件后，应在最短时间内采取有效的方法控制泄漏油品流入下游河流，避免环境污染事态的进一步扩大。一般有以下几种工况。

1. 围堵水上油品回收技术适用工况

1)沟渠、小溪处发生泄漏的围堵

(1)若沟渠、小溪内干涸无水，直接在漏油点下游低洼处筑实体坝将沟渠、小溪闸死，如图9-2-1所示；在泄漏点附近若有废弃的坑矿或更大的干涸沟渠等，同时开挖导油沟至此存油。还应根据泄漏点及两侧的高差，估算可能泄漏的油量。

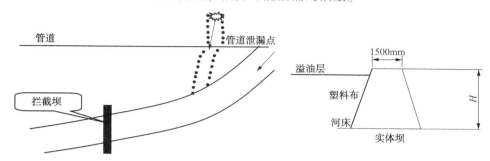

图9-2-1　沟渠、小溪处发生泄漏围堵示意图

(2)若沟渠、小溪有水，应在泄漏点下游低洼处筑控制坝(堰)。泄漏点周围若有废弃的坑矿或更大的干涸沟渠及鱼塘等，同时开挖导油沟至此存油。

2)较大河流处发生泄漏的围堵

若管道在常年流水的较大型河流穿越处发生泄漏事件，应使用围油栏进行拦堵。

3)岸上发生泄漏的围堵

若管道在离沟渠、小溪及河流等水域较远的地方发生泄漏，应首先考虑地形地势，在地势低洼处且易流向附近沟渠、小溪或河流的部位砌筑实体坝，坝体高度不宜小于1.5m。同时，在远离水域的部位挖集油坑和导油沟。坝体材料宜就地取材，夯实坚固。集油坑及实体坝围起来的容积应能满足油品泄漏量在油槽车到来之前的存放，整体效果如图9-2-2所示。

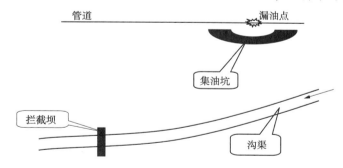

图9-2-2　岸上发生泄漏的围堵示意图

应在集油坑和导油沟内敷设防渗塑料布。

2. 围油栏拖拽方法

1)浮油在围油栏中位置

当浮油被围油栏围住时，由于水流或拖拉围油栏，浮油会聚集在围油栏的底部位置，形成V形或U形。V形或U形的底部是放置收油机的理想位置。

2)围油栏围住的浮油收集

(1)当围油栏围住溢油时，只需将船开到围油栏旁边，将收油机放到围油栏中收集溢油即可，这样不会污染船只(图9-2-3)。

(2)小面积溢油，溢油没有在围油栏中：当发生小面积的溢油时，只需将收油船开到溢油水域，采用小面积溢油回收方法。当水流速大于0.5kn时，船只也可以不动，静止收油。这是一种常见的溢油方法，使用围油、栏浮桶形成一个U形。浮桶提供浮力，防止围油栏下沉。固定杆(可以长达10m左右)一端固定在船上，另一端连接浮桶，浮桶可以随波浪上下运动，收集水面的浮油聚集在U形底部。收油机通过吊车放置在U形底部区域，收集浮油，收油机一般不需移动就可以收集浮油，需要移动时，移动吊车或拉动收油机上拖绳即可。如图9-2-4所示。

图9-2-3 围油栏拖拽位置　　　　图9-2-4 小面积溢油围油栏位置

(3)大面积溢油：当发生大面积的溢油时，一般发生溢油1h后，在水流及风的影响下，油膜变得较薄，为了提高收油效率，需要使用围油栏将浮油围住，将浮油集中起来收集。如图9-2-5所示。

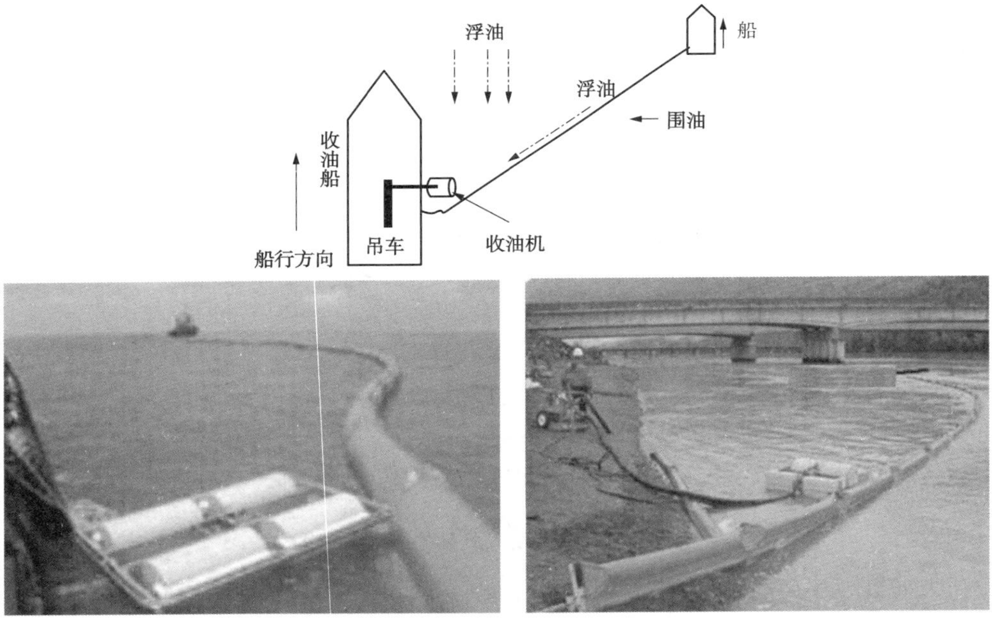

图9-2-5 大面积溢油围油栏位置

二、水上油品回收技术——拦

泄漏油品进入水面较宽的河流后，应采用围油栏进行拦截收油工作。围油栏种类一般有篱笆式和窗帘式，窗帘式围油栏又分为固体浮子、充气浮子和岸滩型围油栏。围油栏布设需在河道两岸打坚固的钢桩、木桩或利用已有的树木等，围油栏与河道的夹角跟河水的流速有关，流速越大，夹角越小，夹角一般应控制在15°~60°。围油栏的布设方法主要有以下几种。

1. 篱笆式围油栏布设

篱笆式围油栏由浮子、配重、锚链及栏裙组成，如图9-2-6所示，此种围油栏抗垃圾杂物能力强，适用于平静水面的河流。

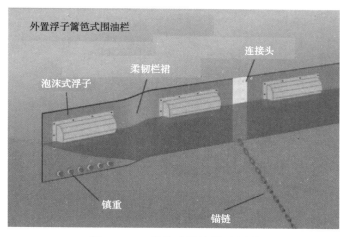

图9-2-6　篱笆式围油栏示意图

2. 河道顺直(河宽<50m)处的布设

采用紊流栏、导流栏和收油栏组合的形式，能够快速将溢油集中到固定收油点上，如图9-2-7所示。围油栏根据水流速及溢油量选择规格型号。

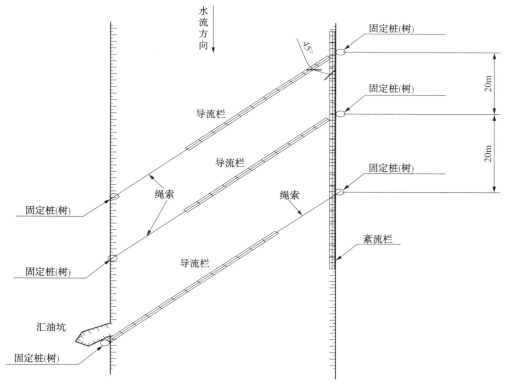

图9-2-7　河道顺直(河宽<50m)处的布设示意图

3. 河道顺直(河宽大于50m)处的布设

对于河面宽度大于50m的河流，采用雪佛龙结构形式布设，如图9-2-8所示，或采用阶梯式结构布设，如图9-2-9所示，此方法可有效将溢油引导到河流两岸。

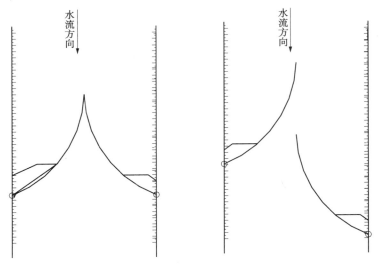

图9-2-8　河道顺直(河宽>50m)处的布设示意图

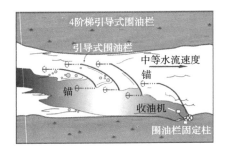

图9-2-9　阶梯引导式围油栏布放示意图

4. 河道弯道处的布设

河道弯道处的布设可利用河道的弯度及水流运动的轨迹，将溢油快速收集到岸边回收，如图9-2-10所示。

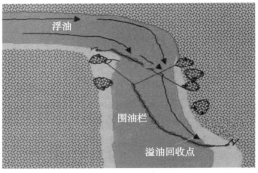

图9-2-10　河道弯道处围油栏布设方法示意图

5. 海洋、岸滩和激流处的布设

根据海潮大小及河水激流流速大小，合理选择海洋型围油栏、岸滩型围油栏，根据浪高及溢油大小，合理选择围油栏栏裙的尺寸。如图 9-2-11 至图 9-2-13 所示。

图 9-2-11   海洋型围油栏

图 9-2-12   激流型围油栏

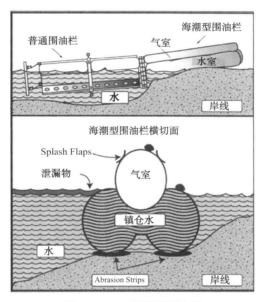

图 9-2-13   岸滩型围油栏

6. 冰下流水处的布设

在冬季，若冰封的水面下发生管道油品泄漏事件，应采用破冰开冰槽布设围油栏的方法，如图 9-2-14 所示。

三、水上油品回收技术——筑

泄漏油品进入沟渠、小溪、河流等水域后，应采取筑坝方式进行拦截。筑坝的材料应就地取材，常用的有泥土、沙袋、雪、木板、草木、活性炭等，筑坝的方法主要有以下几种：

1. 实体坝

坝体顶宽一般不宜小于 1.5m，坝体底宽不宜小于 2.5m，且满足土体放坡系数要求（放坡系数不宜低于 1∶0.5），迎水面设置塑料布防止油品渗透。适用于在干涸的沟渠及小溪（尤其在管道泄漏处）或冬季冰下无水的冰面筑坝。如图 9-2-15 所示。

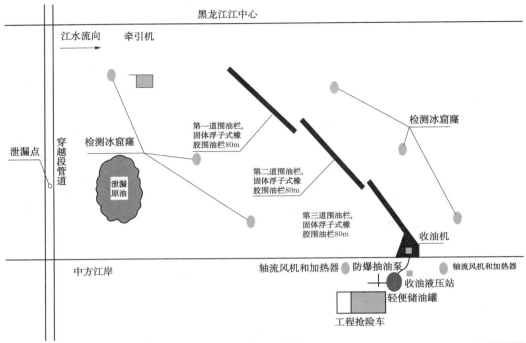

图 9-2-14 冰下流水处的布设围油栏布设示意图

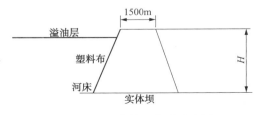

图 9-2-15 实体坝布设示意图

2. 控制坝(堰)

坝体尺寸同实体坝,与实体坝不同的是增加了倒置过水管,过水管出口高度不应高于河岸高度,过水管的设置一定要满足河流的泄流量,否则易导致溃坝。适用于在水面宽度20m以下的河流、沟渠及小溪(尤其在管道泄漏处)筑坝。如图9-2-16和图9-2-17所示。具体步骤如下:

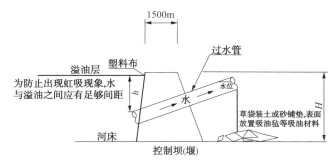

图 9-2-16　控制坝(堰)示意图(Ⅰ)

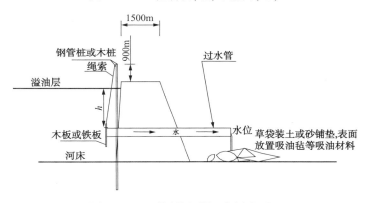

图 9-2-17　控制坝(堰)示意图(Ⅱ)

注:

(1)实体坝和控制堰适用于狭窄河流(河流宽度宜小于20m)或小溪,且河底深度不宜大于2.0m(图中H)。

(2)图中单位以mm计。

(3)坝体用玻璃丝袋装土垒砌而成,土就地取材。

(4)河水泄流量简易判定:俩人相距30m,上游一人扔漂浮物,计时到下游另一人的时间,计算河水流速,量出河面宽度及深度,计算出河水流量。

(5)当过水管无法满足河流泄流量时,为避免溃坝,应准备一定数量的污水泵或泥浆泵。

(6)坝体砌筑在迎水面宜垒砌成直面,在背水面砌筑坡比1∶1~1∶2,坝顶宽度不宜小于1.5m,必要时可在两侧打木桩防护。

(7)利用水重油轻原理,设置倒置过水涵管,过水涵管数量应根据河水流量设置,一层不够时,可以考虑两层或三层设置。如假设河宽10m,控制水位深度1.5,水流速0.5m/s,用ϕ720mm钢管做过水涵管,需要钢管19根,一层摆放14根,二层摆放5根。

（8）迎水面坝体过水涵管设置木板或钢板，调解河水流量。做法如下：紧贴坝体在过水涵管间打 $\phi50mm$ 钢管桩或 $\phi80mm$ 木桩，桩打入河床深度不宜小于 0.5m，高出坝顶高度不应大于 0.9m，桩间距不宜大于 3m；在桩顶处横向绑扎同规格的钢桩或木桩；调节钢板或木板宽度应大于涵管直径，板下部应挂铁块或石块等坠物，板上部应钻孔栓绳索，绳索绕过桩顶处横桩，根据调节高度将绳索拴在横桩。

（9）调节板应根据水量提前进行设置，一般在河水水量低于涵管过水能力时，将部分过水涵管用调节板遮挡，当河水水量增大时，逐步提起调节板，直至全部提起；当河水水量又降低时，逐步放下调节板，直至全部放下。

3. 活性炭坝

以桥梁为依托，用 $\phi50mm$ 的钢管沿桥边搭成脚手架形式，高度与桥栏杆持平。两排钢管净间距为 0.8m，钢管与钢管净间距为 1m，沿钢管高度方向每隔 1m 用 $\phi50mm$ 钢管将打入河床的钢管横向连接在一起，两排钢管中间放入钢制吊篮，吊篮用 $\phi10mm$ 钢筋制作，钢筋之间间隔 0.2m，吊篮尺寸为长×宽×高=1m×0.6m×1m，吊篮四周及底部用不大于 150 目的铁网围住，吊篮中间放入活性炭，脚手架顶部拴绳吊住吊篮，便于活性炭的更换。适用于水面溢油的后期处理，主要是净化水质。如图 9-2-18 和图 9-2-19 所示。

图 9-2-18　活性炭坝示意图（Ⅰ）

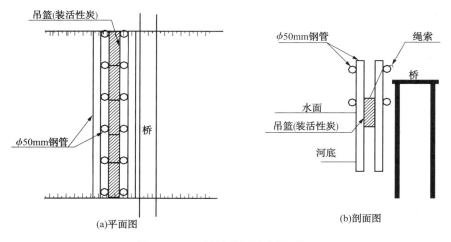

图 9-2-19　活性炭坝示意图（Ⅱ）

4. 草垛坝

应以草垛(玉米秸捆)为原料进行筑坝拦截，坝体宽度不宜小于 2m，坝体要紧密结实，以小桥、树桩等坚固的构筑物为支撑进行筑坝。适用于管道泄漏初始，专用抢险物资到来之前，且水面宽度不宜大于 10m 的沟渠、小溪及河流。如图 9-2-20 和图 9-2-21 所示。

图 9-2-20　草垛坝示意图(Ⅰ)

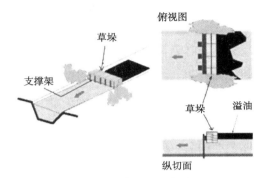

图 9-2-21　草垛坝示意图(Ⅱ)

四、水上油品回收技术——控

管道发生泄漏事件后，应立即与管道途经相关水域的河道管理部门取得联系，充分利用河道上的闸门控制好水位，便于溢油回收。

(1)控制好溢油逃逸路线上河流相关水闸(包括管道泄漏点上游的水闸)，根据上游来水量合理控制，即保证水位不漫过水闸导致溢油下泄，又不因为放水过多致使收油工作艰难。

(2)尽可能关闭所有向溢油逃逸河流汇集的其他河流上的水闸，在水系发达地区，可通过开关水闸等分流水量，降低流速，缓解收油压力。

(3)在无水闸的河流上，对不重要的河流筑坝闸死。

五、水上油品回收技术——收

泄漏油品及其所污染的水、固体杂质等因其数量的不同，被控制的环境和区域不同，以及本身物理性质的差异等原因，如何将其收纳到安全的地方，是处理溢油工作的重要环节，熟练掌握收油设备、机具和物资的属性，并与现场实际有机地结合是决胜这一环节的关键。

1. 泵

(1)适用于倒运或回收陆上被围堵在一定范围内，相对量较大、较集中的泄漏油品。

(2)采用可对原油、成品油、含油泥浆等进行作业的防爆型泵类，具体应结合泄漏油品的物理特性(黏度、挥发性等)选择适合参数的泵及其附件。

(3)选择可直接利用或易于现场修筑的地方，便于泵类及其配套设备、装运泄漏油品的容器进出现场作业，合理布放作业面和收油设备。应综合考虑油罐车、轻便储油罐或储油囊的位置，泵的吸程是否满足，泵吸入口是否能将大多数油品倒空到该处，是否存在即使经过现场修筑也无法将油品直接泵入罐车，是否需要多台泵、罐接力倒运装车等各种因素。

(4)对于泄漏量较大、水面上的油层厚度大于 3cm 的现场回收，可在岸边再挖一个集油坑，将水面上的油品直接引入坑内，引流渠的沟底高度与水面平齐，将集油坑内的油品直接用泵排油入罐。如图 9-2-22 所示。

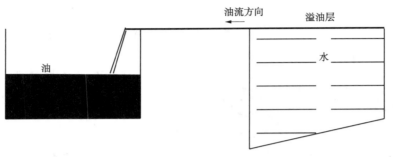

图 9-2-22　引流渠布设示意图

（5）收油点选择，应便于收油设备、人员快速到达，首先优先选择预案中的已经确定的拦截点；其次考虑与公路的距离，选择能快速构筑现场作业条件的有利地点；再次选择水流较平缓，油品不易逃逸的河段，兼顾人员较少相对安全等因素。

（6）现场布置：杂物拦截栅的设置应确保水上杂物被拦截，满足收油机不卡堵、下游围油栏拦油效果不受影响；满足漂浮杂物回收到环保防渗的固体杂物坑内；同时，坑内靠近较低一侧设有集油小坑，及时将空出的油水以及收油机回收的溢油直接收纳到罐车、移动油囊或轻便储油罐中。现场布置如图 9-2-23 所示。

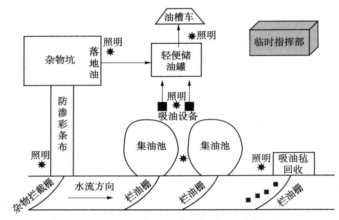

图 9-2-23　中型河流现场布置示意图

（7）为了发挥收油机的最大效能，应修建或利用地形构筑收油现场，如图 9-2-24 所示，尽可能减少已集结的油品受河道水流的冲击而逃逸。

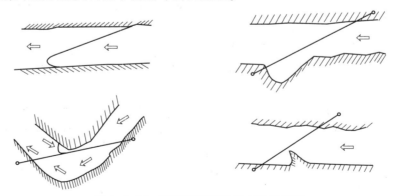

图 9-2-24　不同地形围油栏布设示意图

2. 吸油托栏、吸油毡联合吸油

在油层较薄、收油机回收效果不好的时候，应考虑采用吸油毡和吸油托栏进行吸附，设置的吸附点应优先考虑有桥梁的河段，亦可利用围油栏制造静水区，在上游投放吸油毡，增大吸收效果且便于打捞，吸油毡和吸油托栏的处理按照固体杂物的有关处理方法处置。

3. 凝油剂

在静水、油层薄和相对面积较小的区域，宜选择采用凝油剂进行油品回收。同时采用船只和吸油栏配合作业。

六、水上油品回收技术——清

1. 消油剂结合活性炭坝清油

在桥上或水闸上游人工喷洒消油剂处理残余油花。消油剂的使用应严格遵守国家有关法规。同时在桥上或水闸下游适当河段修筑活性炭坝，以进一步提高油品清理效果。

2. 燃烧或焚烧

（1）使用便携式焚化炉处理少量的固体油污物，如图9-2-25所示。大量的固体油污物运至化工垃圾场焚烧处理。

（2）对于水面油品不易回收时，使用耐火围油栏将油品圈围至水流平稳且周边环境空旷的河段点燃，如图9-2-26所示。燃烧法相对其他油品回收方法能较好地保护环境且费用较低。

图9-2-25　便携式多用途焚化炉示意图　　　图9-2-26　燃烧处理泄漏油品示意图

3. 河道清理及拦截点依次撤除

在确定油品泄漏抢修完成之后，依次从油品入河点沿河岸两侧清理残留在土体和植物上的油污。拦截点也依次从上游向下游撤除，最后一个拦截点在上游全部清理完毕符合要求后，再予撤除。

4. 细菌降解

对清理完的河道和土地，可利用嗜油性细菌将残余污油进行生物降解。

第三节　陆地抢修基础技术

一、抢修现场警戒布控

（1）抢修人员到达事故点后，应首先设立风向指示标志，在相关路口等重要地点设置警示标志，并佩戴正压式呼吸器，穿防护服，手持可燃气体检测仪，从事故点上风口由远及近对事故现场实施天然气浓度的安全检测，并实时监测，确定危险区域、限制出入区、禁入区。同时，先遣人员应将现场险情详细情况向上级领导汇报。

危险区域：将存在可燃气体的区域设置为危险区域，非作业人员不允许进入危险区域。

限制出入区：将可燃气体浓度高于爆炸下限值10%的区域设置为限制出入区，设置专门警示标志，进入限制出入区需采取强制通风等安全防护措施，降低可燃气体浓度达到安全范围后方可进入。

禁入区：将可燃气体浓度高于爆炸下限值50%的区域标示为禁入区，设置专门警示标志，在进入禁入区前需对禁入区进行强制通风处理，扩散并稀释可燃气体浓度，降低可燃气体浓度达到安全范围后方可进入。

（2）抢修人员赶赴现场的同时，派遣相关协调人员同当地公安、消防、医疗、电力等机构取得联系，并配合地方应急反应部门进行事故区域的人员疏散、交通控制，防止次生火灾、爆炸事故的发生。

（3）根据现场情况确定疏散路线和紧急集合点。疏散路线主要以公路为疏散主路线；在最大限度地避开危险源的前提下，从需疏散人员所处位置到主路线的最近距离为疏散支路线。紧急集合点宜设置在泄漏点上风口相对开阔的位置。

（4）事故现场一般设置3道警戒线。以事故点为中心，在危险区域边缘以外50m设置第一道警戒线；以事故点为中心，根据事故抢险作业规模确定第二道警戒线，第二道警戒线的范围应满足工程车辆、设备、物资等的布置及作业要求；以事故点为中心，根据事故抢险作业所需作业坑的范围确定第三道警戒线。同时，实时监测可燃气体含量，并根据检测数据及时调整警戒区域。

二、抢修现场土建工作

（1）根据事故现场条件，宜在泄漏点上风口方向修筑进场道路、抢修作业场地平台，并对现场易燃易爆物品进行清理，保证作业区内人员疏通通道和消防通道畅通。

（2）抢险人员用巡管仪探测管线走向及埋深，确认泄漏点精确位置，并据此制订抢险作业坑开挖方案。

（3）现场可燃气体浓度达标后，按抢险作业要求开挖作业坑，为后续抢险工作做准备。

（4）对于挖掘深度6m以内的作业，为防止挖掘作业面发生坍塌，应根据土质的类别设置斜坡和台阶、支撑与挡板等保护系统。土质分类及坡度允许值见表9-3-1。

表 9-3-1 土质分类及坡度允许值

土质类型	密实度或状态	坡度允许值(高宽比)	
		坡高在 5m 以内	坡高为 5~10m
砟石土	密实	1:0.35~1:0.50	1:0.50~1:0.75
	中密	1:0.50~1:0.75	1:0.75~1:1.00
	稍密	1:75~1:1.00	1:1.00~1:1.25
黏性土	坚硬	1:0.75~1:1.00	1:1.00~1:1.25
	硬塑	1:1.00~1:1.25	1:1.25~1:1.50

(5)挖掘物或其他物料至少应距坑、沟槽边沿 1m,堆积高度不得超过 1.5m,坡度不大于 45°,不得堵塞现场的逃生通道和消防通道。

(6)作业坑内应设置逃生通道。

(7)如果作业坑内有积水,应设置足够排量的排水设备及时抽水。

(8)当挖掘作业靠近小河、排水沟等可能造成倒灌的情况时,应考虑先挖引水沟、筑防水堤或其他措施以防倒灌。

(9)作业坑开挖完毕后,应按照抢险方案对管线进行作业。

三、抢修作业要求

1. 对人员的要求

(1)抢险人员在施工前要了解、掌握本岗位的危害以及对环境的影响,并经过岗位培训,具备相应的应急处理能力。

(2)抢险人员进入现场前,必须按规定穿戴劳动保护用品,接受安全教育,并接受技术和任务交底,明确各自的职责。

(3)抢险人员在可燃气体大量泄漏的情况下进行抢险作业时,必须穿戴防毒面具、防护眼镜、防静电服等;在抢险作业时,必须有二人以上同时在现场,并随时保持联系。

(4)现场安全监护人员必须佩戴明显标志,配备专用可燃气体检测仪、含氧分析仪,负责各个程序的监护检测,并将检测结果及时通报现场指挥。若抢修过程的动火手续不办理、安全措施不落实、消防设施不到位、不执行抢修方案,监护人有权提出整改并终止作业。

(5)施工时,消防队员应在指定位置守护,不得擅自离开。

(6)抢修人员必须具有相应的资质证明,持证上岗。

2. 对设备、机具及物资的要求

(1)现场临时用电及配电箱放置要符合电气安全规程,电气开关与手动、电动工具要有漏电保护装置。

(2)现场使用的各种抢险工具和电器必须是防爆的。

(3)根据情况配置防毒面具等防护器材和设备。

(4)所有设备在施工前都要进行试运转,不得使用带病设备进行作业。

(5)用于检测气体的检测仪应在校验有效期内,并在每次使用前与其他同类型检测仪进行比对检查,以确定其处于正常工作状态。

(6)所有材料都要有资质厂家提供的合格证等相关质量证明文件。

3. 对危险区域的要求

(1)危险区域内禁止使用非防爆设备。

(2)危险区域严禁携带火种。

(3)进入危险区域必须穿戴防静电服。

(4)危险区域内严禁携带手机和其他非防爆通信器材。

(5)危险区域内禁止使用非防爆摄像器材。

4. 其他要求

(1)抢修动火必须在指定范围内，不得擅自扩大动火范围。

(2)抢修过程中进入隧道时必须佩戴空气呼吸器，隧道内必须采取强制通风措施。

(3)加强有限空间通风、换气，必要时使用防毒用具，并控制作业时间，防止人员窒息和中毒。

(4)涉及受限空间，如在隧道内作业时，应检测其氧含量。

第四节 输油管道腐蚀泄漏抢修

一、现场处置程序

根据腐蚀点尺寸，可以先采取有效措施(如使用木楔钉入穿孔处)控制油品泄漏。

1. 油品泄漏得到控制

清理作业坑内残留落地油及泄漏点管线上油污。使用可燃气体检测仪监测作业坑内可燃气体浓度，小于10%LEL符合安全要求。可根据实际情况使用防爆轴流风机强制通风。可采用以下三种常用方法修复泄漏点：

1)补板法

(1)适用范围：输油管道，管材等级不高于X52级管道，直径小于8mm的腐蚀孔。

(2)操作步骤：

①根据焊接需要，清除防腐层。

②使用与管道曲率半径相同的弧板将耐油胶皮压在穿孔处并使用堵漏器紧固链条紧固。如图9-4-1所示。

③紧固完成后，进行焊接作业。焊接方式如图9-4-2所示，每层焊道的起始点不应在同一个位置。

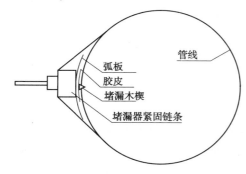

图9-4-1 用弧板将耐油胶皮压在穿孔处

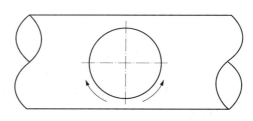

图9-4-2 紧固后焊接

2）B 型套筒

（1）适用范围：输油气管道。

（2）操作步骤：

①根据焊接需要，清除防腐层。

②安装与管道直径、壁厚匹配的 B 型套筒并紧固，如图 9-4-3 所示。

③套筒紧固完成后，进行焊接作业。当套筒长度小于 700mm 时，由两名焊工同时焊接。当套筒长度大于 700mm 时，可由 4 名焊工同时焊接。焊接方式如图 9-4-4 所示。

图 9-4-3　安装 B 型套筒

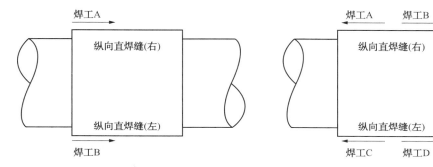

图 9-4-4　套筒紧固后进行焊接

3）扣管帽方式

（1）适用范围：输油管道。

（2）操作步骤：

①根据焊接需要，清除防腐层。

②使用适当管径、壁厚的管线短节，一端焊接盲头，扣在泄漏点焊接，如图 9-4-5 所示。

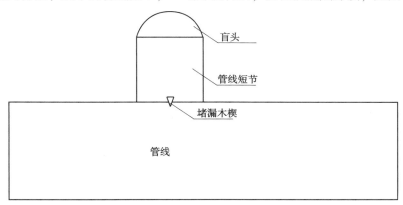

图 9-4-5　扣管帽堵漏

2. 油品泄漏无法得到控制

可采用带引流专用设备，如：链式堵漏抢修夹具、对开式高压堵漏抢修夹具及凸轮式快速抢修夹具等专用堵漏设备，修复泄漏点。凸轮式快速抢修夹具、对开式高压堵漏抢修夹具操作参照其说明书进行。

1）链式堵漏抢修夹具

（1）适用范围：输油气管道

（2）操作步骤：

①将链式堵漏抢修夹具安装至泄漏点，打开引流阀门将输送介质引至远离作业坑，紧固链条直至无渗漏；如输送介质为油品，在引流管出口处宜开挖集油坑或使用移动油囊、轻便储油罐等集油设备回收泄漏油品；如输送介质为可燃气体，则在引流末端点燃。如图9-4-6所示。

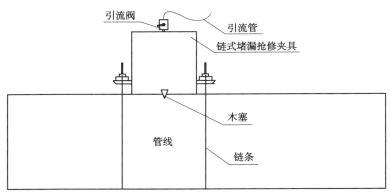

图9-4-6　用链式堵漏抢修夹具堵漏

②根据焊接需要，清除防腐层。

③进行焊接作业，将链式堵漏抢修夹具焊接在管道上。

④焊接完毕后，关闭引流阀门，拆除引流管。

⑤安装堵孔器。

⑥进行打压试验，确保堵孔器安装，打开引流阀进行密闭下堵作业；将引流孔堵死后拆除引流阀门并安装堵头。

2）对开式高压堵漏抢修夹具及凸轮式快速抢修夹具

可参照链式堵漏抢修夹具使用过程，如图9-4-7和图9-4-8所示。

图9-4-7　凸轮式快速抢修夹具效果图

图9-4-8　对开高压堵漏抢修夹具效果图

以上方法无效时，可采取漏点两端封堵法，封堵完毕后再进行堵漏或换管作业。封堵作业可采用停输堵及不停输堵两种。

当发生腐蚀穿孔泄漏，如果条件具备建议直接进行换管作业。

二、注意事项

（1）弧板宜采用与主管道同种材质且不小于主管道壁厚。

（2）弧板形状宜选择圆形，最小直径推荐不小于180mm。

（3）B型套筒的材质宜选择与管道相同或相近。

（4）B型套筒的壁厚选择应≥管道壁厚。

（5）B型套筒的长度可根据实际情况确定，但不低于102mm。

（6）管帽宜采用与主管道同种材质且不小于主管道壁厚。

（7）下堵工作完毕后，确认无泄漏后安装堵头，堵头安装必须紧固到位。

（8）清除防腐层过程中使用防爆工具且注意不要损坏管道本体。

（9）焊接前，使用壁厚测试仪检测焊接处壁厚，根据壁厚情况确定能否焊接并设定焊接电流。

（10）焊接前，输油管道需保证焊接处管道内为满管油。

（11）在线焊接前应尽可能降低焊接处管道压力，焊接压力选择可根据当前管道使用年限、材质等情况确定但焊接时最高压力：输油管道不高于此段管线允许工作压力的0.5倍；输气管道不高于此段管线允许工作压力的0.4倍。

第五节　打孔盗油抢修

一、盗油点未泄漏处置

（1）宜采用人工开挖方式作业，先清理盗油阀门周围覆土，形成足够的作业空间，然后将盗油阀门附件覆土清理干净。不能使用工程机械直接挖掘盗油点，可根据现场情况适当使用。

（2）可采用扣管帽法：根据现场情况拆去盗油阀门上部管件并根据盗油阀门通径、高度，选择适当管径管线短节并焊接盲头。

（3）清理防腐层，清理面积应满足焊接需要。

（4）使用预制完毕的管线短节扣在盗油阀门上，并进行焊接作业；焊接前应使用测厚仪检测焊接点附近管线壁厚，以确定焊接电流大小、焊接方式及是否需要安装加强板并进行油气浓度检测。扣管帽操作如图9-5-1所示。

（5）进行防腐作业。防腐形式根据现场情况确定。

（6）回填。管周围人工回填，机械回填土方时不得高空抛洒，妥帖放置沟内，管道周围及光缆下人工夯填，光缆留置下沉余量。

（7）在盗油点记录GPS坐标存档。

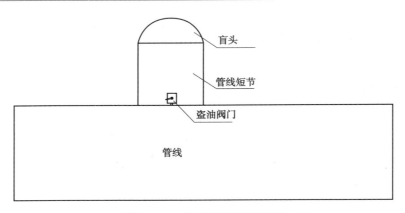

图 9-5-1　扣管帽操作示意图

二、盗油点泄漏处置

（1）停输。

（2）开挖作业坑，宜采用人工开挖方式作业，先清理盗油阀门周围覆土，形成足够的作业空间，然后将盗油阀门附件覆土清理干净。不能使用工程机械直接挖掘盗油点，可根据现场情况适当使用工程机械。

（3）落地油处置。

（4）抢修人员穿戴耐油水叉，检查泄漏原因。如果盗油阀门未完全关闭，应立即全关阀门。

（5）如果因为焊缝处渗漏或盗油阀门不严且泄漏量大，应使用带油带压堵漏器（堵漏器）控制污染扩大，打开引流阀门将油品引至远离作业坑，紧固堵漏设备直至无渗漏。引流管出口处宜开挖集油坑或使用移动油囊、轻便储油罐等集油设备回收泄漏油品。堵漏器操作如图 9-5-2所示。

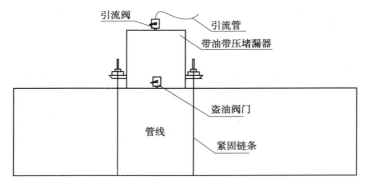

图 9-5-2　带油带压堵漏器操作示意图

（6）泄漏压力减小后，宜采取以盗油阀门为中心，前后左右移动堵漏器位置的方法清理防腐层，清理面积应满足堵漏器密封面及焊接需要。

（7）防腐层清理完毕后，进行焊接作业。

（8）焊接完毕后，关闭引流阀门，拆除引流管。

（9）安装手动开孔机，打开引流阀进行密闭下堵作业，将引流孔堵死后拆除引流阀门并安装堵头。

（10）防腐作业。防腐形式根据现场情况确定。

（11）回填。管道周围人工回填，机械回填土方时不得高空抛洒，妥帖放置沟内，管道周围及光缆下人工夯填，光缆留置下沉余量。

（12）在泄漏点记录 GPS 坐标存档。

三、注意事项

（1）盗油点部位应采取人工挖掘，避免误伤管线。

（2）盗油阀门安装不严时禁止盲目进行施工作业。

（3）安装管帽或堵漏器过程中应避免碰触阀门。

（4）夹具安装前确认夹具内层密封完好，无位移。

（5）焊接前应使用轴流风机对夹具位置进行吹扫，可燃气体浓度符合焊接条件时方可施工。

（6）焊接前，应进行管道壁厚测量。

（7）动火前，应与生产调度部门确定管道压力，符合规定要求后方可进行焊接作业。

（8）现场泄漏油品回收过程中应加装防渗布，防止发生环境次生污染。

第六节　焊缝开裂抢修

在役管道由于自然灾害、恐怖袭击、第三方破坏等因素导致管道发生焊缝开裂事件，致使管道输送油品大量泄漏从而开展的管道抢修作业。

一、事件点的抢修

按照泄漏点情况不同，可采取卡具堵漏或管道封堵换管两种方案。

（1）如管道轴向位置、椭圆度及管道破损长度符合卡具使用要求，可采用对开式卡具或凸轮式卡具进行抢修作业。

①确定断裂点并清理完漏油后，检测现场油气浓度是否达标。达到要求后，人工拆除泄漏点保温层、防腐层。

②拆解对开式卡具，并将卡具吊装至泄漏点，现场施工车辆必须佩带防火帽。安装前，检查卡具密封胶圈是否完好，并在密封面涂上适量黄油。

③利用吊车安装卡具，卡具吊装到位后，用专用防爆工具紧固螺栓，直至无渗漏。

④实现卡具封堵后，清除现场落地油并进行安全检测。

⑤检测合格后，上报应急领导指挥小组。

⑥由应急领导小组下达命令恢复输油。接到恢复输油命令后，进行恢复输油流程切换操作配合，并联系分公司各泵站进行恢复输油流程切换操作。

⑦生产运行组组织实施恢复输油工作，恢复输油完成后，检查事故点封堵效果，并上报应急领导小组。

⑧由维抢修队伍组织进行管线防腐、回填夯实工作。

⑨法规保障组进行抢险作业后的补偿、赔偿等善后处理。

⑩维抢修队伍收集整理现场资料并上报应急领导小组。

（2）如果管道轴向位移较大、管道破损长度超出卡具使用要求，应采用管道封堵器进行封堵，封堵完毕后更换破损管段。此施工过程复杂，施工时间较长。

二、现场安全注意事项

（1）所有人员须按规定穿戴好劳保护具；

（2）指定现场安全监护人员佩带明显标志，配备专用可燃气体检测仪器、含氧测试仪器，负责各个程序的监护检测；

（3）根据现场情况，配置救护车、防毒面具等救护器材和设备；

（4）除工程抢修车外，其他车辆都要远离危险区域，在便于疏散的地方按划定停车位停放，抢修车辆标准配置表必须按要求装上防火帽；

（5）现场临时用电及配电箱放置要符合电气安全规程，电气开关和手动电动工具要有漏电保护装置；

（6）抢修机具(如氧气瓶、乙炔瓶、电焊机、发电设备等)应放在安全地区；

（7）所有参加抢修的人员必须服从领导小组指挥，按指挥人员的指令行动；

（8）及时在事故区域设置安全警戒线进行布控，设置明显的警戒标志，并协助地方应急反应部门进行事故区域的人员疏散、交通控制，防止次生灾害的发生；

（9）作业区内保证人员疏通通道和消防通道畅通；

（10）及时恢复地形地貌，最大限度减少生态环境破坏；

（11）做好抢修施工记录的整理归档工作，特别是隐蔽工程；

（12）抢险过程中注意防止挖断光缆。

第七节　管道断裂抢修

引发管线断裂的主要因素：汛期洪水、泥石流地质灾害对管线造成冲击；管线周边第三方施工，机械开挖误损伤；运行人员操作不当，管线造成憋压；建设时期管道焊缝存在焊接缺陷。

一、初期响应

（1）输油气站运行值班人员通过站控系统发现进出站管线运行压力急剧下降，可初步判断管线发生断裂情况。应第一时间向沈阳调度中心或北京调控中心调度室报告，并按照统一调度令，组织管道停输操作。

（2）输油气站应立即组织巡线人员沿线查找泄漏位置，调集外部抢险人员以及挖掘机、铲车等机具赶赴现场开展抢险初期处置。

（3）现场信息收集。

①输油气站先期人员到达现场后全面开展事件现场勘查工作，收集详尽的现场信息，为后续事件信息上报和应急指挥提供准确的依据。

②收集信息内容包括：油品泄漏部位所处具体位置(包括行政区域位置)；管线基本信息(管径、材质、输送介质、上下游截断阀室位置、管线高程、停输后计算压力)；泄漏部

位附近环境敏感点；进场道路、周边居民点等。

二、现场抢险措施

输油管道断裂抢修措施：

（1）对发生断裂管线全线停输，关闭上下游截断阀门。

（2）铺设能够抵达泄漏点的进场施工便道，便道需满足重型车辆通行要求。

（3）调集推土机、挖掘机等土方施工设备对泄漏点进行围堰，防止原油进一步扩散。

（4）在泄漏点附近选择适宜位置连续开挖集油坑，铺设防渗塑料布。

（5）将泄漏油品导入集油坑内。

（6）抢修队伍到达现场后，根据停输后泄漏点静态压力情况制定封堵抢修方案，开展抢修作业：

①封堵作业坑选择及开挖。在泄漏点两侧选择远离电力、通信设施，具备封堵进场条件的适宜位置，开挖封堵作业坑，实施泄漏点两侧封堵作业。

②管线断裂抢修作业坑开挖。泄漏点两侧封堵作业完成后，实施管线断裂部位开挖作业。开挖长度应满足断裂部位换管及管口下油气隔离囊施工需要，断裂部位单侧长度不应小于 2m。

③抢修作业坑开挖完成后，抢修人员在断裂部位两侧选择确定油气隔离囊封堵和切管部位。

④在切管部位外侧，实施油气隔离囊封堵短节预制及开孔。

⑤封堵管段排油。开 DN100mm 排油孔将封堵管段内原油排空。

⑥管线断裂部位切管。采用液压切管机对断裂管段单侧不小于 1m 管段切除。

⑦管口油气隔离囊及黄油墙设置。切除管段吊出管沟后，通过两侧管口外侧事先预制的 DN300mm 短节开孔安装油气隔离囊，油气隔离囊充装 0.05~0.1MPa 压力氮气；完成油气隔离囊设置后，在管口部位砌筑黄油墙，黄油墙厚度不小于 1 倍管口直径。

⑧管口油气检测。黄油墙砌筑完成后，使用可燃气体检测仪对管口进行油气检测，检测合格后，方可进入下一步焊接程序。

⑨换管焊接作业。将事先预制同规格、同材质管段调至抢修作业坑内。开展焊接作业。焊接结束后填写《焊接记录表》。

⑩换管部位防腐作业。分别采用聚乙烯防腐胶带、聚丙烯防腐胶带对焊口部位、开孔法兰及短节进行防腐。防腐完成后，采用电火花检测仪对防腐管段进行检漏。

⑪管沟回填作业。检漏合格后，对抢修作业坑进行回填。

⑫泄漏点含油土壤置换作业。为避免渗入土壤中油品给当地环境带来污染，抢修作业结束后，对过油土壤进行全部开挖换土，开挖含油土壤由具有专业处理资质的单位回收处理。

第八节　清管器卡堵抢修

管道在组织正常清管、检测作业时，由于管道弯头弯曲半径不足、管体变形、阀门状态不到位、管道内壁结蜡严重或杂质较多、异物卡堵、原油物性变化、清管器损坏、清管器选择不合理等因素引起清管器的卡堵。事件易造成管道停输、凝管等危害。清管器卡堵现场处置流程如图 9-8-1 所示。

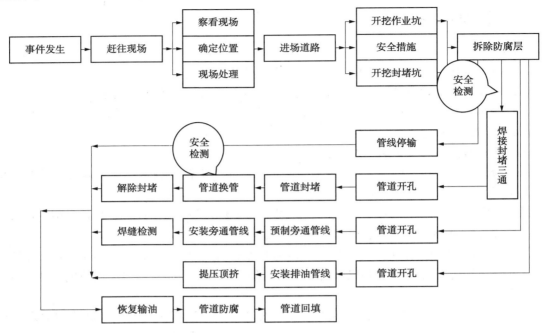

图 9-8-1　清管器卡堵现场处置流程图

一、现场处置方案

清管器卡堵一般有管道截断阀未全开造成清管器卡堵、管道变形造成清管器卡堵、管道内异物堵塞造成清管器卡堵和管道蜡堵造成的清管器卡堵。

1. 管道截断阀未全开造成清管器卡堵的现场处置

检查管道干线截断阀的开关状态，确保截断阀处于全开状态。截断阀失效处置详见《输油管道干线截断阀失效生产安全事故(突发事件)现场处置方案》。

2. 管道变形导致清管器卡堵的现场处置方案

若管道上无明显的设施及部件，清管器出现卡堵现象，需根据跟踪器指示信号组织开挖清管器卡堵点管道，若发现管体上有明显变形，可初步判定清管器是由于管道变形造成的卡堵，需进行开孔封堵后取出清管器并进行换管作业。

(1)在卡堵点两侧或单侧合理位置选择开孔封堵点(视现场情况以及管道高程、管道干线截断阀等条件而定封堵点数量及位置)。

(2)进行开孔封堵及密闭收油作业。

(3)进行机械断管作业。

(4)预制管段并进行更换的动火作业。

(5)焊缝检验合格恢复生产。

(6)管道防腐回填恢复地貌。

3. 管道内异物堵塞造成清管器卡堵的现场处置

若管道上无明显的设施及部件，清管器出现卡堵现象，需根据跟踪器指示信号组织开挖清管器卡堵点管道，若开挖处管体上无明显变形，输油生产运行可维持并未发生断流现象，可初步判定清管器是由于管道内有异物等造成卡堵。

（1）上游站提压或在卡堵处上游使用压裂车进行挤顶，解除清管器的卡堵现象。

（2）清管器提压挤顶无效后可在清管器上游站继续投放清管器挤顶。

（3）以上两种方法无效后，则采取开孔封堵作业，取出卡堵清管器以及异物，换管恢复生产。

4. 管道蜡堵造成的清管器卡堵的现场处置

输油干线在无人为操作和调控情况下，清管作业管段上站发现出站压力持续上升，输油量持续下降，输油泵机组的电流下降，下站旁接油罐罐位下降过快或下站收油量减少，说明发生蜡堵预兆，如果作业管段接近断流趋势，说明发生蜡堵。

（1）管道蜡堵后，上游输油站在管道允许的最高压力、最高温度条件下提压、升温，挤顶直至卡堵现象消失。

（2）挤顶无效后，下游泵站倒旁接油罐流程，同时根据清管器发信号器和开孔等方式确定卡球位置，及蜡堵段长度。

（3）蜡堵导致清管器卡阻提压挤顶无效后，宜采用烘管溶蜡、开孔排蜡、铺设旁通管道或封堵换管等方式进行。

①烘管溶蜡方案：

a. 确定管道蜡堵长度后，组织人员间隔性的开挖管道烘烤作业坑，作业坑一般不大于1.5m，间距为 10～20m，也可根据现场情况适当加密烘烤点。

b. 剥离管道防腐层。

c. 在烘烤作业坑内堆放适量木材及倾倒少量柴油，并引燃。

d. 严格控制烘烤作业点火势大小，严禁大火焚烧。

e. 在确定蜡堵段管道蜡柱基本溶化后熄灭明火，管道启输并提压，确保清管器通行。

②开孔排蜡方案：

a. 根据清管器卡堵位置的地形地貌，在蜡堵位置上游选择合适位置开挖注压作业坑。

b. 开注压孔连接压裂车。

c. 在卡堵下游每间隔 50～100m 排蜡孔，排蜡管道采用刚性连接，连接至收蜡罐或排蜡坑。排蜡坑做一定的防渗漏处理。

c. 在管道最高允许压力下，提压排蜡直至该点排蜡结束，关闭阀门。

d. 顺序开启其余各排蜡孔继续进行排蜡作业，直至蜡堵管道疏通。

③铺设旁通线：

此方法为临时措施，指在蜡堵管段两侧适当位置，安装、焊接开孔短节，进行开孔作业，铺设旁通管道，打开旁通开孔阀门，导通旁通管道启动输油（操作过程详见 SY/T6150-2011《钢制管道封堵技术规程》）。

④封堵换管方案：

a. 在蜡堵管段两侧实现开孔封堵作业（操作过程详见 SY/T6150-2011《钢制管道封堵技术规程》）。

b. 开孔封堵过程中组织开挖管沟预置换管管道。

c. 进行机械断管并将蜡堵管段吊离作业现场。

d. 动火点管口的清理并构筑防火墙。

e. 更换管段的对口焊接。

f. 焊口的检验恢复生产。

g. 管道的防范回填恢复地貌。

二、清管器卡堵应急处置注意事项

（1）要针对现场不同的事件特点制定切实可行的处置方案。

（2）上站提压挤顶或事件上游管段使用压裂车进行提压作业时，要严格控制压力在管道及管道附件上设备允许压力范围内。

（3）利用输油设备提压挤顶方案执行过程中，要加强输油设备巡护。现场应有足够的输油设备维检修人员以及充足的设备备件。

（4）使用排蜡作业方案时，排蜡管应使用刚性连接，弯管处必要时应进行临时加固。

（5）排蜡、注压等作业区域，必须设置警戒区，操作前应确定管道压力在规定范围内方可进行作业，必要时在上游点进行泄压作业。

（6）在清管器卡阻点的确认工作上，清管跟踪器的利用很重要，应在清管跟踪器发射信号有限时间段内明确清管器位置。

（7）蜡堵管段的烘烤要统一安排，要有组织设计，要经过论证研究方可组织实施，在实施过程中要严格控制火势。

（8）处置方案必须同生产运行相适宜，各环节做好沟通协调工作。

第九节　天然气管道冰堵抢修

冰堵产生的根本原因是管道内部存在液态或气态的水。液态水一般因管道投产前干燥不彻底而存留，温度较低时结冰造成管道冰堵；气态水一般是由于天然气中水含量过高，在一定含量、一定温度和压力下析出液态水，并在一定条件下生产天然气水合物，进而结成冰堵。冬季冰堵主要是因为环境温度低，加上天然气温降和天然气中含水所造成，特别是在夜间用气量极小，调压阀开度小或者关闭时有积水的情况下。

在阀室内，冰堵点一般出现在小管径的阀门和转弯弯头下游端；干线冰堵点位置一般出现在弯头角度比较大的地方，并且埋设深度较浅，在冻土层以内。如果是在阀室内发生冰堵，可以采用加热的方法，利用电伴热带对冰堵的阀门或弯头进行加热；如果是在干线上发生冰堵：一是采用冰堵段放空降压的方法或注入防冻剂解堵法，通过注入甲醇（还可用乙二醇、二甘醇、三甘醇等），利用其良好的亲水性，即能吸收大量水分，减少气体中的水分含量，使天然气露点降低、水合物分解，达到解除冰堵的效果。

一、现场处置程序

天然气管道冰堵抢修现场处置程序为（图9-9-1）：

（1）现场判断冰堵位置，完成相关工艺流程操作（在冰堵比较严重时，应首先关停压缩机）；

（2）确定抢修方案，布置抢修机具和设备；

（3）将冰堵段上下游隔离并放空；

（4）拆除冰堵段设备，找出冰堵点；

（5）采取加热升温等措施去除冰堵；

（6）恢复设备安装，恢复工艺流程。

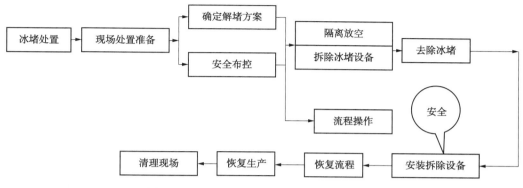

图 9-9-1 天然气管道冰堵现场处置流程图

二、冰堵发生位置在干线且远离阀室现场处置程序

（1）判断冰堵位置，完成相关工艺流程操作；

（2）确定抢修方案，开挖抢修作业坑，布置抢修机具和设备；

（3）清除管道防腐层；

（4）焊接带压开孔短节，检测焊口、试压；

（5）安装开孔机；

（6）带压开孔；

（7）拆除开孔机；

（8）安装注醇设备；

（9）向管道注入甲醇，观察上下游压力变化；

（10）管道解堵畅通后恢复输气；

（11）封堵开孔阀门，管道防腐、回填；

（12）恢复生产。

三、注意事项

（1）执行 Q/SY64—2012《油气管道动火规程》；

（2）设立抢修警戒线（直径 150m 范围内）；

（3）可燃气体检测作业区气体浓度；

（4）甲醇有毒性，注醇操作人员要佩戴空气呼吸器，戴橡胶手套；

（5）作业区内不得有易燃、易爆物品；

（6）氧气、乙炔瓶距火源不得小于 10m，氧气、乙炔瓶之间的距离不得小于 5m；

（7）所有车辆必须戴防火帽；

（8）当年冬季冰堵处理完毕后，及时将加入管线内的乙二醇回收出来；等天气回暖后，应立即进行清管作业，处理管内介质。

第十节　天然气管道泄漏抢修（氮气置换）

一、输气管道断裂泄漏抢修措施

（1）输气管线发生断裂后，控制系统将对全线自动停输，上下游截断阀门自动关闭。

（2）铺设能够抵达泄漏点的进场施工便道，便道需满足重型车辆通行要求。

（3）管线断裂段上下游阀室之间管道天然气放空。

（4）输气站先期人员到达现场后，做好天然气泄漏现场警戒，疏散周边300m范围内人员。

（5）抢修队伍到达现场后，根据现场情况制订抢修方案，开展抢修作业。

（6）调集注氮队伍对开裂管段进行氮气置换。

（7）采用含氧分析仪检测天然气置换完成后，开始抢修作业。

（8）抢修作业坑开挖前检测。开挖前，由佩戴空气呼吸器人员携带可燃气体检测仪对泄漏点进行可燃气体检测，可燃气体检测合格后方可进行抢修作业坑开挖作业。

（9）管线断裂部位抢修作业坑开挖。开挖长度应满足断裂部位换管施工需要，断裂部位单侧长度不应小于1m。

（10）抢修作业坑开挖完成后，抢修人员在断裂部位两侧选择确定切管部位。

（11）管线断裂部位切管。采用瓦奇切管机对断裂管段单侧不小于1m管段切除。

（12）换管焊接作业。将事先预制同规格、同材质管段调至抢修作业坑内。按照GB/T31032—2014《钢制管道焊接与验收》开展焊接作业。焊接结束后填写《焊接记录表》。

（13）换管部位防腐作业。分别采用聚乙烯防腐胶带、聚丙烯防腐胶带对焊口部位、开孔法兰及短节进行防腐。防腐完成后，采用电火花检测仪对防腐管段进行检漏。

（14）管沟回填作业。检漏合格后，对抢修作业坑进行回填。

二、注意事项

（1）输气线发生管道断裂气体泄漏后，应第一时间告知当地政府部门，请求协助做好现场周边警戒及人员疏散工作；同时，应及时发现和制止周边地区可能存在的火源点；

（2）先期赶到现场的输气站应急人员应处于泄漏点上风口位置，使用可燃气体检测仪测定泄漏气体影响区域，并在上风口设置风向标；

（3）先期人员引导后续抢险车辆应停放在远离泄漏点上风口位置，进入现场车辆必须安装防火帽。

第十一节　管道悬空抢修

管道在自然灾害或第三方施工等外因下均可能发生超长悬空事件。例如：地震；洪水袭击；漂管；湿陷性黄土、山地地带引起的塌陷；泥石流冲击等。管道超长悬空可能导致管道焊缝开裂，从而发生管道破裂、断管事件，易造成管道停输潜在大量油品泄漏造成环境污染等后果。

一、悬索类处置方案

该类险情的现场处置，以桥梁建设的悬索桥原理为蓝本。其主要组成部分一般可分为：塔架、主索、悬索及锚固体。

1. 方案一——双塔架悬索处置方案

双塔架悬索处置方案如图9-11-1所示。

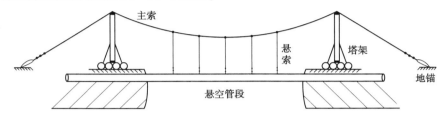

图9-11-1　双塔架悬索处置方案示意图

（1）预置或使用提前预置支撑塔架对称分布在悬空管道两侧稳固地面。

（2）塔架底座增大受力面积，防止受力后塔架整体沉降，并保持与地面的水平全接触。

（3）在塔架外侧埋设地锚作为主索紧固依靠。

（4）视现场条件选择牵引方式将主索通过塔架上方限位槽进行拉设并与地锚有效连接（可采用卷扬机、倒链、滑轮组、汽车牵引或几种方式结合）。

（5）主索可选用单根对中敷设以及双根平行敷设。单根对中敷设即只采用一根主索，而主索拉设位于悬空管道上方；双根平行敷设即采用两根主索，主索位于悬空管道两侧水平布置。

（6）根据悬空管道现场情况合理选择悬索的分布，组织有效的提拉悬空管道，完成悬空管道的临时提固。

2. 方案二——单塔架悬索处置方案

在抢险现场条件受限，单侧无法进入大型抢险设备和机械时可采用该方案（图9-11-2）。

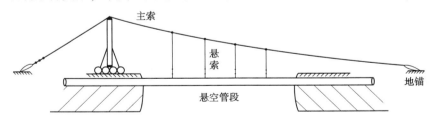

图9-11-2　单塔架悬索处置方案示意图

（1）在可进入大型抢险设备和车辆的现场的一侧搭设塔架，必要时固定卷扬机。

（2）在无法进入现场的一侧只安装地锚并做引出绳。

（3）牵引主索至无法进入现场的一侧地锚引出绳并连接紧固。

（4）将主索吊至塔架限位槽。

（5）使用卷扬机或手动倒链等收紧主索。

（6）根据悬空管道现场情况合理选择悬索的分布，组织有效的提拉悬空管道，完成悬空管道的临时提固。

3. 方案三——无塔架悬索处置方案

悬空管道两侧都无法进入大型抢险设备且管道悬空部位距地平间距较大时可采用该方案（图9-11-3）。

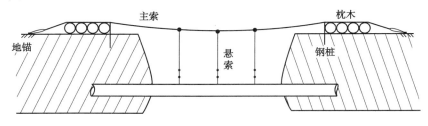

图9-11-3　无塔架悬索处置方案示意图

（1）分别在两侧埋设地锚并向外做引出绳。

（2）在地锚引出绳前沿主索预计受力方向均匀布置枕木或钢管。

（3）利用钢桩对枕木或光管进行限位。

（4）在一侧固定主索与地锚引出绳。

（5）人工牵引钢丝绳主索到另一侧。

（6）利用手动倒链收紧主索并紧固。

（7）将吊篮利用滑轮组进行主索上安装，通过两侧牵引完成吊篮移位工作，通过滑轮组收紧控制吊篮高低，从而完成悬索紧固工作。

二、支撑类处置方案

悬空管道下方可进入施工抢险设备、车辆以及大型抢险机械，消除了再次洪水冲刷等危害的情况下可采用下列抢险方案。

1. 方案一——立柱支撑

立柱支撑处置方案如图9-11-4所示。

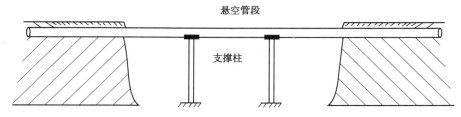

图9-11-4　立柱支撑处置方案示意图

（1）选用适宜的钢管或枕木自悬空管道下竖直支撑。

（2）支撑柱下方硬化或夯实或铺垫枕木钢板，使其受力后不沉降。

（3）支撑柱与管道接触点采用适宜的弧形瓦片连接，瓦片与管道接触面还应当粘贴防滑胶皮等，增大受力面积防止管道受力变形。

2. 方案二——草袋填土支撑

草袋填土支撑处置方案如图9-11-5所示。

（1）在现场条件允许的情况下，使用草袋填土封口回填管道下方，形成堆砌立柱，起到临时支持管道的作用。

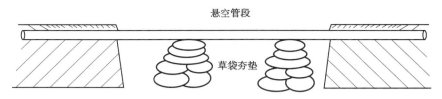

图 9-11-5　草袋填土支撑处置方案示意图

（2）本方法适用于管体悬空高度小于 1.5m 的长距离管道悬空事件的临时处置。

（3）现场可组织大量人工、机械设备机械进行多点工作。

三、现场处置流程图

管道悬空抢修现场处置流程如图 9-11-6 所示。

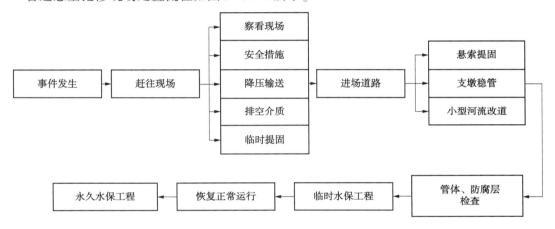

图 9-11-6　管道悬空抢修现场处置流程图

四、悬空管道的应急处置注意事项

（1）遇到险情，在展开抢险作业的同时，应考虑第一时间在条件允许的情况下进行管道的临时提固。悬空管道下方可修筑通行道路时，立即组织起重设备进入，进行管道临时的提固，减小管道断裂危害的可能性。

（2）输油生产应进行必要流程控制、降压措施或停输措施等。

（3）必要的时候要考虑在悬空管段两侧进行封堵作业并排空事件管段内油品，防止发生断管造成污染。

（4）对悬空管段两侧坍塌部位泥土进行夯桩、码填土草袋等措施进行处理，防止坍塌程度加深，悬空管段加长。

（5）在悬空管段下方沟壑等处进行泄漏回收抢险的准备工作，防止突发事件的出现造成污染事故或事态的扩大而不可控制。

（6）现场有专人负责进行险情的监控工作，及时对险情进行预警。

（7）现场吊装作业，尤其是人员吊装作业的安全性、稳定性必须保障。

（8）做好管体泄漏、防污染及次生灾害预控工作。

第十二节 管道漂管抢修

管道在汛期受到洪水、泥石流等地质灾害的影响；管道穿越河道下游长期存在挖砂取土情况，致使管道上方覆土全部流失；管道穿越沼泽、湿地、鱼塘、河滩等部位埋设深度不足，且施工过程中未对管道采取配重措施，管道长期浸泡在含水量大土壤中，管道自身浮力大于管道上方覆土压力等原因都可能引发管道漂管事件。

一、现场处置方案

1. 洪水引发河道内管道漂管

（1）对漂管管道全线停输，关闭上下游截断阀门。

（2）联系河道水利部门请求水利支援（如关闭及调整河流水利阀，打开上游分水阀等），减缓水流速度，采用水流测速仪连续监控河水流速，为制定现场抢险方案提供可靠的依据。

（3）铺设能够抵达漂管河岸的进场施工便道，便道需满足重型车辆通行要求。

（4）调集多台推土机、挖掘机等土方施工设备在河流两岸做好抢险准备，与周边石料场联系，调集货车将毛石等材料运至河流两岸。

（5）根据漂管长度、河水流速及漂管段河流两岸截断阀室设置情况，制定相应的漂管管段抢险方案。

①管道内油品介质排空。

a. 针对油管道漂管段两岸设有截断阀室，且漂管险情十分危急的情况，为避免漂管段焊缝开裂进而导致油品泄漏污染河流，在关闭两岸截断阀门后，采取开孔排油措施，将漂管段管内油品排空。

b. 针对油管道漂管段两岸没有截断阀室，且漂管险情十分危急的情况，首先在两侧河岸选择适宜位置，采取高压封堵后，再采取开孔排油措施，将漂管段管内油品排空。

②漂管管段稳管措施。在对漂管管段内油品排空的同时应采取必要的稳管措施。

a. 小型河流（河水流量能够控制前提下）。在紧邻漂管管段两侧采用大型施工机具抛投毛石方式修筑贯通河面石质围堰。挖掘机通过围堰进入河道在管道两侧每间隔 3m 夯制 ϕ159mm 钢管 1 组，每组钢管桩之间采用槽钢或钢管焊接，对防护桩稳定性进行加固。

b. 中型河流。在漂管段下游采用推土机、挖掘机等机械抛投大块毛石，对漂管管道构筑一条阻挡围堰，减缓漂管横向水流受力强度。采用冲锋舟在漂管段上游每间隔 5m 对管道设置固定拖锚 1 处，消减漂管段横向水流受力。

2. 沼泽、湿地、岸滩内地下水浸泡引发管道漂管

（1）委托设计单位根据漂管段原施工图纸中管道埋深进行漂管段应力模型计算，分析漂管段在运行允许最低压力时每道焊口应力情况。

（2）如应力模型计算漂管段未发生塑化变形情况，可采取开挖管沟释放应力方式将管道恢复到原设计图纸规定埋设深度。

（3）管沟开挖过程中，应同步做好开挖作业带围堰和地表及地下水排水措施，确保管道回放至管沟时处于无水状态。

（4）管沟应自漂管管段一端向另一侧顺序开挖。

（5）漂管管段通过应力释放全部恢复至管沟底部后，根据设计单位计算的配重重量，采取专用配重袋或混凝土配重块对管道进行压覆，防止管道再度漂管。

（6）一般浅表性漂管可直接采用夯桩固定结合编织袋素土填压方案进行处置。首先使用吊车等手段固定管道位置，以免排水过快造成管道变形，同时用水泵排除管沟积水，当水位降到管道管平位置时，用多个"人"字架对悬空段管道进行支撑定位，然后每隔10m用沙袋进行加密支撑。支撑稳定后，开始回填管沟，边回填边排水，使管道位移慢慢复位，待管道全部复位后，积水全部排净，对管道底部进行了全面夯填。

二、漂管处置注意事项

（1）漂管段排油点应尽量选择在低点位置，有助于油品排空效果。

（2）漂管段抢险处置过程中，为防止发生油品泄漏对河流造成污染，应提前在漂管河流下游布设多道围油栏，充分做好防控措施。

（3）修筑毛石围堰时，抛投毛石应避免对管道造成损伤。

（4）夯制钢管桩时，应避免液压镐对管道造成损伤。

（5）在河水水流较大情况下，冲锋舟作业时应防止倾覆。

（6）固定拖锚锚链与管道连接应牢固，间隔应保持均匀。

（7）沼泽、湿地、岸滩内漂管段恢复至管沟底部后，采取配重块对管道进行压覆时，应提前在压覆部位包裹橡胶板，防止配重块安装过程中对管道防腐层造成损伤。

第十章　油气管道维抢修作业安全管理与技术

为确保抢修施工的安全，对抢修现场的安全管理显得尤为重要。长输管道的抢修施工虽然时间紧、任务重、难度大、危险性高，但是只要严格遵守相关的安全操作规程，认真按照操作规程办事，抢修现场的安全管理到位，安全措施得当，就能安全、迅速、及时地完成抢修任务，确保输油管线安全、平稳地输油。

第一节　抢修现场作业安全管理

一、长输油气管道抢修特点

1. 危险性较大

长输管道输送的介质主要为原油、成品油和天然气等，具有易燃、易爆和易蒸发的特性，其蒸气有毒。特别是进口原油，凝点低、含轻质油成分较多，易挥发，含硫量高，有毒、有害气体浓度较高，极易燃烧。

2. 地形复杂，抢修难度大

长输管道经过的地形较复杂，常常穿（跨）越公路、铁路、河流、沟渠和田野村庄等，再加上盗油分子安装的盗油阀门由于处理不专业，常常引起渗漏，甚至漏油，因此抢修的难度比较大。

3. 带压抢修

由于受输油任务和油罐库存量大、罐位高的限制，在无大量原油外泄的情况下，常常是边输油边抢修。

4. 闲杂人员较多

当大量油品外泄时可能会造成哄抢等现象，秩序极度混乱。由于野外施工，在抢修过程中还会招来群众围观，人员复杂，安全意识淡薄，有的群众甚至在现场动用烟火。在这种情况下，一旦疏于管理发生火灾或爆炸，会造成严重的人员伤亡事故。

5. 其他特点

长输管道抢修具有临时性、突发性、紧迫性、连续作战等特点，尤其是对时间的要求特别严格，时间长了，易造成凝管事故。因此，要在较短的时间内安全地完成抢修任务，现场的安全管理是十分重要的。

二、长输管道抢修的安全隐患

1. 环境污染隐患

长输管道的工作压力较大，管道一旦发生泄漏，都必然造成油品的大量外泄，严重污染周围的环境。如果附近有河流、沟、渠时，还会污染水源，如果现场不采取必要的安全措施，原油就会随着水的流动，污染面积不断扩大，造成的环境污染和经济损失就会越来越大。

2. 火灾事故隐患

由于原油和成品油具有易燃、易爆、易蒸发的特点，而抢修现场或多或少都有油品，如果不采取必要的安全措施，或者安全措施不到位、不细致、不周密，极有可能引发火灾事故。

3. 爆炸事故隐患

在阀室、涵洞内的现场抢修，由于这些地方空间较小，通风效果不好，油气聚焦较多，如果安全措施稍不周全就会发生爆炸事故。

4. 窒息事故隐患

由于油品易蒸发，其蒸气有毒，如果不采取必要的安全防范措施，有可能造成人员中毒，甚至发生窒息死亡事故。

5. 管道受损隐患

在抢修过程中，常常会使用一些施工机械，在使用机械作业的过程中，如果疏忽大意，就有可能造成管道受损。例如利用挖掘机在挖土的过程中不留意管道的走向及埋地的深浅，就可能挖破管道。在跨越处抢修时，如果不固定、支撑牢固管道就盲目地砸掉固定墩，就有可能造成管道的倒塌或变形。

三、长输油气管道抢修安全措施

针对以上所分析的长输管道抢修的特点和抢修现场的安全隐患，应从组织措施和技术措施两个方面来加强抢修现场的安全管理。组织措施主要是指抢修施工的安全管理网络和相应的规定要求；技术措施主要是从安全技术角度采取措施，尽量减少事故隐患和风险，确保抢修现场的施工安全。

1. 组织措施

建立现场安全管理网络，要明确各负责人的职责、相应的管理规定和要求。

2. 安全措施

当有油品大量外泄时，应组织抢修人员迅速堵住漏油点。当泄漏点周围有水源时，要同时组织人员在水源的下游没有油品的地方，在水面上搭建围油栏，挡住油品顺水而下，从而减少污染面积的扩大。巡视周围的环境，堵住油品的蔓延。尽可能将污染面积减少到最低限度。

将抢修车辆标准配置表和设备放置在上风口，在有利于抢修方便的前提下，尽可能离现场远一点。

将抢修现场用警戒带围起来，并悬挂有关警示用语的标志牌。

在抢修施工现场的上风口处，根据施工的危险程序，配备一定数量、性能可靠的消防器材，其功能应符合油品灭火的要求。

当现场刺激性气味较浓时，必须佩戴空气呼吸器进行抢修，避免抢修人员窒息。

清除动火施工 5m 以内的油泥，并在上风口处开辟一条通向安全区域的安全通道。

开挖抢修动火用的操作坑（有水的地方要挡水筑坝），操作坑应足够大，以保证抢修人员的操作和抢修机具的安装及使用，并可躲避火焰的烘烤；操作坑底应有集油、集火坑，使抢修人员操作方便；坑壁坡度大小应符合 GB 50201—2012《土方与爆破工程施工及验收规范》中的有关规定。

操作坑与地面之间应有人行通道，通道应设置在动火点的上风向，其宽度不小于 1m，通道坡度不大于 30°，通道表面应采取防滑措施。

当操作坑距有油水的沟渠比较近时，靠近有油水的一边必须设置防火墙，以防焊接时产生的焊花溅入引起火灾。

当用挖掘机挖操作坑时，应由熟悉管线走向和地形、地貌的人负责指挥，边挖边测试，要倍加小心，避免挖破管道。

当埋地管道较深有涵洞时，应将离动火处至少 5m 以上的涵洞破坏，挖走涵洞内的油泥，并将挖开的涵洞口用新土堵严实，再用油气检测仪反复检测，确认其油气浓度在安全的范围之内才允许用火，避免在动火过程中发生爆炸坍塌伤人事故。

当在阀室抢修时，应打开所有门窗，清理干净室内的油品，然后撒上干粉或打泡沫灭火剂。如果室内的油气浓度超过其爆炸下限的 10％时，必须强制通风到安全浓度以下才能进行抢修。

当管线跨越处固定墩里的管道腐蚀穿孔需抢修时，在砸掉固定墩之前，应当在固定墩前或后找一个合适位置将管线固定、支撑牢固，避免管道失去支撑和固定后出现倒塌或变形事故。

用可燃气体检测仪检测操作坑及周围的油气浓度，确认在安全的抽气浓度范围之内。

确认抢修现场及周围危险区域内没有无关人员后再进行"打火"试验，避免烧伤抢修人员。

安排专人进行现场监护和救护。

动火作业人员要穿戴好防火服等防护用品。

在操作坑内抢修的人员腰上必须系扎用非易燃材料制作的安全绳，同时要与坑外进行救护的人员配合、协调好。

在动火的全过程中应不断地检测可燃气体浓度，当可燃气体浓度高于其爆炸下限的 10％时，应采取人工通风措施，人工通风的风向应与自然风向一致。

抢修完毕后，应对抢修现场进行全面彻底的检查，确认没有火种及其他隐患后，方可离开现场。

四、施工现场安全布控管理

施工现场应整齐清洁，有条不紊，实行文明施工。各种设备、材料和废弃物都要堆放在指定地点。施工现场的道路要畅通，根据工程规模的大小、运输工具和施工机械的类型以及吨位合理确定道路的宽度，并按指定的路线行驶。行人不要贪图方便穿越危险区，无关人员不得在现场通过或停留，注意与运转中设备保持一定的安全距离。在有车辆或行人通过的交通道路上施工管道时，要在作业区范围内设置拦挡物，并设醒目的警戒标志：白天设红旗，夜间设红灯；必要时，经交通主管部门的同意，可以封闭道路。对于施工现场的各种室内外孔、洞、井、坑、楼梯、平台等都要设防护栏杆，在有车辆或行人通过可能时，同样应设醒目的警戒标志：白天设红旗，夜间设红灯。

在建筑物或构筑物上固定索具装备，以及在楼板上堆放沉重的设备或材料时，事先要征得土建部门的同意。

禁止在施工现场随意存放易燃、易爆材料和其他有害物质，这些物质要存放在指定的安全地点，并由专人管理。氧气瓶和乙炔发生器应远离火源。在有火灾危险发生的地方，应配备必要的消防器材和防火器材。

高处作业或多层交叉作业要设安全栏杆、安全网、防护棚和围栏。脚手架、脚手板应符合安全规定，跳板和斜道要铺放稳固，有防滑措施；夜间施工要有足够的照明。

五、现场作业人员安全防护管理

作业人员进入施工现场时，必须按要求穿戴好劳动保护用品，高空作业人货应戴好安全帽、扎好安全带；电气焊作业人员应戴好防护镜或防护面罩；电工应穿好绝缘鞋；凡与火、热水、蒸汽接触作业时，应戴上防护脚盖或穿上石棉防火衣。

在有毒性、窒息性、刺激性或腐蚀性的气体、液体和粉尘管道场所工作或检修这类管道时，除应有良好的通风或除尘设施外，施工安装人员还必须戴上防护镜或防毒面具等防护用品。特别是进入空气停滞、通风不畅的死角，如管道、容器、地沟、隧洞等处，必要时要对作业区的气体取样进行化验分析，确认无危险后方可进入施工；否则，要采取可靠的通风措施，以避免在工作中由于空气稀薄或中毒而引起伤亡事故。

在阴暗潮湿的场所（如隧洞、地沟、地下室）以及有水的金属容器内作业时，同时作业人员不得少于 2 人，而且应戴上绝缘手套，穿好绝缘胶鞋，照明灯的电压应为 12V 安全电压，并设防护罩。

现场人员严禁在起重机起吊物下面通过或停留，不得随意通过危险地段。

现场人员应随时注意转动中的机械设备，避免被设备绞伤或尖锐的物体划伤。

非电工人员严禁乱动现场内的电气开关和配电设施；未经允许不得乱动非属本职工作的一切设备、设施和机具。

未经允许不准擅自搭乘运料设施上下。

对于多层交叉作业，如上下空间同时有人作业，中间必须有专用的防护棚或其他隔离设施，否则不得在下面工作。上下方各种操作人员必须戴安全帽。

高空作业搭设的脚手板、跳板、梯子等必须用 8 号线或绳索牢固地绑扎在结构物或脚手架上。

搬运或起吊材料设备时，要注意起重物和电线的相互间距，特别是要远离裸露电线。要注意起重物的绑扎结扣要牢固可靠，防止松结脱扣，起重物的重心要低，防止倾覆。起吊时要有人将起重物扶稳，严禁甩动。

六、带压堵漏作业现场安全管理

带压堵漏和带压密封工程是在泄漏事故发生后，在不降低压力、温度以及泄漏流量的条件下，能快速消除设备的跑、冒、滴、漏，在缺陷部位创建带压密封装置的一门新技术。泄漏事故发生后，易燃气体、易爆气体、有毒气体、腐蚀性气体、高温气体、有毒性粉尘等因素都会存在泄漏现场。据统计，国内在带压密封工程施工作业中，因忽视安全而引起的泄漏现场爆炸、管道爆炸、阀门爆炸、烫伤等事故时有发生，教训惨痛，因此，在带压密封和带压堵漏工程作业中必须贯彻"安全第一，预防为主"的安全生产方针。

1. 泄漏事故现场危害因素

泄漏现场的化学性危害因素，易燃气体、易爆气体、有毒气体、粉尘、腐蚀性气体等泄漏介质，振动、噪声、恶劣作业环境会在现场形成物理性危害因素，泄漏事故发生后对带压堵漏作业人员会发生化学性和物理性两种危害因素。如果现场作业人员在工作中防护不当，化学性危害因素会造成带压堵漏作业人员中毒、窒息，若发生爆炸，还会造成人员伤亡；物理性危害因素会造成作业人员烫伤、打击、耳鸣和摔伤等。

2. 泄漏事故可引发的灾害性后果

泄漏事故可引发的灾害性后果主要有物理爆炸、化学爆炸、中毒、噪声性耳聋、烫伤、打击等。

（1）物理爆炸：泄漏事故发生后，在承压设备上必然存在着泄漏通道，在泄漏通道内的区域内一定存在着裂纹、缝隙、孔洞及壁厚减薄等缺陷。这些缺陷的存在和扩张会逐渐地降低泄漏设备的承压能力，当这个承压能力低于泄漏介质的压力时，泄漏设备就会发生物理性爆炸事故。另外，可燃介质泄漏后，若引起火灾，将会在泄漏缺陷部位上形成高温，承压设备材料的强度极限会明显下降，当其承载能力低于某一数值时，就会导致泄漏设备的物理性爆炸事故。

（2）化学爆炸：易燃、易爆介质泄漏后，在事故现场会形成燃爆性混合气体。当这种气体的浓度高于其爆炸下限，低于其爆炸上限数值时，只要遇到很小的点火能量，就可引发化学爆炸事故。

（3）中毒：带压堵漏作业人员接触到有毒泄漏介质后，会与人体组织发生化学作用，并在一定条件下破坏人体的正常生理机能，使其某些器官和系统发生暂时性或永久性的病变即中毒。窒息性泄漏毒物可引起作业人员体内氧输送系统障碍，阻碍氧的吸收、转运和利用，易发生脑和心肌缺氧损害。强酸、强碱泄漏介质可吸收作业人员身体组织中的水分，并与蛋白质或脂肪结合，使细胞变质、坏死；氰化物类泄漏介质可降低作业人员身体内的酶的活力，引起人体神经功能紊乱。

（4）噪声：泄漏噪声的强弱取决于泄漏介质压力和泄漏流量，但泄漏噪声在80dB以下时，一般不会造成耳聋，80~85dB则可造成轻微听力损伤，85~90dB可造成少数人噪声性耳聋，90~100dB可造成一定数量作业人员的噪声性耳聋，而100dB以上就会造成相当数量作业人员的噪声性耳聋。实际泄漏现场的噪声强度可达到数百分贝，长期从事带压渚漏作业的人员极易发生噪声性耳聋病症。

（5）烫伤：高温的泄漏介质和泄漏缺陷表面会使作业人砧皮肤组织受损、细胞死亡，引起血液流失；皮肤的抗菌作用消失，引起伤口感染，严重时导致伤者休克。

（6）高速射流：高速泄漏的流体具有很高的功能，如果泄耐介质直接喷射或泄漏介质夹带颗粒状物质作用到作业人员身体表面，则会造成打击伤害。

3. 带压堵漏作业人员的安全防护

为保证带压密封作业安全、顺利地实施，带压堵漏作业人员必须依据现场泄漏的实际情况，严格遵守防火、防爆、防毒、防静电、防烫、防噪声、防尘等现行国家法规和标准的规定，佩戴符合国家标准的头部、眼面部、呼吸器官、听觉器官、手部、躯干以及足部的防护用品。

（1）头部防护：在泄漏现场，对头部防护不当，易发生打击、烫伤等伤害事故。为避免头部在带压密封工程作业时遭受伤害，作业人员应根据泄漏介质压力、温度等选择防尘帽、防水帽、防寒帽、安全帽、防高温帽以及防护头罩等，其质量必须符合（GB 2811）《安全帽》

的规定。

（2）眼面部防护：高速喷出泄漏介质、高温介质、腐蚀性介质等易造成作业人员眼损伤与失明、打击、烫伤等事故。为避免在带压密封作业时眼面部遭受伤害，作业人员应根据泄漏介质的化学性质、压力、温度等选择具有防尘、防水、防化学飞溅功能的防护眼镜和面罩。

（3）呼吸器官防护：在泄漏现场，呼吸器官是重点的保护对象，选择防护用品的目的是防御有害气体、蒸气、粉尘、烟雾等经呼吸道吸入。呼吸器官防护用品按防护功能分主要有防尘口罩和防毒面具，按型式又分为过滤式和隔离式两类。在带压堵漏工作时，应根据泄漏现场情况选用呼吸器官防护用品，其质量必须符合（GB2626—2006）《呼吸防护用品自吸过滤式防颗粒物呼吸器》的规定。

（4）手部防护：在带压堵漏作业时，作业人员的手部将与泄漏介质接触，作业时必须根据泄漏介质的物理性质和化学性质选择防护用品。例如，在处理酸碱管道泄漏时，作业人员应根据酸、碱的性质佩戴耐酸碱手套，其质量应符合 AQ 6103-2007 的规定；在处理油类介质泄漏时，应佩戴耐油手套；在处理高温高压介质泄漏时，应佩戴耐高温手套，其质量应符合（LD 59）《森林防火手套》的规定；耐酸碱手套同样可用于热水和有毒介质泄漏的带压堵漏作业。

（5）躯干防护：带压堵漏作业人员躯干防护用品可选择防护服、防砸背心、防毒服、阻燃服、防高温服、防尘服等。作业时应根据堵漏介质的物理性质和化学性质选择躯干防护用品。例如，在处理高温泄漏介质的伤害时，作业人员应选择阻燃防护服；处理易燃介质泄漏时，应选择防静电服；在处理粉尘介质泄漏时，应选择防尘服；在处理油类介质泄漏时，应选择抗油拒水防护服。

（6）足部防护：可供带压封堵与带压密封作业选择的足部防护用品有防尘防静电鞋、导电鞋、绝缘鞋、防砸鞋、防酸碱鞋、防油鞋、防水鞋、防寒鞋以及防刺穿鞋等，可根据现场具体情况合理选用。现在已有动态密封作业时穿用的隔热、阻燃以及防水专用鞋。

（7）听觉器官防护：堵漏现场常伴有较强的噪声，会对作业人员的听觉器官造成一定的伤害，导致听力损失。为避免此类伤害，当现场噪声超过（GB 12348）《工业企业厂界环境噪声排放标准》的规定时，必须佩戴耳塞、耳罩或防噪声帽。耳塞是一种结构简单、体积小、质量轻、携带使用方便的听力防护用品，使用时将其直接塞入耳道，只要正确使用，便可以获得较好的声衰效果，声衰减值一般为 15~25 dB（A）。耳塞按几何形状分有球形、圆柱形、蘑菇形、伞形以及凸缘形五种。

（8）高处作业防护：在坠落高度基准面 2m 及 2m 以上进行带压封堵或带压密封作业时，除应遵守（GB/T 3608）《高处作业分级》的规定外，还应架设带防护围栏的防滑平台以及快速撤离安全通道，作业人员在作业时还应使用安全带。

4. 带压堵漏作业的现场管理

作业现场应有一个统一的指挥机构，由领导、工程技术人员和有实践经验的工人组成。实施带压堵漏作业前，必须充分掌握泄漏部位介质的特性及温度、压力等技术数据，分析泄漏原因，制定一套完整的堵漏方案。对可能发生的意外情况要有所防范，采取相应的对策。

带压堵漏工作应统一领导，分工明确，相互协调，可根据情况安排堵漏人员、监护人员、消防救护人员、后勤人员等，车间操作人员也应配合这项工作。现场操作时，除堵漏人员和监护人员外，其他人员应站在警戒线外待命。堵漏人员严格按操作规程和既定方案进行，出现新的情况应及时向现场指挥人员汇报，以便及时采取措施解决。堵漏结束后，应及时清理现场，恢复正常生产。

七、抢险作业安全注意事项

油气管道的维抢修是在接触油气状态下进行的施工作业，在安全上除应注意一般管道施工中的安全问题外，还应注意以下几点：

维修人员必须穿戴合适的劳保用品，特别是在带油(气)作业场合，以防产生静电火花引起事故。

抢修队伍到达抢修现场后，应迅速查明油(气)泄漏情况，根据泄漏介质类别、泄漏量的大小、事故地点的风速以及风向，确定抢修现场的警戒范围。在该范围内，应避免一切闲杂人员进入。

在对管道进行施焊作业前，必须进行焊点周围可燃气体浓度的测定与作业动火安全可靠性的鉴定，确定无爆炸危险后方可进行管道施焊作业。在施焊过程中，应对焊点周围可能出现的泄漏进行跟踪检查和连续检测，发现情况应立即停止施焊，待危险因素排除后方可重新进行施焊作业。

管道维抢修作业坑应保证施工人员的操作与施工机具的安装及使用。抢修作业坑应按要求开挖，坑的两侧必须设有阶梯式上下安全逃生通道，安全逃生通道应设在动火点的上风向。作业坑坑壁应根据土壤情况采用合适的坡形或固壁支撑，以防止出现坍塌事故。

对用于管道带压封堵、开孔的机具和设备在使用前应认真检查，确保灵活好用，必要时应提前进行模拟试验。进行管道封堵作业时，管道内的介质压力应在封堵设备的允许压力范围内。采用囊式封堵器进行封堵时，应避免产生负压封堵。

抢修封堵作业时，若需要更换封堵隔离段的管道，对于输气管道应将隔离段的天然气经开孔的放空口接上放空管点火放空，并用氮气对管段的天然气进行置换。对于原油管道应将隔离段的原油经开孔的放空排放口排放掉，并做好污油的处理工作。在切割管道时，应选用气动或电动防爆型切管机进行切管。对输气管道应用棉纱或拖把将管道内的凝析油擦拭干净，对含硫的天然气管道应将管壁上的硫化铁清理干净。对原油管道，应将管道内的原油清理干净，同时将管壁上附着的蜡层清除掉，管道两端打上黄油墙(黄油与滑石粉混合)，防止施焊时两端封堵不严造成着火。

维抢修作业时，应配备足够的消防器材，如石棉被、灭火器和消防车辆等。

管道维抢修作业结束后，应及时对施工现场进行清理，使之符合环境保护要求。同时及时整理竣工资料并归档。

第二节　长输油气管道抢修作业现场安全技术

一、抢修作业现场安全技术的一般要求

管道维抢修作业现场较为复杂，容易发生事故，并伴有人身伤害，常见事故类型有，被施工机具或运输车辆撞伤、被动力机械绞伤或碰伤、被土石塌方压伤、被高温物体烫伤或烧伤、被高空下落物体砸伤、跌落摔伤、缺氧窒息或中毒、电击伤等。

事故产生的主要原因可概括为以下几个方面：(1)思想麻痹，对生产安全不够重视；

（2）员工缺乏必要的安全技术教育和培训；（3）作业缺少完整的安全管理制度和作业规程；（4）作业过程中不认真贯彻执行安全技术规程和安全管理制度等。

为了保证施工安全，施工单位必须有严密的安全组织，上有负责安全的部门，下有安全员，消除一切施工过程中的不安全因素，建立安全施工安全操作的规章制度，实施安全工作责任制，认真贯彻执行国家有关安全施工和安全生产的法规，抓好安全技术教育，提高全员的安全意识，做好日常的安全组织和管理工作。

1. 日常的安全组织和管理工作

（1）安全工作法制化和规范化。

（2）做好工伤事故的登记、调查、统计、针对事故发生的原因，总结教训，并提出预防事故重复发生的具体措施。

（3）做好安全检查，及时发现不安全因素，消除事故隐患，防患于未然。

（4）加强安全教育，提高安全意识，普及安全技术知识。

2. 安全技术工作的范围和目标

（1）保证所有参加作业人员的人身安全。

（2）保证与作业无关的其他邻近人员的人身安全。

（3）保证作业所涉及的或影响到的各种建筑物、构筑物和其他设施的安全。

（4）保证作业设备的运行安全。

（5）安全技术工作的目标是工伤事故率为零。

（6）所有参加施工作业的人员都要接受安全技术有关法规、责任制的培训，学习有关安全技术规程，经考试合格后方可上岗。在工程施工开始前，施工的组织者和负责人在根据工程的特点进行技术交底的同时，还要进行安全交底，并制订具体的安全技术措施。在每天施工作业前，施工负责人应根据当日作业内容具体交待安全注意事项，指出工作区域内的危险部位和危险设备。对于施工设备的操作工人和特殊工种的工人，必须取得专门的技术培训，并取得相应的操作资格证书，方准从事允许级别的操作和施工作业。对于集体配合进行的作业，作业前应明确分工，操作时统一指挥，密切配合，步调一致。

3. 手动工具操作安全技术

（1）使用前必须检查工具是否有损坏，不应使用不安全的工具。

（2）保持工具清洁，尤其是工具的手握部分，以免工作时滑手摔出。

（3）以正确姿势及手法使用工具，使用时姿势应用力平稳最为安全，切勿过分用力。

（4）使用锋利工具时，切勿将刀锋或尖锐部分指向别人；不使用时，应用防护物将刀锋或尖锐部位包上以做保护。

4. 手持电动工具操作安全技术

（1）手持电动工具应设专人负责保管，保管者必须具备一定关于手持电动工具的安全技术知识，保管者必须对电动工具进行认真的维护和定期检查修理。

（2）手持电动工具的电源接线必须正确，各部分绝缘良好，一定要可靠地保护接零或保护接地，并必须装漏电保护开关。

（3）在比较危险或特别危险的场所（如狭窄、潮湿和高温）或有大块金属与人体接触时，应选择采用安全电压手持电动工具。

（4）在要求手持电动工具的工作电压较大，工作场地又不十分安全时，应采用双绝缘的手持电动工具。

（5）手持电动工具的安全防护罩必须安全可靠，工作部件必须安装正确，夹持或固定牢固。

（6）使用手持电动工具时，操作者握持要稳，用力均匀，不得用力过猛或加力过大；如果转速减小，应立即减小压力，放慢推进速度；如果突然停钻，必须立即断电，并拔下电源插头后进行检查修理。

（7）搬动手持电动工具时，不准用电缆拖拉电动工具，操作时也不能猛拉电缆以免断裂破损或拉下插座。

（8）在电动工具运行时，绝对不允许更换或检修。在需要调换钻捶刀具皮带等工作部件时应拔下电源插头，确认无电时方可操作。

（9）对手持电动工具必须进行定期安全检查，主要检查项目为：

①外壳手柄有无裂缝或破损。

②软件包电缆或软线是否完好无损。

③机壳保护接零或保护接地线是否牢固可靠。

④电源插头是否完好无损。

⑤开关动作是否正常灵活，有无缺陷破裂。

⑥露点保护开关及各种电器保护是否良好。

⑦安全防护装置是否完好。

⑧工具转动部分是否灵活无障碍。

⑨测量手持工具的绝缘电阻用500V兆欧表测量，一类、二类和三类手持电动工具的绝缘电阻分别不得小于2MΩ，7MΩ和10MΩ。

（10）手持电动工具不使用时应放在干燥、清洁处保管。

5. 机电设备操作安全技术

（1）进行机械操作时要束紧袖口，女工发辫要挽入帽内。

（2）机械和动力机的机座必须稳固，转动的危险部位要安设防护设置。

（3）工作前必须检查机械、仪表、工具等，确定完好方准使用。

（4）电气设备和线必须绝缘良好，电线不得与金属物绑在一起，各种电动机具必须按规定接零接地，并设置单一开关；遇有临时停电或停工休息时，必须拉闸加锁。

（5）施工机械和电气设备不得带病运转和超负荷作业，发现不正常情况应停机检查，不得在运转中修理。

（6）电器、仪表、管道和设备试运行时，应严格按照单项安全技术措施进行，运转时不准擦洗和修理，严禁将头、手伸入机械行程范围内。

（7）卷扬机安装时，机座必须平稳牢固，设置地锚并搭设工作棚，操作人员的位置应能看清指挥人员和拖地或起吊的物件；工作前检查卷扬机与地面固定情况，防护设施、电气线路、制动装置和钢丝绳等全部合格后，方可使用；使用皮带和开式齿轮传动的部分均需设防护棚；以动力正反转的卷扬机，卷筒旋转方向应和操作开关上指示灯一致。

二、土方工程安全技术

在管道维抢修施工作业中，经常需要进行土方工程的开挖。在土方开挖作业中，必须实现安全技术要求。

1. 土方施工前的准备工作

（1）做好必要的水文、地质和地下隐蔽工程的资料收集与调查工作，确定是否有给排水、供热、供煤气管道以及电缆、光缆等。

（2）若有地下水和管道工程泄水情况，应做好排水设施、机具和材料等的准备工作。

（3）做好隐蔽工程交底和安全技术交底工作。

2. 施工注意事项

（1）抛土距坑边不得少于0.8m，高度不得超过1.5m。

（2）施工中如发现有不明管道或不明物体，应立即停止开挖，与有关部门联系弄清情况，妥善处理后方可继续施工。

（3）经常检查沟槽边坡，发现有裂纹和落土情况时，应立即采取安全防护措施或减小边坡。

（4）在有地下水或雨季施工时，应有排水措施，特别是对湿陷性黄土、膨胀土等水敏感性强的土壤，更应及时排除。

（5）若开挖沟槽较深或距建筑物、构筑物较近时，应与建筑结构有关单位联系，采取相应的技术措施，必要时应修改沟槽位置。

（6）在地沟中作业时，需设置有足够照明度、电压为12V安全电压的照明设施。

（7）在沟槽中同时作业人员不得少于2人，不得在沟槽内坐着休息，冬季不得在沟槽内取暖。

（8）开挖管道沟槽或路堑时，要根据土质、地下水情况和开挖深度，确定合理的边坡坡度，更要注意可能导致土方坍塌的因素：

①沟槽两侧堆积浮土太多，超过土壤承受能力。

②地下水位较高，或雨、雪水浸了土壤，使土壤失去稳定性。

③距房屋或堆积物较近，其作用力超过了沟槽或路堑土壤的承载极限。

④施工中所确定的边坡坡度较小，与实际情况不符。

出现上述情况时，应及时采取技术措施。

（9）挖掘土方应自上而下进行，严禁采用挖空底脚、上部塌落的违规操作方法。

3. 土方开挖和回填的安全技术要求

（1）当土壤湿度正常、土质良好、无地下水影响时，若开挖深度不超过表10-2-1的规定数值，则可不设支撑，也不必明显放坡；若开挖深度超过表10-2-1的规定，但不大于5m，则可根据土质和施工的具体情况参照表10-2-2的规定放坡。

表10-2-1 基坑(槽)和管沟不明显放坡的允许深度

土壤类别	允许深度(m)
松软土壤	0.75
堆填的砂土和砾石土	1.00
亚砂土和亚黏土	1.25
黏土	1.50
特别密实的土	2.00

表 10-2-2　沟壁最大允许坡度

土壤类型	边坡坡度		
	人工开挖并将土抛于沟边上	机械挖土	
		在沟边挖土	在沟上挖土
砂土	1∶1.0	1∶0.75	1∶1.0
亚砂土	1∶0.67	1∶0.5	1∶0.75
亚黏土	1∶0.5	1∶0.33	1∶0.75
黏土	1∶0.33	1∶0.25	1∶0.67
含砾石、卵石土	1∶0.67	1∶0.5	1∶0.75
泥炭岩、白垩土	1∶0.33	1∶0.25	1∶0.67
干黄土	1∶0.25	1∶0.1	1∶0.33
石槽	1∶0.05		

（2）当因受场地条件限制挖方不允许放坡时，则应采用支撑加固。

（3）支撑的形式有横撑、竖撑和板桩撑3种。横撑适用于土质较好、地下水较少时，竖撑适用于土质较差、地下水较多或有流砂时；根据沟槽深度来决定横撑的数量，根据土质和地下水情况决定支撑的间距。板桩撑适用于地下水位很高和流砂严重的情况。支撑大多用木材制作，板桩撑用木板或钢板制作。

（4）安装支撑时应支撑好一层下挖一层；拆除支撑时应按自上而下的顺序逐步拆除；更换支撑时，应先装上新的，再拆除旧的。

（5）在紧靠沟槽边缘不应行走和安放施工机械。若采用汽车吊下管，汽车吊的现场应留有不小于0.8m的沟边通道。

（6）人工夯实时要动作一致，按照一定方向进行，每层填土厚度不得大于200mm。

（7）当开挖沟槽遇有地下管线和沟边有电杆时，应采取保护加强措施。

三、高空作业安全技术

在距路面高度基准面2m或2m以上的高处进行的作业即为高空作业。在管道维抢修的高空作业中，必须掌握必要的安全技术。

1. 高空作业前的准备工作

（1）凡高空作业人员，均需作身体检查，体检不合格者不准参加高空作业。凡患有心脏病、高血压、低血压等病人以及年老体弱、精神不佳、酗酒等人员都不准参加高空作业。

（2）遇大雾或6级以上大风天气，不准进行高空作业。遇低温、冰冻、大风等不良天气，应采取有效的安全技术措施。

（3）作业前，应由带班人对操作者进行安全教育，指明工作要点，根据每个人的工作特点，有针对性地提出安全技术措施并按要求轮换作业。

（4）检查所用的登高工具和安全用具（如安全帽、安全带、脚手架、安全网等）是否牢固、可靠。

（5）夜间作业应有足够的照明设施。

2. 高空作业的安全技术要求

（1）作业人员应系好安全带，戴好安全帽，衣着灵便，禁止穿易滑的鞋。

（2）高处作业应使用符合标准规范的吊架、梯子、脚踏板、防护围栏和挡脚板等。作业前，作业人员应仔细检查作业平台是否坚固、牢靠。

（3）高处作业应与架空电线保持安全距离。夜间高处作业应有充足的照明。

（4）高处作业禁止投掷工具、材料和杂物等，工具应有防掉绳，并放入工具袋。所用材料应堆放平稳，作业点下方应设安全警戒区，应有明显警戒标志，并设专人监护。

（5）禁止上下垂直进行高处作业，如需分层进行作业，中间应有隔离措施。30m 以上的高处作业与地面联系应设有相应的通信装置。

（6）同一架梯子只允许一个人在上面工作，不准带人移动梯子。外用电梯有可靠的安全装置。作业人员应沿着通道、梯子上下，禁止沿着绳索、立杆或栏杆攀爬。

四、吊装作业安全技术

在管道维抢修作业中，常需采用吊装作业来运送或移动管道、管件和阀门等，吊装作业设备必须由专人掌握，认真执行操作规程和安全规定。

1. 吊装作业前的准备工作

（1）吊装作业人员必须持有特殊工种作业证。吊装质量大于 10t 的物体应办理《吊装作业许可证》。

（2）各种吊装作业前，应预先在吊装现场设置安全警戒标志并设专人监护，非施工人员禁止入内。

（3）必须严格检查各种索具及设备是否完好、可靠，是否符合安全技术规定。起重机具所用绳索、钢丝绳必须完好并有足够的备用程度，不准带病使用。

（4）吊装作业人员必须按标准要求佩戴安全帽。

（5）注意天气情况，遇有大雪、暴雨、大雾及 6 级以上大风时，不得在露天进行吊装作业。

2. 吊装作业的安全技术要求

（1）吊装作业时，必须分工明确、坚守岗位，并按规定的联络信号统一指挥。

（2）严禁利用管道、管架、机电设备等做吊装锚点。

（3）任何人不得随同吊装重物或吊装机械升降。在特殊情况下，必须随之升降的，应采取可靠的安全措施，并经过现场指挥人员批准。

（4）卷扬机除牢固固定外，电气设备必须有可靠的接地，防止电击事故。卷扬机操作人员一定要熟悉机械的性能，在操作卷扬机时，钢丝绳卷入卷筒不得有扭转、急剧弯曲、压绳或绳与绳之间的排列太松等现象，否则应停机排除后再操作。卷扬机上的螺钉应在开车前、停车后检查有无松脱现象。

（5）起吊重物时，提升或下降要平稳，不准有冲击振动现象发生；起重臂或重物下不得有人行走或停留；重物在空中不得停留过久。

（6）使用千斤顶时，顶盖与重物间应垫木块，要缓慢顶升，注意观察。

（7）吊装作业时，必须按规定负荷进行吊装，吊具、索具经计算选择使用，严禁超负荷运行。所吊重物接近或达到额定起吊能力时，应检查制动器，用低高度、短行程试吊后，再平稳吊起。

（8）禁止在任何电压的输电线路下安放起重机和直接用起重机进行吊装作业。在输电线路警戒区内，未经线路主管和使用单位许可，禁止停放一切车辆、堆放材料。

（9）当起重机从高压电网导线下通过时，从起重机最顶点到最低导线之间必须保持一定安全高度，同时要考虑道路行车时的表面起伏度。起重机械沿架空输电线路进行吊装作业时，必须离开安全保护带，安全保护带的宽度应由输电线路主管和使用单位确定；在这种情况下，起重机的起重部分和可伸缩部分以及被起吊物在任何状态（其中包括起重臂处于最大高度和最大伸距状态）下距最低导线之间须保持一定安全高度。

（10）水平方向移动重物时，须使重物与障碍物的净空不小于 0.5m。在起吊和下放时，不准突然扔下重物。

五、电气焊作业安全技术

管道维抢修施工中离不开电气焊作业，作业过程中应严格按照电气焊作业安全技术进行电气焊作业，以防止发生烧伤、触电、火灾、爆炸、中毒等事故。

1. 通用规范操作要求

（1）作业前必须检查所使用的劳动防护用品，不合格产品不得使用。

（2）作业前应根据现场的作业环境条件，要做好防脏、防乱的预防措施，设置合适的警示带或警示栏。

（3）在作业过程中，所有作业人员禁止吸烟。涉及动火作业时，应事先办理好动火手续，并在现场配置至少一个合格的灭火器。

（4）电气焊作业中产生的焊渣会对土壤造成污染，应及时清理并按不可回收类处理。作业完毕，应清理干净现场。

2. 电焊专业操作要求

（1）未获得有效电焊工操作证者不得进行电焊作业。

（2）作业人员要熟知电焊工具的性能和正确的使用方法。

（3）电焊机要设独立开关，机外壳做接零或接地保护。一次线长度应小于 5m，二次线长度小于 30m，两侧接线压接应牢固，并安装可靠的防护罩。

（4）电焊线要双线到位，不得借用金属管管道、金属脚手架、轨道以及结构钢筋作回路地线。

（5）焊接工作开始前，应首先检查电焊机和工具是否完好且安全可靠。焊接用的电焊机外壳必须接地良好，其电源的装拆由电工进行。

（6）电焊机所设的单独开关要放在防雨的闸箱内，拉合时要戴手套侧向操作。

（7）在焊接处有易燃、易爆、有毒物品的容器或管道时，必须将其清除干净，并将所有孔口打开。

（8）焊接用的把线、地线禁止与钢丝绳接触，更不得用钢丝绳或机电设备代替零线，所有地线接头必须连接牢固。

（9）施焊场地周围应清除易燃物品，或进行覆盖、隔离。

（10）在狭小空间、容器和管道内工作时，为防止触电，必须穿绝缘鞋，脚下垫有橡胶板或其他绝缘衬垫；最好两人轮换工作，以便互相照看；否则，需有一名监护人员，随时注意操作人员的安全，一遇有危险情况，可立即切断电源进行抢救。

（11）身体出汗而使衣服潮湿时，切勿靠在带电的钢板或工件上，以防触电。

（12）工作地点潮湿时，地面应铺有橡胶板或其他绝缘材料。

（13）更换焊条一定要戴皮手套，不要赤手操作。

（14）在带电情况下，为了安全，焊钳不得夹在腋下或将焊接电缆挂在脖颈上。

（15）推拉闸刀开关时，脸部不允许直对电闸，以防止短路造成的火花烧伤面部。

（16）确保接地线接头良好，避免场地潮湿引起触电事故；同时，应避免场地不整洁引起火灾事故。

3. 气焊气割专业操作要求

（1）未获得有效气焊工操作证者不得进行气焊作业。

（2）作业人员要熟知气焊工具的性能和正确的使用方法。

（3）施焊场地周围应清除易燃、易爆物品，或对其进行覆盖、隔离。

（4）氧气瓶和乙炔瓶所在的位置距火源不得少于 10m；使用时两瓶之间的距离不得少于 5m，存放时两瓶之间的距离不得少于 2m。

（5）乙炔瓶要放在空气流通好的地方，严禁放在高压线下面；要立放固定使用，严禁卧放使用。

（6）使用乙炔瓶时，必须配备专用的乙炔减压器和回火防止器。

（7）瓶阀开启要缓慢平稳，以防气体损坏减压器。在点火或工作过程中发生回火时，要立即关闭氧气阀门，随后关闭乙炔阀门。重新点燃前，要用氧气将管内的混合残余气体吹净后进行。

（8）严禁在带压的容器或管道上焊割。对带电设备应先切断电源。

（9）装置要经常检查和维修，防止漏气。同时要严禁气瓶沾油，以防止引起火灾。

（10）氧气瓶、乙炔瓶（或乙炔发生器）在寒冷地区工作时，易被冻结。此时只能用温水解冻（水温为 40℃），严禁用火烤。

（11）点火时应遵循操作程序，避免引起回火而导致氧气瓶爆炸。

（12）确保作业现场清洁平整，易燃物及油污应及时清理，通气橡皮管在作业前应检查，避免引起爆炸起火。

六、用电安全技术

现场施工作业容易发生触电事故，要时刻牢记现场施工用电安全技术要求，以防止现场触电事故的发生。

（1）用电应符合三级配电结构，即由总配线箱经分配电箱到开关箱，分 3 个层次逐级配送电力，做到一机（施工机具）一箱。现场工作，首先应详细观察了解周围环境及设备情况，对存在的用电隐患应采取有效预防措施，然后有秩序地进行工作。

（2）施工现场用的各种电气设备的额定工作电压必须与电源电压等级相符，必须按规定采取可靠的接地保护，所有工作设施必须安全牢固，用电线路必须按规范架设，应采用绝缘阻燃护套导线，不可使用不合格的材料。临时性质的设备所用材料虽以经济为原则，但仍应达到安全需要的坚固程度。

（3）电动工具的绝缘性能以及电源线、插头和插座应完好无损，电源线不应随意接长或更换。在离开工作地点时，应将电源切断，拔掉所有电动工具的插头。

（4）检修各类配电箱、开关箱、电气设备和电力工具时，必须切断电源，并做警示标牌或专人看管。

（5）现场的动力、照明线路的架设不得利用树干、金属脚手架或其他容易晃动的立木代替电线杆。

（6）施工现场所有的移动式电闸箱应装设漏电断路保护器，不得以铝丝、铜丝或其他金属丝代替熔断丝，并采取防火、防水措施。闸箱不用时要切断电源，锁好闸箱。

（7）严禁带电作业，检修电气设备前必须切断电源并在电源开关上悬挂"禁止合闸，有人工作"的警示牌。

（8）发生人身触电事故时，应立即切断电源，然后对触电者做紧急救护。严禁在未切断电源之前与触电者接触。

七、防火防爆安全技术

在管道安装与维抢修中，引起火灾和爆炸事故的隐患较多。由于其连锁反应或互为因果，火灾和爆炸事故往往会同时或连续发生，其危害极大。必须采取相应的安全技术措施，以避免和阻止可燃、易燃、易爆物质的燃烧或爆炸，防患于未然。

1. 防火防爆的原则

（1）极力避免和阻止易燃易爆物达到燃烧或爆炸的危险状态。

（2）消除一切足以导致着火爆炸的火源及其他诱因。

2. 放火防爆的一般安全措施

妥善处理易燃易爆物品，主要方法包括：

（1）隔离处理法。用不燃材料或惰性气体将可燃物质隔离，以防燃烧扩散蔓延。

（2）封闭处理法。将易燃易爆物密闭于容器或设备中，阻止其扩散。

（3）稀释处理法。用惰性气体吹扫或加强通风换气，以降低环境中可燃物质的浓度。

（4）代用法。用不燃或难燃溶剂代替易燃溶剂。

（5）消除引发火灾和爆炸的诱因。

引发火灾和爆炸的诱因一般来自明火、电气设备等，可采取的安全技术措施主要包括：

（1）在油库、煤气站、乙炔站和氧气站等有爆炸危险的车间、厂房施工时，应禁止点火、吸烟，严格遵守防火管理制度。

（2）在爆炸危险区施工，应禁止用铁器敲击或摩擦，以防止产生火花引燃引爆。

（3）在有爆炸危险的场所或储罐内修理管道设备时，必须使用防爆型电器。

（4）经常检查所用电气设备是否有短路、局部接触不良和过载等现象，以防止产生电火花或电弧等。

（5）加热易燃液体应用蒸汽、过热水、中间载热体或电热等，尽量避免用明火。如必须用明火，要有相应的安全措施。

（6）凡需在禁火区或盛过易燃易爆物的设备及容器中动火时，应先清洗或吹扫置换并进行空气分析，准备好灭火器材，确认安全可靠后才能动火。

（7）安装盛有煤气、乙炔、氧气和燃油等设备时，必须安装好静电接地装置，使静电导入地下。

(8)传输汽油的管道和盛汽油的容器设备必须确定接地。

(9)易燃易爆介质进出容器应有缓冲装置，以防猛烈冲击而产生静电。

3. 灭火方法

一旦发生火情，应根据引起火灾的原因及现场的实际情况选用适当的灭火方法：

(1)冷却法。用消火栓冲洒着火点，只适用于一般火灾，不适用于扑灭油类、未切断电源的电器及遇水起化学反应的危险品火灾。

(2)窒息法。适用于扑灭油类及非爆炸危险品的火灾，其原理是采用自窒性灭火剂隔绝燃烧物和空气的接触，使燃烧物得不到氧而熄灭。窒息用物品有专用灭火剂、棉被、沙子、泥土及蒸汽等。

(3)分散法。该方法是采用移开燃烧物的方法，孤立火源，使其不得扩大。

(4)破坏法。又称开大道，即拆除部分建筑物和附着物，避免火势蔓延。

(5)器材法。根据火场燃烧物的性质，选用适宜的灭火器材，如泡沫灭火器、二氧化碳灭火器、干粉灭火器，使用方法和注意事项应按产品说明书。

八、封堵施工安全技术

在管道维抢修施工中，为应对油气管线突发介质泄漏之类的突发情况，经常需要进行封堵作业。必须注意以下安全技术要求。

1. 基本的安全原则

(1)在用火准备过程中，应与业主方密切配合，进行危害识别，制订用火方案，做好变更管理及应急预案。双方分别指定监督人和监护人，负责现场的监督检查，安全措施落实后方可进行施工作业。

(2)需要用火的施工设施设备、工艺流程和阀门控制由业主方协调组织切换，动火过程中任何人不得擅自改变流程。

(3)施工现场应采取保护措施，划分安全界限，设置警戒线、警示牌。作业前必须消除距施工区域5m之内的可燃物质或用不燃物品隔离。施工现场应根据用火级别、应急预案的要求配备相应的消防器材和消防车。

(4)进入作业场地的人员应穿戴劳动防护用品，与作业无关的人员不得进入警戒区内。

(5)在管道上实施焊接前，应对焊点周围可燃气体的浓度进行测量，并制订防护措施。焊接操作期间，应对焊接点周围和可能出现的泄漏进行跟踪检查和监测。

(6)用于管道带压封堵、开孔的机具和设备在使用前应认真检查，确保灵活好用。必要时应提前进行模拟试验。

(7)进行管道封堵作业时，管道内的介质压力应在封堵设备的允许压力之内。采用囊式封堵器进行封堵时，应避免产生负压封堵。

(8)作业期间，如发现异常情况，应立即停止作业，启动相应的应急措施。施工完毕，施工负责人组织人员对现场进行全面检查，确认无火种及其他隐患后，方可撤离现场。

(9)作业完成后不得立即开阀门输送油气，待焊口冷却后方可缓慢开启阀门升压，同时检查焊口是否渗漏。

(10)遇5级及以上大风时不得进行作业；特殊情况下进行作业，必须采取阻隔作业等方式控制火花飞扬。

（11）施工作业结束后，应及时对施工现场进行清理，使之符合环境保护要求。

2. 施工过程安全技术

1）开挖作业坑

（1）开挖封堵作业坑时，应统一指挥挖掘机，其他人应远离现场，如出现伤人事件，立即启动应急方案。

（2）作业坑按照施工区域土质情况保留坡度，执行 GB 50369《油气长输管道工程施工及验收规范》中的要求。如出现滑坡，应立即组织清理。

（3）作业坑应保证施工人员的操作以及施工机具的安装与使用，作业坑与地面之间设有安全逃生通道，安全逃生通道应设置在动火点的上风向。

2）焊接封堵三通

带压焊接三通时，管道压力必须保持在 2.0MPa 以下，同时采取降温措施水冷却；焊接电流不应过大，防止出现焊穿。

3）密闭开孔

（1）开孔前严格按照安全操作规程进行氮气试压，如遇开孔时出现漏油现象，应立即采取措施，找出漏油点并消除；如出现着火现象，应立即启用消防应急措施。

（2）如果发生卡刀，应立即扳动换向阀，停车分析原因后，重新启动；如果刀具损坏，应果断提起刀盘，关闭夹板阀，换上备用刀具。

4）封堵

封堵时，要依照"先高压再低压，先内侧再外侧"的原则来进行，即先封高压端，再封低压端。下堵头时，应确认夹板阀上的放气阀门已关闭严密。

5）抽油

（1）放油要在封堵成功后进行，放油点要尽量开在管线底部，进气点尽量开在管线顶部。

（2）开泵抽油前，检查电源动力线的绝缘层是否损坏，抽油泵是否接地良好。

6）切管

（1）切管机捆绑之前，首先检查轮距；捆绑后要检查电动机正反转，保证链条在一条直线上，且要捆紧，以防止行走时切管机颤动。

（2）切管时，在打开电源前，需保证开关无破损、动力线连接良好。

7）砌筑黄油墙

（1）切管完成、老管线或设备吊离后，应进行黄油墙的砌筑。

（2）黄油墙采用钙基黄油和滑石粉按约为 1∶1.5 比例掺和拌成的条形块砌筑而成，完成后要检查其密封完好性。

（3）将管口内外壁的污油清理干净，清理时必须使用防爆工具。

8）管道碰口

（1）管道对口与焊接时，严禁敲击振动管道。

（2）应缩短作业时间，如果环境温度太高，需对黄油墙部位的管道采取降温措施。

9）解除封堵

解除封堵必须在管道施工完毕后进行，原则上先解除低压端，再解除高压端。

第三部分 维抢修工程师资质认证试题集

初级资质理论认证

初级资质理论认证要素细目表

行为领域	代码	认证范围	编号	认证要点
基础知识 A	A	常用计算公式、专业术语及计量单位换算	01	常用计算公式及概念
			02	常用计量单位之间的换算
	B	管道识图	01	符号及图例
			02	管道单线图的识图
			03	输油气站场工艺流程图
	C	管道与油品知识	01	管道的分类与分级
			02	油气管道的组成及其特点
			03	原油知识
			04	成品油知识
			05	天然气知识
			06	氮气知识
			07	液压油知识
			08	润滑油知识
	D	管道焊接相关知识	01	维抢修常见焊接方法
			02	气焊工艺技术
			03	管道动火口消磁方法
			04	管道焊接安全注意事项
专业知识 B	A	维抢修日常管理	01	管理平台查询与使用
			02	收集管辖范围管道概况
			03	设备日常保养
	B	应急管理	01	应急预案
			02	应急预案演练
			03	演练后评价及问题整改

续表

行为领域	代码	认证范围	编号	认证要点
专业知识 B	C	维抢修设备操作及维护保养	01	发电、照明类设备管理
			02	高压封堵类设备管理
			03	低压封堵类设备管理
			04	切管类设备管理
			05	收油类设备管理
			06	焊接类设备
			07	其他抢修类设备管理
	D	管道维修专业技术	01	管道事故类型与维修方法
	E	管道抢修技术	01	抢修程序
			02	水上油品回收
			03	陆地油品回收
			04	管道腐蚀泄漏抢修
			05	打孔盗油抢修
			06	焊缝开裂抢修
			07	管道断裂抢修
			08	清管器卡堵抢修
			09	天然气管道冰堵抢修
			10	天然气管道泄漏抢修(氮气置换)
			11	管道悬空抢修
			12	管道漂管抢修
	F	油气管道维抢修作业安全管理与技术	01	抢修现场作业安全管理

初级资质理论认证试题

一、单项选择题(每题 4 个选项，将正确的选项号填入括号内)

第一部分 基础知识

常用计算公式、专业术语及计量单位部分

1. AA01 正弦函数的英文缩写是：(   )。

A. cos   B. tan   C. cot   D. sin

2. AA01 余切函数的英文缩写是：(   )。

A. cos   B. tan   C. cot   D. sin

3. AA01 对于非均匀物质则称为"平均密度"。其数学表达式为：(   )。

A. $\rho=m/v^2$ B. $\rho=2m/v$ C. $\rho=m/2v$ D. $\rho=m/v$

管道识图部分

4. AB01 管道识图线型分类中，主要管线、图框线用的线型是(   )。

A. 粗实线   B. 中实线   C. 细实线   D. 粗虚线

5. AB01 管道识图线型分类中，地下管线，被设备所遮盖的管线用的线型是(   )。

A. 粗实线   B. 中实线   C. 细实线   D. 虚线

6. AB01 下图符号的名称是(   )。

A. 螺纹阀   B. 弯头   C. 焊接阀   D. 同径大小头

7. AB01 下图符号的名称是(   )。

A. 螺纹阀   B. 弯头   C. 焊接阀   D. 同径大小头

8. AB03 在输油气站内，把设备、管件、阀门等连接起来，以达到某种目的的输油气管道系统，称为输油气站的(   )。

A. 输油流程   B. 输气流程   C. 工艺流程   D. 设备流程

管道与油品知识部分

9. AC01 长输管道指产地、储存库、用户之间的用于输送商品介质的管道，为(   )类。

A. GA   B. GB   C. GC   D. GD

10. AC01 钢管的外直径一般用字母(   )表示，其后面附加外经数值。

A. R   B. G   C. D   D. d

11. AC01 固定的输油管线多用(   )。

A. 碳素钢管   B. PVC 管   C. 铁管   D. 低碳钢管

12. AC03 原油的凝固点大约为(   )。

A. 0～100℃   B. −50～35℃   C. −40～0℃   D. −10～10℃

13. AC04 汽油的沸点范围大约为(   )。

A. 0～100℃   B. −10～10℃   C. 100～200℃   D. 30～205℃

管道焊接相关知识部分

14. AD01 手工电弧焊焊接的工件厚度一般为(   )。

A. 5mm 以上   B. 1.5mm 以上

C. 0.5mm 以下   D. 1mm 以下

15. AD01 钨极氩弧焊英文缩写一般为(   )。

A. MAG   B. MBG   C. MIG   D. NMG

16. AD01 埋弧焊焊丝由( )经送丝机构和导电嘴送入焊接区。

   A. 焊剂漏斗 　　　　　　　　　　　B. 工件

   C. 焊接控制盘 　　　　　　　　　　D. 焊丝盘

17. AD02 1 号割嘴切割钢材厚度一般为( )mm。

   A. 1~8 　　　　　B. 10~15 　　　　C. 4~20 　　　　D. 12~40

18. AD02 2 号割嘴切割钢材厚度一般为( )mm。

   A. 1~8 　　　　　B. 10~15 　　　　C. 4~20 　　　　D. 12~40

19. AD02 3 号割嘴切割钢材厚度一般为( )mm。

   A. 1~8 　　　　　B. 10~15 　　　　C. 4~20 　　　　D. 12~40

第二部分 专业知识

维抢修日常管理部分

20. BA01 下列不在 PIS 系统更新范围内的是( )。

   A. 人员信息 　　　　　　　　　　　B. 设备信息

   C. 应急预案 　　　　　　　　　　　D. 能源管理

21. BA03 发电机、电焊机、抢修机动设备(包括抢险工程车、吊车、卡车、拖平车、挖掘机、推土机、装载机、吊焊机等)除正常保养外,每( )至少发动试运一次,试运时间一般为 15~30min。

   A. 月 　　　　　B. 周 　　　　　　C. 季度 　　　　　D. 天

22. BA03 抢修储备物资每月检查清点( )次,并做好检查清点记录。

   A. 1 　　　　　B. 2 　　　　　　C. 3 　　　　　　D. 4

应急管理部分

23. BB01 管道开裂孔径的尺寸小于 2mm×2mm,一般被称为( )。

   A. 针孔 　　　　B. 裂缝 　　　　C. 漏口 　　　　D. 裂口

24. BB01 管道开裂孔径的尺寸长(2~75mm)×10%最大宽度,一般被称为( )。

   A. 针孔 　　　　B. 裂缝 　　　　C. 漏口 　　　　D. 裂口

25. BB01 管道开裂孔径的尺寸长(75~100mm)×10%最大宽度,一般被称为( )。

   A. 针孔 　　　　B. 裂缝 　　　　C. 漏口 　　　　D. 裂口

26. BB01 天然气云的大小主要与( )有关。

   A. 裂口大小 　　B. 管道压力 　　C. 泄漏量 　　　D. 泄漏速率

27. BB01 管道发生大损伤或破裂,油气泄漏后发生火灾、爆炸事故,造成人员伤亡,对周围环境影响严重,或管道损伤严重时,管道必须中断输油输气的事故为( )。

   A. A 类事故 　　　B. B 类事故 　　　C. C 类事故 　　　D. D 类事故

28. BB01 管道穿孔或较小裂纹引起的少量油气泄漏,或自然灾害引发的管道裸露、悬空或漂浮,可以不停输补焊处理的事故为( )。

   A. A 类事故 　　　B. B 类事故 　　　C. C 类事故 　　　D. D 类事故

29. BB01 因设备故障或其他原因造成的站场、阀室的电力与通信故障或管段冰堵、水合物积聚等，可以通过工艺参数调整或临时措施处理，而不至于对管道运行造成较大影响的事故为（　　）。

A. A 类事故　　　　　　B. B 类事故　　　　　　C. C 类事故　　　　　　D. D 类事故

30. BB02 维抢修工程师应每（　　）至少组织开展一次站队级应急预案演练。

A. 周　　　　　　　　　B. 月　　　　　　　　　C. 季度　　　　　　　　D. 年

31. BB02 应急预案在地方政府备案过程中，提出修订要求的，公司各级应急预案应严格按照（　　）相关要求修订预案内容。

A. 地方民政部门　　　　B. 地方财政部门　　　　C. 地方主管部门　　　　D. 地方政府

维抢修设备操作及维护保养部分

32. BC01 检查控制屏有无异常显示，开机 10~15s 内，油压应达到正常范围。最好空载运转（　　）min 后，再带负载。

A. 3　　　　　　　　　B. 10　　　　　　　　　C. 15　　　　　　　　　D. 30

33. BC01 停机：先把发电机输出断路开关扳下"Off"，让发电机在无负载情况下运转（　　）min 以便冷却。

A. 1~3　　　　　　　　B. 3~5　　　　　　　　C. 5~7　　　　　　　　D. 7~9

34. BC02 封堵工作完成后，通过排出口的内螺纹球阀，泄放上部腔体的压力使压力表指示为（　　），方可拆卸夹板阀上的连接设备。

A. 0　　　　　　　　　B. 1　　　　　　　　　C. 2　　　　　　　　　D. 3

35. BC02 液压夹板阀吊装时，需安装（　　）吊耳。

A. 1　　　　　　　　　B. 2　　　　　　　　　C. 3　　　　　　　　　D. 4

36. BC03 夹板阀每使用（　　）次都要清理一遍，闸板结合面及 O 形密封圈要仔细清理干净，涂上防锈剂。

A. 1　　　　　　　　　B. 2　　　　　　　　　C. 3　　　　　　　　　D. 4

37. BC04 FK900 开孔机用途和适用范围：主要用于管路不停输开孔，要求管内介质压力不大于 6.4MPa，温度不超过（　　）℃，由于采用机械切削开孔，因特别适用于易燃、易爆的液态介质和气态介质的管线上进行作业。

A. 30　　　　　　　　　B. 60　　　　　　　　　C. 80　　　　　　　　　D. 100

38. BC04 在进行开孔操作时应两人配合操作。在测量和确定开孔进给距离后，要标出距离刻度，按自动进给量 0.133mm/r，进行（　　）开孔。

A. 加速　　　　　　　　B. 减速　　　　　　　　C. 变速　　　　　　　　D. 匀速

39. BCO4 ZYQ-100 型液压切管机，压力调整：调节溢流阀门使主轴空载压力达到（10±0.2）MPa，调节减压阀门使副油路空载压力达到（8±0.2）MPa，运行（　　）min。

A. 1~2　　　　　　　　B. 2~3　　　　　　　　C. 3~4　　　　　　　　D. 4~5

40. BC05 把收油机吊放到需收油的水中，注意水深至少（　　）in。

A. 1　　　　　　　　　B. 2　　　　　　　　　C. 3　　　　　　　　　D. 4

41. BC06 电焊机开始工作后，必须空载运行一段时间，调节焊接电流及极性开关，空载电压不得超过（　　）V。

A. 60　　　　　　　　　B. 70　　　　　　　　　C. 80　　　　　　　　　D. 90

42. BC06 电焊机的工作负荷应依照设计划定，不应超载运行，作业中应时常查看电焊机的温升，超过 A 级 60℃、B 级（　　）℃时必须停止运转。

A. 70　　　　　　　　B. 80　　　　　　　　C. 90　　　　　　　　D. 100

43. BC07 堵漏夹具测量管道的椭圆度，不大于（　　）。

A. 2%　　　　　　　　B. 5%　　　　　　　　C. 10%　　　　　　　　D. 0.5%

44. BC07 等同于 100%LEL 的气体浓度，甲烷的气体 LEL 浓度为（　　）。

A. 1.8%　　　　　　　　B. 2.2%　　　　　　　　C. 4.8%　　　　　　　　D. 5%

45. BC07 等同于 100%LEL 的气体浓度，硫化氢的气体 LEL 浓度为（　　）。

A. 1.8%　　　　　　　　B. 2.2%　　　　　　　　C. 4.8%　　　　　　　　D. 5%

管道维修专业技术部分

46. BD01 土方应堆放在管沟作业相对较少的一侧，且具沟边不小于1m，堆积高度不超过（　　）m。

A. 1.5　　　　　　　　B. 2　　　　　　　　C. 2.5　　　　　　　　D. 3

47. BD01 开挖深度超过（　　）m 时，应设置安全边坡或加固支撑。

A. 1.2　　　　　　　　B. 1.5　　　　　　　　　　　　　　　　D. 3

48. BD01 连头作业过程中应持续进行可燃气体检测，保证可燃气体浓度低于其爆炸下限（　　）。

A. 10%　　　　　　　　B. 15%　　　　　　　　C. 20%　　　　　　　　D. 25%

49. BD01 打磨时宜使用角向磨光机，打磨角度宜不大于（　　），打磨时应防止管体过热。

A. 15°　　　　　　　　B. 25°　　　　　　　　C. 35°　　　　　　　　D. 45°

管道抢修技术部分

50. BE02 若管道在离沟渠、小溪及河流等水域较远的地方发生泄漏，应首先考虑地形地势，在地势低洼处且易流向附近沟渠、小溪或河流的部位砌筑实体坝，坝体高度不宜小于（　　）m。

A. 0.5　　　　　　　　B. 1　　　　　　　　C. 1.5　　　　　　　　D. 2

51. BE02 对于河面宽度（　　）m 的河流，采用雪佛龙结构形式布设，或采用阶梯式结构布设，此方法可有效将溢油引导到河流两岸。

A. 小于 10　　　　　　　　　　　　　　　B. 大于 10m 小于 30

C. 大于 30m 小于 50　　　　　　　　　　D. 大于 50

52. BE02 管道发生泄漏事件后，控制好溢油逃逸路线上河流相关水闸（包括管道泄漏点上游的水闸），根据（　　）来水量合理控制，即保证水位不漫过水闸导致溢油下泄，又不因为放水过多致使收油工作艰难。

A. 上游　　　　　　　　B. 下游　　　　　　　　C. 中游　　　　　　　　D. 任何位置

53. BE02 管道发生泄漏事件后，尽可能关闭所有向溢油逃逸河流汇集的其他河流上的水闸，在水系发达地区，可通过开关水闸等分流水量，（　　），缓解收油压力。

A. 加快流速　　　　　　　　B. 降低流速　　　　　　　　C. 截流　　　　　　　　D. 与流速无关

54. BE02 现场布置：杂物拦截栅的设置应确保水上杂物被拦截，满足收油机不卡堵、（   ）围油栏拦油效果不受影响。

A. 上游 B. 下游 C. 中游 D. 任何位置

油气管道维抢修作业安全管理与技术部分

55. BF01 操作坑与地面之间应有人行通道，通道应设置在动火点的上风向，其宽度不小于 1m，通道坡度不大于（   ），通道表面应采取防滑措施。

A. 20° B. 30° C. 40° D. 50°

56. BF01 在动火的全过程中应不断地检测可燃气体浓度，当可燃气体浓度高于其爆炸下限的（   ）%时，应采取人工通风措施，人工通风的风向应与自然风向一致。

A. 5 B. 10 C. 15 D. 25

57. BF01 在地沟中作业时，需设置有足够照明度、电压为（   ）V 安全电压的照明设施。

A. 1.5 B. 12 C. 110 D. 220

二、判断题（对的画"√"，错的画"×"）

第一部分 基础知识

常用计算公式、专业术语及计量单位换算部分

（   ）1. AA01 空心圆柱体积公式为 $V = \pi h (R^2 - r^2)$。

（   ）2. AA01 密度通常用符号 ρ 表示，国际主单位为单位为千克/立方米（kg/m³）。

（   ）3. AA01 在国际单位制中，质量的主单位是千克（kg），体积的主单位是立方米（m³），于是取 2m³ 物质的质量作为物质的密度。

（   ）4. AA02 1 牛顿（N）= 0.225 磅力（lbf）= 0.102 千克力（kgf）。

（   ）5. AA02 1 工程大气压 = 98.0665 帕（Pa）。

管道识图部分

（   ）6. AB01 虚线：设备内辅助管线，自控仪表连接线，不可见轮廓线。

（   ）7. AB01 中实线：主要管线、图框线。

（   ）8. AB02 四通的单线图。同径四通和异径四通的单线图在图样的表示形式上相同。

（   ）9. AB02 同心大小头的单线图，同心大小头画成等腰梯形和等腰三角形，这两种表示形式意义不同。

（   ）10. AB02 长短相同的两根管子，如果重叠在一起的话，它们的投影就完全重合，反映在投影面上好像是一根管子的投影，这种现象称为管子的重叠。

管道与油品知识部分

（   ）11. AC01 管道是由各种组件连接而成用来输送流体或传递压力的系统，主要由管子、管件、阀门及专用设备等组成。

（   ）12. AC01 长输管道按管道分级方法可分为 GB1 级、GB2 级。

（　　）13. AC01 钢实质是一种合金，主要成分是铁和少量碳，还含有硅、锰、磷、硫、铬、钼和钒等微量元素。

（　　）14. AC01 无缝钢管多用于压力较高的管道，如氧气管道、压缩空气管道、热力管道、氨制冷管道、乙炔管道以及除强腐蚀性介质以外的各种化工管道。

（　　）15. AC01 输油管线多用碳素钢管，碳素钢管按其制造方法可分为无缝钢管和焊接钢管。

（　　）16. AC01 螺旋缝电焊钢管用碳素钢或低合金钢制造，通常用于工作压力不超2.0MPa、介质温度不超过200℃直径较大的管道

（　　）17. AC01 红丹防锈漆的防锈性能较好，既能作面漆，又能作底漆。

（　　）18. AC01 保温层的作用在于隔热，减少管道或设备的热量或冷量的损失，防止管道冻裂和结露。

（　　）19. AC02 输送成品油和低凝点、低黏度原油一般采用常温输送。

（　　）20. AC02 输送高凝点、高黏度和高含蜡原油一般采用常温输送。

（　　）21. AC02 输油站首站位于管道的起点，其功能是接收原油（加热）或成品油，并经计量后向下一站输送。

（　　）22. AC02 输油站中间站位于管道的中间，是将原油（加热）或成品油加压以便继续向下一站输送。

（　　）23. AC02 干线输油管道包括管道、线路截断阀室、管道阴极保护设施、管线标志以及线路辅助设施等。

（　　）24. AC02 输气站首站主要是对进入站内的气体进行加压后输送至输气干线，同时对进入站内的气体质量进行检测、控制、计量，有时还兼有分离、调压、清管球发送功能。

（　　）25. AC03 原油又称石油，是一种黏稠的、黑色液体。

（　　）26. AC03 原油主要成分是各种烷烃、环烷烃、芳香烃的混合物。

（　　）27. AC03 原油的性质包含物理性质和化学性质两个方面。

（　　）28. AC03 原油黏度是指原油在流动时所引起的内部摩擦阻力。

（　　）29. AC03 原油的凝固点大约为-50~35℃。

（　　）30. AC04 汽油的沸点范围为 130~205℃，密度为 1.70~1.78g/cm³。

（　　）31. AC04 商品柴油按凝固点分级，如 10，0，-10 和-20 等，表示油品等凝固温度。

（　　）32. AC05 天然气是一种多组分的混合气态化石燃料，主要成分是烷烃，其中甲烷占绝大多数。

（　　）33. AC05 天然气的爆炸极限（V%）：15~25。

（　　）34. AC07 HL 液压油按40℃运动黏度可分为 15，22，32，46，68 和 100 共 6 个牌号。

管道焊接相关知识部分

（　　）35. AD01 绝大部分电弧焊是以电极与工件之间燃烧的电弧作热源。

（　　）36. AD01 手弧焊配用相应的焊条可适用于大多数工业用碳钢、不锈钢、铸铁、铜、铝、镍及其合金。

（　　）37. AD01 埋弧焊不是以连续送时的焊丝作为电极和填充金属。

（　　）38. AD01 电弧附近的熔池在电弧力的作用下处于高速紊流状态，气泡快速溢出

熔池表面，熔池金属受熔渣和焊剂蒸气的保护不与空气接触。

（　　）39. AD02 气焊设备简单使操作方便，但气焊加热速度及生产率较高，热影响区较小，容易引起较小的变形。

（　　）40. AD02 切割氧气压力太大，切割过程缓慢，容易形成吹不透、粘渣。

（　　）41. AD02 预热作用是火焰提供足够的热量把被割工件加热到燃点。

（　　）42. AD02 预热火焰能率的选择和板材厚度无关。

（　　）43. AD02 薄工件应把距离拉开，以免前割后焊。

（　　）44. AD02 倾斜角直接影响气割速度和后托量。

（　　）45. AD03 消磁机工作原理是采用专业设备对带磁管端附加一个外部反向磁场，抑制原有磁场，使带磁管端剩余磁场低于 10Gs，从而满足焊接需求。

（　　）46. AD04 氧气瓶嘴、割把氧气接口严禁油污，防止发生火灾事故。

（　　）47. AD04 严禁在带压力的容器或者管道上进行焊、割作业，带电设备应先切断电源。

（　　）48. AD04 MT 和 PT 主要用于探测试件内部缺陷，RT 和 UT 主要用于探测试件表面缺陷。

（　　）49. AD04 管道地理信息系统是指以空间地理特征与管道特征相结合，来表示管道位置信息、各种功能的信息管理系统。

（　　）50. AD04 ECDA 是内腐蚀直接评估的简称。

（　　）51. AD04 风险评价数据是指用于管道风险评价、风险管理的数据，主要包括定性风险评价、定量风险评价数据、高风险区域特征数据等，与管道的风险因素有关的人、设备、房屋、地域等。

第二部分　专业知识

维抢修日常管理部分

（　　）52. BA01 管道完整性管理系统（PIS）访问地址是：http：//pis. petrochina/。

（　　）53. BA01 PIS 系统一年更新一次。

（　　）54. BA02 管道基本概况主要包括：管道名称、长度、管径、管道材质、设计压力、管道壁厚、管道走向、重点站场、阀室、主要的穿跨越以及周边主要水系等。

（　　）55. BA03 设备的日常维护保养，可归纳为"清洁、润滑、调整、紧固、防腐、密封"12 个字。

（　　）56. BA03 罗茨泵、泥浆泵、潜水泵等泵类，每月至少检查、保养一次。

（　　）57. BA03 各种抢修卡具每月检查、保养一次。

应急管理部分

（　　）58. BB01 油气管道事故一般是指造成输送介质从管道内泄漏并影响管道正常运营的意外事件，主要是管道区段内的事故。

（　　）59. BB01 对于加热输送的高黏易凝原油管道，当输量过低，沿程温降过大，或管道停输时间过长时，会使管内油温过低，可能会造成凝管事故。

（　　）60. BB01 油罐区事故包括油罐着火爆炸事故、油罐冒顶、憋罐、油罐破裂，罐板腐蚀、泄漏、基础不均匀沉降、浮顶油罐浮船卡住、沉船等。

（　　）61. BB01 管道运行中，因管子开裂引发的泄漏量与裂口大小程度有关，开裂的孔洞越大，泄漏量也越大。

（　　）62. BB01 油品净泄漏量等于总泄漏量与回收泄漏量之和。

（　　）63. BB01 输气管道事故一般被分为 3 类：泄漏、穿孔和破裂。

（　　）64. BB01 输气管道事故划分标准与泄漏量有关。

（　　）65. BB01 天然气云的大小主要与泄漏的总量有关，而不是泄漏速率。

（　　）66. BB02 应急预案是指针对可能发生的事故，为迅速、有效地开展应急行动而预先制订的行动方案。

（　　）67. BB02 管道穿孔或较小裂纹引起的少量油气泄漏可称为 C 类事故。

（　　）68. BB02 应急预案按实施主体分为 3 级。地区管道分公司为一级，管道分公司下属输油气分公司、维抢修中心为二级，输油气分公司下属站场、维抢修队为三级。

（　　）69. BB03 维抢修工程师应每半年组织开展一次站队级应急预案演练。

（　　）70. BB03 应急预案演练必须采用实战方式进行。

（　　）71. BB03 每年应对应急预案进行一次修订。

维抢修设备操作及维护保养部分

（　　）72. BC01 发电机每年应对润滑部位进行一次油脂润滑，保持机械的润滑状态。

（　　）73. BC01 发电机对点火延时、油门高度等不影响使用时，可以不调整。

（　　）74. BC01 发电机每月对设备进行一次清洁、整理，保持设备卫生。

（　　）75. BC02 开液压夹板阀前不必将连通阀慢慢打开，压力不均等时打开闸板，不会损坏"O"形密封圈或把它们挤出原来的位置。

（　　）76. BC02 关闭闸板之前要先关闭连通阀，开孔刀或堵头必须全部收回到联箱内，然后关闭闸板。

（　　）77. BC02 为了弄清闸板是否完全打开或是完全关闭，在开闭闸板时要计算阀杆的行程，以保证闸板处于恰当的位置。

（　　）78. BC02 如需堵孔，开孔前必须进行堵孔试验并记录数据，确认堵孔可靠，方可进行开孔。

（　　）79. BC02 计算开孔切削尺寸应准确，特别是开封孔而且开较大封堵时应在管线上焊接加强板，以防开孔后马鞍变形卡住刀体。

（　　）80. BC02 开孔过程中允许开反车。

（　　）81. BC02 液压胶管中的快速接头应妥善保管、防尘，防止出现泄漏。

（　　）82. BC02 开孔操作人员应经过必要的培训，有一定的熟练操作能力，能够处理开孔作业中的一些小故障。

（　　）83. BC02 封堵缸在运输及储藏过程中，活塞杆始终保持回收状态。

（　　）84. BC02 封堵缸的触头与活塞杆相连，可以触头垫起与主轴平行。

（　　）85. BC02 封堵缸用完后，缸体、密封板、密封套三者可以不紧固在一起。

（　　）86. BC02 安装在封堵头上的所有零件必须处理干净，要从所有的配合面及螺栓孔中去除污垢和杂屑。所有的内螺纹都要检查磨损情况、稍稍涂些机油来减少摩擦。清理及润滑活动架销。

（　　）87. BC02 封堵作业结束后，应清除封堵器各处的油污。

（　　）88. BC02 允许在没有支撑情况下，将带封堵头的控制杆伸出套筒。

（　　）89. BC02 关闭闸板之前要先关闭连通阀，开孔刀或砥柱、贮囊筒、囊、溢流法兰（堵塞）必须全部收回到机体内，然后关闭闸板。

（　　）90. BC02 封堵工作完成后，通过排出口的内螺纹球阀，泄放上部腔体的压力使压力表指示为零，方可拆除。

（　　）91. BC03 送取囊装置日常保养设备备用时应将活塞杆全部收回到油缸内，并将输气管全部收回到贮囊筒内。

（　　）92. BC04 切管机刀口要避开管线环型焊口 100mm 距离以上，且管线表面应清理，无阻碍物。

（　　）93. BC04 切管作业管线圆周围应保证 500mm 以上距离内无障碍物，保证切管机顺利通过。

（　　）94. BC04 检查液压站各阀的动作是否灵活，并使其处于中间状态，接通电源，电动机顺时为准，将刀具主轴旋转马达和自动爬行进给马达开启，空载运行 3~5min，使其液压回路运行畅通。

（　　）95. BC04 链条安装的松紧度以手锤轻击链条不下凹为宜。

（　　）96. BC04 切管机使用前必须试运转，确认转向正确。

（　　）97. BC04 切管机工作过程中刀具必须保持充足的冷却。

（　　）98. BC04 切管机工作过程中可以用金属条在刀具前插入管内探测介质深度。

（　　）99. BC04 切管机工作过程中不得用任何物件清除刀具前后金属屑，以免发生事故。

（　　）100. BC04 切管机使用过程中可以用手锤敲击操作手柄强行进退刀，进退机。

（　　）101. BC05 罗茨泵停机前应先关进、出口阀门。

（　　）102. BC05 罗茨泵密闭使用时，应在泵出口安装压力表。

（　　）103. BC05 首先对电动机进行正反转试运行检查和排油管的畅通检查，然后将等径规格的排油管分别连接在泵体出入口两端及排油管线的阀门快速接头上。同时预备好插入管和相应螺栓。

（　　）104. BC05 检查泵体出入口各阀门是否打开，检查各部位密封，及检查压力表是否灵活，并进行手动盘车。

（　　）105. BC05 渣浆泵连接前，确保进油管回路［快速接头（外）］连接至"IN"端口。回流管（快速接头（母））连接至相反的端口。请勿颠倒回路流动，否则可导致内油封损坏。

（　　）106. BC05 将 2 个 U 形螺栓安装在收油机的前部，它们用于存储时，悬挂收油机而达到保护轮鼓的作用。

（　　）107. BC05 检查动力机组液压油箱，通过玻璃液位观察柱观察，如果液压油面到了液位观察柱的最底部"Add"位置，就需要加注液压油，使液面达到"FULL"（满）的位置。

（　　）108. BC05 检查电瓶连接线是否连接，平常不使用时，为了减少放电，可将电源线断开。

（　　）109. BC05 启动收油机，通过调节控制阀控制轮鼓转速，当到看到水被油带上来，然后减慢轮鼓速度，直到很少的水被收集，然后固定收油机的速度进行溢油回收。

（　　）110. BC05 当油膜厚度变厚时，应相应地增加收油机运转速度。

（　　）111. BC05 通过调节液压控制阀来控制收油机轮鼓和收油泵的速度。

（　　）112. BC05 清洗设备时，必须穿戴防护服和手套。

（　　）113. BC05 收油机是由海洋防腐铝制造的，所以用热水清洗效果非常好，也可以使用溶剂清除表面的油污。

（　　）114. BC06 电焊机开始工作后，必须空载运行一段时间，调节焊接电流及极性开关，空载电压不得超过 80V、电流不得超过 120A。

（　　）115. BC06 氩气瓶内氩气不得用完，应保留 98～226kPa 氩气瓶应竖立、固定放置，不得倒放。

（　　）116. BC07 堵漏夹具使用前应测量管道的椭圆度，不大于 2%。

（　　）117. BC07 可燃气体检测仪，主要用于检测空气中的可燃气体，常见的如氢气（H_2）、甲烷（CH_4）、乙烷（C_2H_6）、丙烷（C_3H_8）、丁烷（C_4H_{10}）等。

（　　）118. BC07 空气中可燃气体浓度达到其爆炸下限值时，称这个场所可燃气环境爆炸危险度为百分之百，即 100%LEL。

（　　）119. BC07 如果可燃气体含量只达到其爆炸下限的 10%，称这个场所此时的可燃气环境爆炸危险度为 10%LEL。

（　　）120. BC07 可燃气体在空气中遇明火种爆炸的最高浓度，称为爆炸上限。

管道维修专业技术部分

（　　）121. BD01 腐蚀既有可能大面积减薄管道壁厚，从而导致过度变形或破裂；也有可能直接造成管道穿孔或应力腐蚀开裂，引发油气泄漏事故。

（　　）122. BD01 油气管道事故维修应在预防为主的前提下，贯彻统一指挥，分区负责，单位自救和社会救援相结合的原则。

（　　）123. BD01 打磨修复（以下简称打磨）是一种使用手工或机械方式，去除管道缺陷中包含的应力集中点、裂纹、变质的金属本体等，并与周边完好的表面形成过渡面的修复方法。

（　　）124. BD01 对于凹槽和沟槽，打磨之后的剩余壁厚应最多为公称壁厚的 50%。

（　　）125. BD01 在打磨前运行压力应降低至发现缺陷时压力的 80%，或近期记录最高压力的 80% 及以下。

（　　）126. BD01 打磨修复完成后，无须使用磁粉检测。

（　　）127. BD01 A 型套筒与 B 型套筒最大的区别是长度不同。

（　　）128. BD01 复合材料修复是一种使用玻璃纤维、碳纤维等非金属复合材料对管道缺陷进行维修的方法。

（　　）129. BD01 复合材料修复适用于管道、异型管件外部非泄漏缺陷的补强，不适用于裂纹、内腐蚀等缺陷，也不适用于易滑坡、洪水冲击等地质灾害频发区域。

管道抢修技术部分

（　　）130. BE02 若管道在常年流水的较大型河流穿越处发生泄漏事件，应使用围油栏进行拦堵。

（　　）131. BE02 泄漏油品进入水面较宽的河流后，应采用围油栏进行拦截收油工作。

（　　）132. BE02 围油栏种类一般有篱笆式和窗帘式，窗帘式围油栏又分为固体浮子、充气浮子和岸滩型围油栏。

（　　）133. BE02 利用水重油轻原理，设置倒置过水涵管，过水涵管数量应根据河水流量设置，一层不够时，可以考虑两层或三层设置。

（　　）134. BE02 迎水面坝体过水涵管设置木板或钢板，调解河水流量。

（　　）135. BE02 管道发生泄漏事件后，应立即与管道途经相关水域的河道管理部门取得联系，充分利用河道上的闸门，控制好水位，便于溢油回收。

（　　）136. BE03 抢修现场外围车辆无须安装防火帽。

（　　）137. BE04 管道腐蚀泄漏，可选用补板法进行抢修作业。

（　　）138. BE05 打孔盗油泄漏，可选用补板法进行抢修作业。

（　　）139. BE09 冬季管道冰堵发生是因为天气寒冷造成的。

油气管道维抢修作业安全管理与技术部分

（　　）140. BF01 长输管道抢修的特点和抢修现场的安全隐患，应从组织措施和技术措施两个方面来加强抢修现场的安全管理。

（　　）141. BF01 当泄漏点周围有水源时，要组织人员在水源的下游没有油品的地方，在水面上搭建围油栏，挡住油品顺水而下。

（　　）142. BF01 将抢修车辆和设备放置在上风口，尽可能离现场近一点。

（　　）143. BF01 操作坑与地面之间应有人行通道，通道应设置在动火点的上风向，其宽度不小于 1m，通道坡度不大于 30°。

（　　）144. BF01 土方开挖前要做好必要的水文、地质和地下隐蔽工程的资料收集与调查工作，确定是否有给排水、供热、供煤气管道以及电缆、光缆等。

（　　）145. BF01 抛土距坑边不得大于 0.8m，高度不得超过 2.5m。

（　　）146. BF01 在距路面高度基准面 2m 或 2m 以上的高处进行的作业即为高空作业。

三、简答题

第一部分　基础知识

管道识图部分

1. AB02 管线投影图的识读步骤是什么？

管道焊接相关知识部分

2. AD02 气焊切割时回火的原因可能是？

第二部分 专业知识

维抢修日常管理部分

3. BA01 PIS 系统信息填报内容主要包括?

4. BA03 简述设备的日常维护保养"十二字作业"法?

应急管理部分

5. BB01 输油管道事故的特点有哪些?

6. BB01 输油管道泄漏后果与影响因素?

7. BB01 完整的抢修事故应急预案包括哪几部分?

维抢修设备操作及维护保养部分

8. BC02 液压夹板阀如何打开?

9. BC02 液压夹板阀如何关闭?

10. BC05 水上收油机一般分为哪几种?

11. BC07 泵吸式与扩散式气检仪的区别?

管道维修专业技术部分

12. BD01 油气管道维修的类型可根据其性质、规模和工作量等分为哪几种?

13. BD01 补焊作业程序有哪些?

管道抢修技术部分

14. BE02 油品泄漏后,收油点应如何选择?

油气管道维抢修作业安全管理与技术部分

15. BF01 长输管道抢修过程中有哪些安全隐患?

16. BF01 日常的安全组织和管理工作包括哪些内容?

17. BF01 泄漏事故可引发的灾害性后果有哪些?

初级资质理论认证试题答案

一、单项选择题答案

1. D	2. C	3. D	4. A	5. D	6. D	7. C	8. C	9. A	10. C
11. A	12. B	13. B	14. B	15. C	16. D	17. A	18. C	19. D	20. D
21. B	22. A	23. A	24. B	25. D	26. D	27. A	28. B	29. C	30. C
31. C	32. A	33. B	34. A	35. D	36. A	37. C	38. D	39. B	40. C
41. C	42. B	43. A	44. D	45. C	46. A	47. A	48. A	49. D	50. C

51. D　52. A　53. B　54. B　55. B　56. D　57. B

二、判断题答案

1. √　2. √　3. ×在国际单位制中，质量的主单位是千克，体积的主单位是立方米（m^3），于是取 $1m^3$ 物质的质量作为物质的密度。　4. √　5. ×1工程大气压＝98.0665千帕（kPa）。

6. √　7. ×粗实线：主要管线、图框线。　8. √　9. ×同心大小头的单线图，同心大小头画成等腰梯形和等腰三角形，这两种表示形式意义相同。　10. √

11. √　12. ×长输管道按管道分级方法可分为 GA1 级、GA2 级。　13. √　14. √

15. √　16. √　17. 红丹防诱漆的防锈性能较好，但不能作面漆，只能作底漆。　18. √

19. √　20. ×输送高凝点、高黏度和高含蜡原油，则需要采用加热输送。

21. √　22. √　23. √　24. √　25. ×原油又称石油，是一种黏稠的、深褐色液体。

26. √　27. √　28. √　29. √　30. ×汽油的沸点范围为 30～205℃，密度为 0.70～0.78g/cm^3。

31. ×商品柴油按凝固点分级，如 10，0，-10 和 -20 等，表示适用的环境温度。

32. √　33. ×天然气的爆炸极限（体积分数）：5%～15%。　34. √　35. √　36. √　37. ×埋弧焊是以连续送时的焊丝作为电极和填充金属。　38. √　39. ×气焊设备简单使操作方便，但气焊加热速度及生产率较低，热影响区较大，且容易引起较大的变形。　40. ×切割氧气压力太大，容易形成氧气浪费，切口表面粗糙，切口加大。

41. √　42. ×预热火焰能率的选择和板材厚度有关，厚度越大，预热火焰能率越大。

43. √　44. √　45. √　46. √　47. √　48. ×RT 和 UT 主要用于探测试件内部缺陷，MT 和 PT 主要用于探测试件表面缺陷。　49. √　50. ×ICDA 是内腐蚀直接评估的简称。

51. √　52. √　53. ×PIS 系统需适时更新。　54. √　55. √　56. √　57. √　58. √

59. √　60. √

61. √　62. ×油品净泄漏量等于总泄漏量与回收泄漏量之差。　63. √　64. ×输气管道事故划分标准与管道本身的特性（如直径、壁厚等）有关。　65. ×天然气云的大小主要与泄漏速率有关，而不是泄漏的总量。　66. √　67. ×管道穿孔或较小裂纹引起的少量油气泄漏事故为 B 类事故。　68. √　69. ×维抢修工程师应每季度至少组织开展一次站队级应急预案演练。　70. ×应急预案演练可以采用桌面、实战以及与地方政府协同等形式。

71. ×一般情况下，每 3 年对预案至少进行一次修订。　72. ×每月应对润滑部位进行一次油脂润滑，保持机械的润滑状态。　73. ×发电机对点火延时、油门高度等应及时进行调整。　74. √　75. ×开液压夹板阀前必须将连通阀慢慢打开，使闸板两侧压力平衡后闸板才可以打开，如果压力不均等时打开闸板，会损坏"O"形密封圈或把它们挤出原来的位置。

76. √　77. √　78. √　79. √　80. ×开孔过程中不允许开反车，如遇刀具卡阻，应立即停车将手柄扳至空挡处，稍稍提刀，排除故障后立可继续开孔。

81. √　82. √　83. √　84. ×封堵缸的触头与活塞杆相连，必须将触头垫起与主轴平行。　85. ×封堵缸用完后，必须将缸体、密封板、密封套三者用螺栓紧固在一起。

86. √　87. √　88. ×不允许在没有支撑情况下，将带封堵头的控制杆伸出套筒。　89. √

90. √

91. √　92. ×切管机刀口要避开管线环型焊口 500mm 距离以上，且管线表面应清理，无阻碍物。 93. √ 94. √ 95. √ 96. √ 97. √ 98. ×切管机工作过程中不得用金属条在刀具前插入管内探测介质深度。 99. √ 100. ×切管机使用过程中不得用手锤敲击操作手柄强行进退刀，进退机。

101. ×停机前不应先关进、出口阀门，否则可能损坏设备。 102. √ 103. √ 104. √ 105. √ 106. √ 107. √ 108. √ 109. √ 110. ×当油膜厚度变厚时，应相应地降低收油机运转速度。

111. √ 112. √ 113. √ 114. √ 115. √ 116. √ 117. √ 118. √ 119. √ 120. √

121. √ 122. √ 123. √ 124. ×对于凹槽和沟槽，打磨之后的剩余壁厚应至少为公称壁厚后的90%。 125. √ 126. ×打磨修复完成后，必须对打磨后的位置进行渗透检测或磁粉探伤，确保表面应无裂纹和其他缺陷。 127. ×B型套筒的两个端部均以角焊的方式与输送管道连接。 128. √ 129. √ 130. √

131. √ 132. √ 133. √ 134. √ 135. √ 136. ×所有车辆内燃机必须戴防火帽 137. √ 138. ×需选用扣管帽方式修复。 139. ×冬季冰堵主要是因为环境温度低，加上天然气温降和天然气中含水所造成，特别是在夜间用气量极小，调压阀开度小或者关闭时积水情况下。 140. √

141. √ 142. ×将抢修车辆和设备放置在上风口，在有利于抢修方便的前提下，尽可能离现场远一点。 143. √ 144. √ 145. ×抛土距坑边不得少于0.8m，高度不得超过1.5m。 146. √

三、简答题答案

1. AB02 管线投影图的识读步骤是什么？

答：①看视图、想形状；②对线条、找关系；③合起来、看整体。

评分标准：答对①③各占30%，答对②占40%。

2. AD02 气焊切割时回火的原因可能是？

答：①在切割时候铁渣崩到割嘴上，堵住了混合氧或者切割氧气通道；②氧气或者乙炔开得太大，火焰收得太狠；③切割时候割嘴距离板材太近，切割氧开得太大；④割嘴不严实，漏气。

评分标准：答对①~④各占25%。

3. BA01 PIS 系统信息填报内容主要包括？

答：①维抢修人员信息；②维抢修设备信息；③维抢修依托资源；④应急储备物资；⑤应急演练计划；⑥应急预案演练及后评价；⑦应急预案；⑧抢修记录。

评分标准：答对①~⑥各占10%，答对⑦⑧各占20%。

4. BA03 简述设备的日常维护保养"十二字作业"法？

答：①清洁：设备的内外要清洁，各润滑面等处无油污，无碰伤，各部位不漏油，不漏水，不漏汽（气），切屑、灰尘等打扫干净；②润滑：设备的润滑面、润滑点按时加油、换油，油质符合要求，油壶、油杯、油枪齐全，油窗、油标醒目，油路畅通；③调整：设备各运动部位、配合部位经常调整，使设备各零件、部位之间配合合理，不松不旷，符合设备原来规定的配合精度和安装标准；④紧固：设备中需要紧固连接的部位，经常进行检查，发现松动，及时拧紧，确保设备安全运行；⑤防腐：设备外部及内部与各种化学介质接触的部位，应经常进行防腐处理，如除锈、喷漆等，以提高设备的抗腐蚀能力，提高设备的使用寿命；⑥密封：加强设备密封管理和维护，及时处理和减少设备的"跑、冒、滴、漏"，降低消耗，减少污染，实现文明生产。

评分标准：答对①～④各占20%，答对⑤⑥各占10%。

5. BB01 输油管道事故的特点有哪些？

答：①管道开裂引起油品泄漏事故；②凝管事故；③设备故障；④油罐区事故。

评分标准：答对①～④各占25%。

6. BB01 输油管道泄漏后果与影响因素？

答：①油品泄漏量及扩散条件；②管道周边的人口密度；③管道所输介质的危险性；④油品净泄漏量。

评分标准：答对①～④各占25%。

7. BB01 完整的抢修事故应急预案包括哪几部分？

答：①事故类型与危害分析；②适用范围与事件分级；③组织机构及其职责；④应急响应；⑤应急保障；⑥附则。

评分标准：答对①～④各占20%，答对⑤⑥各占10%。

8. BC02 液压夹板阀如何打开？

答：①用六角扳手逆时针旋转连通阀，慢慢打开连通阀，从腔体中放出空气来平衡夹板阀闸板两边的压力；②通过液压站使闸板打开；为了搞清楚阀门是否完全打开，要计算阀杆的行程。

评分标准：答对①②各占50%。

9. BC02 液压夹板阀如何关闭？

答：①顺时针旋转连通阀，关闭连通阀；②通过液压站使关闭闸板；为了保证阀门能够完全关闭，要计算阀杆的行程，与开阀的行程一致。

评分标准：答对①②各占50%。

10. BC05 水上收油机一般分为哪几种？

答：①轮鼓式；②毛刷式；③蝶式；④绳式。

评分标准：答对①～④各占25%。

11. BC07 泵吸式与扩散式气检仪的区别？

答：①泵吸式气体检测仪是仪器配置了一个小型气泵，其工作方式是电源带动气泵对待测区域的气体进行抽气采样，然后将样气送入仪表进行检测；②泵吸式气体检测仪的特点是检测速度快，对现存危险的区域可进行远距离测量，维护人员安全；③扩散式气体检测仪是被检测区域的气体随着空气的自由流动缓慢的将样气流入仪表进行检测，这种方式受检测环境的影响，如环境温度、风速等；④扩散式气体检测仪特点是成本低。

评分标准：答对①～④各占25%。

12. BD01 油气管道维修的类型可根据其性质、规模和工作量等分为哪几种？

答：①维护保养及日常检查，是指每天或每周进行的设备维护检查、润滑、清洁、调整、紧固等活动，这种活动能防止设备的劣化，推迟劣化速度，延长设备的寿命。②管道巡线，是指在管道输送过程中与停输期间对管道进行巡视和检查，以发现运行中出现的问题、自然灾害等，并进行先期应急处置和及时报告。③状态检测评估。定期对管道和设备进行专项检测与分析评估，指导制定相应的维修计划。④故障分析诊断。对管道和设备已出现的故障进行分析和诊断，以确定故障种类、故障点和故障原因。⑤应急抢修。对事故、自然灾害或其他突发事件造成管道破坏等应急处置与维修，可分为临时处置和永久性恢复两类措施。⑥维修。为完善管道和设备技术性能所进行的修理作业，包括根据设备日常维护、点检发现设备的缺陷而进行的更换或小修，以及根据管道及设备故障，情况进行的大修。⑦配套工程施工，是指进行线路阀室、穿跨越结构、水工保护以及站场输油设施等土建配套施工工作。

评分标准：答对①~⑥占15%，答对⑦占10%。

13. BD01 补焊作业程序有哪些？

答：①在沿需修复缺陷的外延焊接一圈，确定焊缝的边界。初始边界焊缝规定了后续焊接不允许超过的周界。②在圈内以直焊道熔敷第一层，使用焊接工艺规程规定的较小的热输入。以防止熔穿。③第一层焊接完成后，在初始边界焊道上进行打磨，是焊脚距边界焊道焊趾距离为1~2mm。④在进行第二层熔敷填充焊接前，先进行第二层边界焊缝的焊接。第二层以及以后熔敷时可以使用较大的热输入，确保回火效果。⑤持续堆焊到预定的维修厚度。⑥打磨补焊区域最外沿焊道与管道本体保持平滑过渡，打磨深度不允许低于母材。⑦补焊后应按照相关标准规范的要求对焊缝进行磁粉检测或超声波检测，表面应无裂纹、气孔、夹渣等焊接缺陷。

评分标准：答对①~⑥占15%，答对⑦占10%。

14. BE02 油品泄漏后，收油点应如何选择？

答：①收油设备、人员便于快速到达，首先优先选择预案中的已经确定的拦截点；②其次考虑与公路的距离、选择能快速构筑现场作业条件的有利地点；③再次选择水流较平缓，油品不易逃逸的河段，兼顾人员较少相对安全等因素。

评分标准：答对①占40%，答对②③占30%。

15. BF01 长输管道抢修过程中有哪些安全隐患？

答：①环境污染隐患：长输管道的工作压力较大，管道一旦发生泄漏，都必然造成油品的大量外泄，严重污染周围的环境；②火灾事故隐患：由于原油、成品油具有易燃、易爆、易蒸发的特点，而抢修现场或多或少都有油品，如果不采取必要的安全措施，或者安全措施不到位、不细致、不周密，极有可能引发火灾事故；③爆炸事故隐患：在阀室、涵洞内的现场抢修，由于这些地方空间较小，通风效果不好，油气聚焦较多，如果安全措施稍不周全就会发生爆炸事故；④窒息事故隐患：由于油品易蒸发，其蒸气有毒，如果不采取必要的安全防范措施，有可能造成人员中毒，甚至发生窒死亡事故；⑤管道受损隐患：在抢修过程中，常常会使用一些施工机械，在使用机械作业的过程中，如果疏忽大意，就有可能造成管道受损。

评分标准：答对①~⑤各占20%。

16. BF01 日常的安全组织和管理工作包括哪些内容？

答：①安全工作法制化和规范化；②做好工伤事故的登记、调查、统计，针对事故发生的原因，总结教训，并提出预防事故重复发生的具体措施；③做好安全检查，及时发现不安全因素，消除事故隐患，防患于未然；④加强安全教育，提高安全意识，普及安全技术知识。

评分标准：答对①～④各占 25%。

17. BF01 泄漏事故可引发的灾害性后果有哪些？

答：①物理爆炸：泄漏事故发生后，在承压设备上必然存在着泄漏通道，在泄漏通道内的区域内一定存在着裂纹、缝隙、孔洞及壁厚减薄等缺陷。这些缺陷的存在和扩张会逐渐地降低泄漏设备的承压能力，当这个承压能力低于泄漏介质的压力时，泄漏设备就会发生物理性爆炸事故。②化学爆炸：易燃、易爆介质泄漏后，在事故现场会形成燃爆性混合气体。当这种气体的浓度高于其爆炸下限，低于其爆炸上限数值时，只要遇到很小的点火能量，就可引发化学爆炸事故。③中毒：带压堵漏作业人员接触到有毒泄漏介质后，会与人体组织发生化学作用，并在一定条件下破坏人体的正常生理机能。④噪声：泄漏噪声的强弱取决于泄漏介质压力和泄漏流量，100dB 以上就会造成相当数量作业人员的噪声性耳聋。⑤烫伤：高温的泄漏介质和泄漏缺陷表面会使作业人的皮肤组织受损、细胞死亡，引起血液流失；皮肤的抗菌作用消失，引起伤口感染，严重时可导致伤者休克。⑥高速射流：高速泄漏的流体具有很高的功能，如果泄耐介质直接喷射或泄漏介质夹带颗粒状物质作用到作业人员身体表面，则会造成打击伤害。

评分标准：答对①～④各占 15%，答对⑤⑥各占 20%。

初级资质工作任务认证

初级资质工作任务认证要素明细表

模块	代码	工作任务	认证要点	认证形式
一、维抢修日常管理	W-WQ-01-C01	管理平台查询与使用	正确登陆并使用管理平台	系统操作
	W-WQ-01-C02	收集管辖范围管道概况	管道信息收集	现场问答
二、应急管理	W-WQ-02-C01	应急预案	输油管道泄漏处置	步骤描述
三、维抢修设备操作及维护保养	W-WQ-03-C01	发电、照明类设备管理	发电机启停操作	技能操作
	W-WQ-03-C02	高压封堵类设备管理	液压夹板阀操作与保养	技能操作
	W-WQ-03-C03	低压封堵类设备管理	手动夹板阀操作与保养	技能操作
	W-WQ-03-C04	切管类设备管理	电动切管机安装与保养	技能操作
	W-WQ-03-C05	收油类设备管理	罗茨泵操作与保养	技能操作
	W-WQ-03-C07	其他抢修类设备管理	可燃气体检测仪操作	技能操作
四、管道维修专业技术	W-WQ-04-C01	管道事故类型与维修特点	抢险救援工作要点	步骤描述
五、管道抢修技术	W-WQ-05-C03	陆地油品回收	陆地泄漏处置程序	步骤描述
六、油气管道维抢修作业安全管理与技术	W-WQ-06-C02	油气管道维抢修安全技术	手动工具操作安全技术	步骤描述

初级资质工作任务认证试题

一、W-WQ-01-C01 管理平台查询与使用——正确登陆并使用管理平台

1. 考核时间：15min。
2. 考核方式：系统操作。
3. 考核评分表。
准备要求。
设备准备：

序号	名称	规格	数量	备注
1	可连接内部网络电脑		1台	

考生姓名：_____   单位：_____

序号	工作步骤	工作标准	配分	评分标准	扣分	得分	考核结果
1	登陆 PIS 系统	网址输入正确 http：//pis.petrochina；密码输入正确	30	网址输入错误扣 10 分；账号密码输入错误扣 20 分			
2	更新 1 名人员信息	(1) 进入应急组织机构和人员信息管理； (2) 输入姓名、所属机构、职务、办公电话、手机	20	进入类别错误扣 10 分；输入信息错误每项扣 2 分			
3	更新 1 台设备信息	(1) 进入维抢修设备信息管理； (2) 输入设备类别、设备名称、设备型号、设备数量、启用日期、原值、生产厂家、主要技术指标、存放地点、设备照片	50	(1) 进入类别错误扣 10 分； (2) 输入信息错误每项扣 4 分			
	合计		100				

考评员   年   月   日

注：所有操作均为模拟操作，无须保存上报。

二、W-WQ-01-C02 收集管辖范围管道概况——管道信息收集

1. 考核时间：15min。
2. 考核方式：现场问答。
3. 考核评分表。

考生姓名：_____   单位：_____

序号	工作步骤	工作标准	配分	评分标准	扣分	得分	考核结果
1	管道概括描述	描述管辖范围中某一条管道基本概况，主要包括：管道名称、长度、管径、管道材质、设计压力、管道壁厚、管道走向、重点站场、阀室、主要的穿跨越以及周边主要水系等	100	错项漏项每项扣 10 分			
	合计		100				

考评员   年   月   日

评分示例：马惠线始建于 1979 年 (10 分)，自曲子输油站至惠安堡输油站由南向北全长 164km (10 分)；管径为 φ325mm×7mm (20 分)，主要管材为 A3F，后续更换管段多为 L360 (10 分)；设计年输量 350×10⁴t (10 分)；沿线共有 3 座热泵站，即曲子热泵站、洪德热泵

站、山城热泵站；有1座计量站，即惠安堡计量站；有2座加热站，即十八里站、甜水站；有7座阴保站，即曲子阴保站、殷家桥阴保站、十八里阴保站、洪德阴保站、山城阴保站、甜水阴保站、惠安堡阴保站（10分）；有7座阀室，即扬旗跨越南阀室、扬旗跨越北阀室、玄城沟阀室、杏儿铺沟阀室、赵家沟阀室、折腰沟南阀室、折腰沟北阀室（10分）；全线主要跨越7处主要形式为悬索跨越，即杨旗跨越、玄城沟跨越、杏铺沟跨越、赵家沟跨越（拱跨）、赵家北沟跨越、折腰沟跨越、关祭台跨越，其中折腰沟跨越为最长跨越，跨距278m，同时也是全线最高点；输油管道主要伴行211国道以及环江水系，环江水系流经泾河进入渭河，最后进入黄河（20分）。

三、W-WQ-03-C01 应急预案——输油管道泄漏处置

1. 考核时间：15min。
2. 考核方式：步骤描述。
3. 考核评分表。

考生姓名：_____　　　　　　　　　　单位：_____

序号	工作步骤	工作标准	配分	评分标准	扣分	得分	考核结果
1	根据泄漏量选择合适的处置方式	（1）局部腐蚀形成的针孔渗漏量很小，可使用焊接封头等处置方式进行处理；（2）因管子开裂、机械损伤导致的裂口会大量漏油，此时，需及时挖集油坑，铺防渗布，将泄漏油品引入集油坑内，对油品及时清理；（3）若油品污染水面，需立即在河流下游设置多道围油栏，同时使用吸油毡等对油品进行吸附清理	60	漏做或做错一项扣20分			
2	根据泄漏点周边的人口密度选择合适处置方式	（1）泄漏事故后果的严重程度与当地人口状况有关，若事故发生在荒无人烟地区则后果轻微；人口越密集，事故后果危害性越高；（2）如在人口密集地区抢修需加强人员警戒，避免发生人员伤害	40	漏做或做错一项扣20分			
合计			100				

考评员　　　　　　　　　　　　　　　　　　　　　年　月　日

四、W-WQ-03-C01 发电、照明类设备管理——发电机启停操作

1. 考核时间：30min。
2. 考核方式：技能操作。
3. 考核评分表。

考生姓名：_____　　　　　　　　　　单位：_____

序号	工作步骤	工作标准	配分	评分标准	扣分	得分	考核结果
1	发电机启动前检查	(1)开关/钥匙开关关掉； (2)检查发电机机油的水平； (3)检查发动机冷却水的水平； (4)检查燃料水平； (5)检查发电机冷却风扇与充电机皮带的松紧； (6)检查所有软管，是否有接合处松脱或磨损； (7)检查电池电极有无腐蚀； (8)检查电池液水平； (9)检查控制屏和发电机上是否有大量灰尘堆积； (10)确保交流发电机输出电路开关处在关(Off)的状态	50	漏做或做错一项扣5分			
2	发电机启停	(1)检查电瓶电压：把钥匙从"O"(Off)位转到"I"(On)位，检查电瓶电压表，电压是否正常。然后把钥匙转回"O"位； (2)启动发电机； (3)检查是否有异常； (4)检查是否有泄漏，排烟颜色是否正常； (5)空载运转3min后，运行稳定带负载； (6)开启电路开关"On"(柄向上)供电； (7)关闭发电机：先把发电机输出断路开关扳下"Off"(柄向下)，让发电机在无负载情况下运转3~5min以便冷却。然后把钥匙转到"O"(Off)位停机	50	步骤(1).(6).(7)漏做或做错一项扣10分； 步骤(2).(3).(4).(5)漏做或做错一项扣5分			
	合计		100				

考评员　　　　　　　　　　　　　　　　　　　　年　　月　　日

五、W-WQ-03-C02 高压封堵类设备管理——液压夹板阀操作与保养

1. 考核时间：60min。
2. 考核方式：技能操作。
3. 考核评分表。

考生姓名：_____   单位：_____

序号	工作步骤	工作标准	配分	评分标准	扣分	得分	考核结果
1	液压夹板阀吊装	阀上还有4个吊环,用同样长度的4根钢丝绳吊起夹板阀;密封圈与石棉垫放置;夹板阀紧固时要采取对角紧固的方法	30	(1)液压夹板阀水平吊装错误扣10分; (2)密封圈或石棉垫正确放置10分,未放置或放偏不得分;夹板阀螺栓对角紧固10分,未紧固或紧偏不得分			
2	液压夹板阀开关	(1)打开阀门: ①用六角扳手逆时针旋转连通阀,慢慢打开连通阀,从腔体中放出空气来平衡夹板阀闸板两边的压力; ②通过液压站使闸板打开;为了搞清楚阀门是否完全打开,要计算阀杆的行程。 (2)关闭阀门: ①顺时针旋转连通阀,关闭连通阀; ②通过液压站使关闭闸板;为了保证阀门能够完全关闭,要计算阀杆的行程,与开阀的行程一致	40	夹板阀未正确开启扣20分;夹板阀未正确关闭扣20分			
3	液压夹板阀保养	(1)夹板阀每使用一次都要清理一遍,闸板结合面及"O"形密封圈要仔细清理干净,涂上防锈剂;如果"O"形密封圈膨胀,或过软,或过硬,都要进行更换,新的密封圈要检查是否有裂口、缺陷; (2)检查螺栓、螺帽有无损害,如有必要可以用套筒扳手将槽形螺母拧得更紧些; (3)阀杆要保持清洁,经常加机油进行润滑; (4)如果连通阀漏油,需检查"O"形密封圈和连通阀锥体密封面有无损坏,如有损坏要及时更换	30	(1)前两项操作错误各扣10分; (2)后两项操作错误各扣5分			
	合计		100				

考评员   年   月   日

六、W-WQ-03-C03 低压封堵类设备管理——手动夹板阀操作与保养

1. 考核时间:60min。

2. 考核方式:技能操作。

3. 考核评分表。

考生姓名：_____   单位：_____

序号	工作步骤	工作标准	配分	评分标准	扣分	得分	考核结果
1	手动夹板阀吊装	阀上还有 4 个吊环，用同样长度的 4 根钢丝绳吊起夹板阀；密封圈与石棉垫放置；夹板阀紧固时要采取对角紧固的方法	30	（1）手动夹板阀水平吊装 10 分； （2）密封圈或石棉垫正确放置 10 分，未放置或放偏不得分； （3）夹板阀螺栓对角紧固 10 分，未紧固或紧偏不得分			
2	液压夹板阀开关	打开阀门： （1）用六角扳手逆时针旋转连通阀，慢慢打开连通阀，从腔体中放出空气来平衡夹板阀闸板两边的压力； （2）旋转手柄，通过阀杆的旋转移动使闸板打开；为了搞清楚阀门是否完全打开，要计算阀杆的行程。 关闭阀门： （1）顺时针旋转连通阀，关闭连通阀； （2）相反方向旋转手柄，通过阀杆旋转关闭闸板；为了保证阀门能够完全关闭，要计算阀杆的行程，与开阀的行程一致	40	夹板阀未正确开启及关闭各扣 20 分			
3	液压夹板阀保养	（1）夹板阀每使用一次都要清理一遍，闸板结合面及"O"形密封圈要仔细清理干净，涂上防锈剂；如果"O"形密封圈膨胀，或过软，或过硬，都要进行更换，新的密封圈要检查是否有裂口，缺陷； （2）检查螺栓、螺帽有无损害，如有必要可以用套筒扳手将槽形螺母拧得更紧些； （3）如果连通阀漏油，需检查"O"形密封圈和连通阀锥体密封面有无损坏，如有损坏要及时更换	30	（1）未正确进行密封圈、螺栓螺母的检查保养各扣 10 分； （2）未正确进行阀杆保养、连通阀检查保养各扣 5 分			
合计			100				

考评员   年   月   日

七、W-WQ-03-C04 切管类设备管理——电动切管机安装与保养

1. 考核时间：60min。

2. 考核方式：技能操作。

3. 考核评分表。

准备要求。

设备准备：

序号	名称	规格	数量	备注
1	电动切管机		1台	
2	φ529mm 或 φ720mm 管道		至少5m并固定	

考生姓名：_____　　　　　　　　　　　　　　单位：_____

序号	工作步骤	工作标准	配分	评分标准	扣分	得分	考核结果
1	电动切管机安装	(1)先把被切管支撑牢固； (2)管子周围障碍物距管外皮最小距离为450mm； (3)根据切管径大小，调整支撑耳套的位置，侧板两侧数字表示被切管直径； (4)链条节数与管径相吻合； (5)清理被切管道表面； (6)刀具选择：不同材质的管子需选择不同的刀具，切割铸铁管子是宜选用硬质合金铣刀；切割碳钢、低合金钢管时宜选用高速钢铣刀； (7)转动张紧丝杠，带动可移动链轮，张紧两侧链条； (8)安装切管机时应不少于两人操作，链条在没有紧固之前应由专人固定位置，防止坠落或滑动； (9)链条安装的松紧度以手锤轻击链条不下凹为宜； (10)切管机使用前必须试运转，确认转向正确	50	漏做或做错一项扣5分			
2	电动切管机操作	(1)接通电源，使铣刀逆时针旋转(人站在铣刀一侧，面向铣刀)； (2)松开锁紧螺母，转动进刀手柄，使刀具切入管臂并切透； (3)拨动手柄，使离合器啮合，行走(进给)开始。用高速钢铣刀切削时，必须用肥皂水冷却铣刀； (4)在切割过程中如遇停机时，先将电源切断，离合器脱开，退出刀具； (5)切割完成后，将刀具旋至最高位置	25	漏做或做错一项扣5分			
3	电动切管机保养	(1)设备清洁无锈蚀；刀架导柱、进刀螺杆、链条拉紧螺杆无锈蚀； (2)零配件、操作工具齐全； (3)将要使用的刀具锋利； (4)电动机试运完好； (5)链条、链轮爬轮处要清洁、润滑	25	漏做或做错一项扣5分			
		合计	100				

考评员　　　　　　　　　　　　　　　　　　　　　　　　　　年　　月　　日

八、W-WQ-03-C05 收油类设备管理——罗茨泵操作与保养

1. 考核时间：60min。

2. 考核方式：技能操作。

3. 考核评分表。

准备要求。

设备准备：

序号	名称	规格	数量	备注
1	罗茨泵		1 台	
2	排油管		至少 2 根	

考生姓名：_____　　　　　　　　　　　　单位：_____

序号	工作步骤	工作标准	配分	评分标准	扣分	得分	考核结果
1	罗茨泵安装	(1)泵的安装位置尽可能靠近液面，高差不得大于吸入高度； (2)使用前应检查过滤器及各部件密封是否泄漏，调运正常后方可使用； (3)启动前应全开吸入和排出管路中的阀门，严禁闭阀启动； (4)停机前不应先关进、出口阀门，否则可能损坏设备； (5)密闭使用时，应在泵出口安装压力表	25	漏做或做错一项扣 5 分			
2	罗茨泵操作	(1)首先对电动机进行正反转试运行检查和排油管的畅通检查，然后将等径规格的排油管分别连接在泵体出入口两端及排油管线的阀门快速接头上。同时预备好插入管和相应螺栓； (2)检查泵体出入口各阀门是否打开，检查各部位密封，及检查压力表是否灵活，并进行手动盘车； (3)先行启动罗茨泵，然后逐渐打开被排油管线阀门。压力不准超过 0.6MPa； (4)当排油压力为零时，首先关闭排油管线上的阀门，拆下排油管线阀门端的快速接头，接上法兰接头的插入管，进行管内无压情况下的原油排油操作； (5)排油操作过程中，如需间断时，应先关闭管线控制阀，后停泵；再操作时应先开泵，后开控制阀	50	漏做或做错一项扣 10 分			
3	罗茨泵保养	(1)当罗茨泵停止工作后，要对过滤器、阀门、排油管进行通透和清洁处理，然后关闭阀门，并将排油管盘好，按位停放于库内； (2)罗茨泵使用后，要及时加注润滑油、检查各配件情况； (3)一个月以上不使用时，应定期清洁，并对电机进行试运行	25	漏做或做错第（1）、（2）项各扣 10 分；漏做或做错第（3）项扣 5 分			
	合计		100				

考评员　　　　　　　　　　　　　　　　　　　　　　　年　　月　　日

九、W-WQ-03-C07 其他抢修类设备管理——可燃气体检测仪操作

1. 考核时间：15min。
2. 考核方式：技能操作。
3. 考核评分表。

准备要求。

设备准备：

序号	名称	规格	数量	备注
1	可燃气体检测仪		1台	

考生姓名：_____　　　　　　　　　单位：_____

序号	工作步骤	工作标准	配分	评分标准	扣分	得分	考核结果
1	可燃气体检测仪使用前检查	(1)检查检测仪是否有检验合格证，是否在有效期内； (2)检查检测仪吸气导管有无堵塞，损坏等	30	漏做或做错一项扣15分			
2	可燃气体检测仪操作	(1)将转换开关由OFF转至(BATT)挡位置； (2)检查电池电压； (3)电压不足，应及时更换电池； (4)将转换开关由BATT挡转至(L)挡位置，检测仪显示屏指针在"0"位； (5)如指针偏差于"0"时，将"零"调节旋钮缓转，进行调节，调节至"0"为止； (6)先将转换开关转至(L)挡或(H)挡将吸入管靠近所要检测地点来测量；在检测气体时，如果开关在(H)挡，如指针指示在10%LEL以下时，当即转换到(L)挡，以便读到更精确的数值； (7)检测完成后，将吸入管离开检测点，在干净的空气里等指针回零后，关闭电源	70	漏做或做错一项扣10分			
	合计		100				

考评员　　　　　　　　　　　　　　　　　　　　　　年　　月　　日

十、W-WQ-04-C01 管道事故类型与维修方法——抢险救援工作要点

1. 考核时间：15min。
2. 考核方式：步骤描述。
3. 考核评分表。

考生姓名：_____　　　　　　　　　　　　　　　单位：_____

序号	工作步骤	工作标准	配分	评分标准	扣分	得分	考核结果
1	人员救治	(1)立即组织营救受害人员，组织撤离或者采取其他措施保护危害区域内的其他人员； (2)抢救和保护管道重大事故周围受害人员是管道事故应急救援的首要任务，在应急救援行动中，快速、有序、有效的实施，现场急救与安全转送伤员是降低伤亡率、减少事故损失的关键； (3)应指导群众防护，组织群众撤离，由于油气管道重大事故发生突然，扩散迅速，涉及范围广，危害大，应及时指导组织群众采取各种措施进行自身防护，并迅速撤离出危险区域或可能受到危害的区域	30	答错一项扣10分			
2	切断危险源	(1)迅速控制危险源，并对事故造成的危害进行检验、检测，测定事故的危害区域、危害性质及危害程度； (2)及时控制造成事故的危险源是应急救援工作的重要任务，只有及时控制住危险源，防止事故的继续发展，才能及时有效地进行救援； (3)特别对城市或人口密集地区的油品泄漏事故，应尽快控制事故继续扩展	30	答错一项扣10分			
3	现场清理	(1)做好现场清洁，消除危害后果； (2)对事故外溢油品，应及时回收处理，消除危害后果，防止环境污染，并对已造成的污染进行检测和处置	20	答错一项扣10分			
4	事故调查	(1)查清事故原因，评估危害程度； (2)事故发生后，应及时调查事故发生的原因和事故性质，评估出事故的危害范围和危险程度，查明人员伤亡情况，做好事故调查并编写事故处理报告	20	答错一项扣10分			
	合计		100				

考评员　　　　　　　　　　　　　　　　　　　　　　　　　年　　月　　日

十一、W-WQ-05-C03 陆地油品回收——陆地泄漏处置程序

1. 考核时间：15min。

2. 考核方式：步骤描述。

3. 考核评分表。

考生姓名：_____   单位：_____

序号	工作步骤	工作标准	配分	评分标准	扣分	得分	考核结果
1	描述陆地泄漏的处置程序	（1）采取围堰、挖集油坑等限制措施控制油品漫流，重点防范油品流入河流、水源地等区域； （2）泄漏处位于公路、铁路段等，并可能导致交通中断时，采取措施控制油品漫流； （3）油品泄漏位处于村庄时，疏散群众、增强烟火管制。同时采取措施控制油品漫流； （4）站场内管线和储油罐油品泄漏，及时进行流程切换并采取措施控制油品漫流； （5）对泄漏点进行处理，切断泄漏源	100	漏答或答错一项扣20分			
	合计		100				

考评员   年   月   日

十二、W-WQ-06-C01 抢修现场作业安全管理——手动、电动工具操作安全技术

1. 考核时间：15min。
2. 考核方式：步骤描述。
3. 考核评分表。

考生姓名：_____   单位：_____

序号	工作步骤	工作标准	配分	评分标准	扣分	得分	考核结果
1	手动工具使用	（1）使用前必须检查工具是否有损坏，不应使用不安全的工具； 保持工具清洁，尤其是工具的手握部分，以免工作时滑手摔出； （2）以正确姿势及手法使用工具，使用时姿势应用力平稳最为安全，切勿过分用力； （3）使用锋利工具时，切勿将刀锋或尖锐部分指向别人，不使用时，应用防护物将刀锋或尖锐部位包上以做保护	30	答错一项扣10分			
2	电动工具使用	（1）手持电动工具应设专人负责保管，保管者必须具备一定关于手持电动工具的安全技术知识，保管者必须对电动工具进行认真的维护和定期检查修理。 （2）手持电动工具的电源接线必须正确，各部分绝缘良好，一定要可靠地保护接零或保护接地，并必须装漏电保护开关。 （3）在要求手持电动工具的工作电压较大，工作场地又不十分安全时，应采用双绝缘的手持电动工具。手持电动工具的安全防护罩必须安全可靠，工作部件必须安装正确，夹持或固定牢固	70	漏答或答错一项扣10分			

序号	工作步骤	工作标准	配分	评分标准	扣分	得分	考核结果
2	电动工具使用	(4)使用手持电动工具时，操作者握持要稳，用力均匀，不得用力过猛或加力过大；如果转速减小，应立即减小压力，放慢推进速度；如果突然停钻，必须立即断电，并拔下电源插头后进行检查修理。 (5)手持电动工具搬动时，不准用电缆拖拉电动工具，操作时也不能猛拉电缆以免断裂破损或拉下插座。 (6)在电动工具运行时，绝对不允许更换或检修。在需要调换刀具、皮带等工作部件时应拔下电源插头，确认无电时方可操作。 (7)对手持电动工具必须进行定期安全检查	70	漏答或答错一项扣10分			
合计			100				

中级资质理论认证

中级资质理论认证要素细目表

行为领域	代码	认证范围	编号	认证要点
基础知识 A	A	常用计算公式、专业术语及计量单位换算	01	常用计算公式及概念
			02	常用计量单位之间的换算
	B	管道识图	01	符号及图例
			02	管道单线图的识图
			03	输油气站场工艺流程图
	C	管道与油品知识	01	管道的分类与分级
			02	油气管道的组成及其特点
			03	原油知识
			04	成品油知识
			05	天然气知识
			06	氮气知识
			07	液压油知识
			08	润滑油知识
	D	管道焊接相关知识	01	维抢修常见焊接方法
			02	气焊工艺技术
			03	管道动火口消磁方法
			04	管道焊接安全注意事项
专业知识 B	A	维抢修日常管理	01	管理平台查询与使用
			02	收集管辖范围管道概况
			03	设备日常保养
	B	应急管理	01	应急预案
			02	应急预案演练
			03	演练后评价及问题整改
	C	维抢修设备操作及维护保养	01	发电、照明类设备管理
			02	高压封堵类设备管理
			03	低压封堵类设备管理
			04	切管类设备管理
			05	收油类设备管理
			06	焊接类设备
			07	其他抢修类设备管理

行为领域	代码	认证范围	编号	认证要点
专业知识 B	D	管道维修专业技术	01	管道事故类型与维修方法
	E	管道抢修技术	01	抢修程序
			02	水上油品回收
			03	陆地油品回收
			04	管道腐蚀泄漏抢修
			05	打孔盗油抢修
			06	焊缝开裂抢修
			07	管道断裂抢修
			08	清管器卡堵抢修
			09	天然气管道冰堵抢修
			10	天然气管道泄漏抢修(氮气置换)
			11	管道悬空抢修
			12	管道漂管抢修
	F	油气管道维抢修作业安全管理与技术	01	抢修现场作业安全管理

中级资质理论认证试题

一、单项选择题(每题 4 个选项,将正确的选项号填入括号内)

第一部分　基础知识

常用计算公式、专业术语及计量单位换算部分

1. AA01 球形表面积计算公式为(　　　)。

A. πr^2　　　　　　B. $2\pi r^2$　　　　　　C. $4\pi r$　　　　　　D. $4\pi r^2$

2. AA01 $\angle A$ 的邻边比斜边指的是(　　　)。

A. sin　　　　　　B. cos　　　　　　C. tan　　　　　　D. cot

3. AA02 1 美加仑 = (　　　)升。

A. 1　　　　　　B. 3.785　　　　　　C. 4.546　　　　　　D. 42

4. AA02 1 英加仑 = (　　　)升。

A. 1　　　　　　B. 3.785　　　　　　C. 4.546　　　　　　D. 42

5. AA02 1km = (　　　)英里。

A. 0.621　　　　　　B. 6.21　　　　　　C. 621　　　　　　D. 62.1

6. AA02 1 英寸 = (　　　)厘米。

A. 0.5　　　　　　B. 1　　　　　　C. 1.54　　　　　　D. 2.54

管道识图部分

7. AB01 管道识图线型分类中，辅助管线、分支管线用的线型是(　　　)。

A. 粗实线　　　　　　B. 中实线　　　　　　C. 细实线　　　　　　D. 虚线

8. AB01 管道识图线型分类中，管件、阀件断裂处的边界线用的线型是(　　　)。

A. 粗实线　　　　　　B. 波浪线　　　　　　C. 细实线　　　　　　D. 虚线

9. AB01 管道识图线型分类中，定位轴线，中心线用的线型是(　　　)。

A. 粗实线　　　　　　B. 中实线　　　　　　C. 点划线　　　　　　D. 粗虚线

10. AB01 弹簧式安全阀是下面哪个图例(　　　)。

A. ⊲⊳　　　　　　B. ⊲▷　　　　　　C.　　　　　　D. ◇

11. AB02 在图形中仅用两条线条表示管子和管件形状的方法叫做(　　　)。

A. 二线表示法　　　　　　　　　　B. 复线表示法

C. 双线表示法　　　　　　　　　　D. 单线表示法

管道与油品知识部分

12. AC01 优质碳素钢管的温度使用范围一般为(　　　)。

A. 0~100℃　　　　B. −10~50℃　　　　C. −40~450℃　　　　D. −10~10℃

13. AC01 钢管的内直径一般用字母(　　　)表示，其后面附加内径数值。

A. R　　　　　　B. G　　　　　　C. D　　　　　　D. d

14. AC01(　　　)是主要用于临时装卸输转油设施上或管线卸接的活动部位的输油管。

A. 耐油胶管　　　　　　　　　　B. PVC 管

C. 耐热胶管　　　　　　　　　　D. 耐压螺纹管

15. AC02 下列不是原油管道特点的是(　　　)。

A. 输量大　　　　　　　　　　　B. 运距长

C. 管输温度低　　　　　　　　　D. 分输点少

16. AC03 原油黏度大小不取决于(　　　)。

A. 温度　　　　　　　　　　　　B. 压力

C. 比热容　　　　　　　　　　　D. 溶解气量

17. AC04 汽油的标号一般指(　　　)。

A. 比热容　　　　　　　　　　　B. 压力

C. 辛烷值　　　　　　　　　　　D. 适用的环境温度

18. AC05 天然气的爆炸下限为(　　　)%。

A. 2　　　　　　B. 3　　　　　　C. 5　　　　　　D. 10

19. AC05 天然气的爆炸上限为(　　　)%。

A. 5　　　　　　B. 10　　　　　　C. 15　　　　　　D. 20

管道焊接相关知识部分

20. AD01(　　　)是各种电弧焊方法中发展最早、目前仍然应用最广的一种焊接方法。它是以外部涂有涂料的焊条作电极和填充金属，电弧是在焊条的端部和被焊工件表面之间燃烧。

A. 等离子弧焊　　　　　　　　　　B. 熔化极电弧焊

C. 钨极氩弧焊　　　　　　　　　　D. 手弧焊

21. AD01( )是以连续送时的焊丝作为电极和填充金属。焊接时，在焊接区的上面覆盖一层颗粒状焊剂，电弧在焊剂层下燃烧，将焊丝端部和局部母材熔化，形成焊缝。在电弧热的作用下，上部分焊剂熔化熔渣并与液态金属发生冶金反应。

A. 埋弧焊　　　　　　　　　　　　B. 熔化极电弧焊

C. 钨极氩弧焊　　　　　　　　　　D. 手弧焊

22. AD01 颗粒状焊剂由( )经埋弧焊软管均匀地堆敷到焊缝接口区。

A. 焊剂漏斗　　　　　　　　　　　B. 工件

C. 焊接控制盘　　　　　　　　　　D. 焊丝盘

23. AD01 焊丝及送丝机构、焊剂漏斗和焊接控制盘等通常装在( )小车上，以实现焊接电弧的移动。

A. 1 台　　　　　B. 2 台　　　　　C. 3 台　　　　　D. 4 台

24. AD02( )是利用可燃气体和助燃气体，在割把内进行混合，使混合气体发生剧烈燃烧，将被割工件在切割处预热到燃烧温度后，喷出高速切割氧气流，使切口处金属剧烈燃烧，并将燃烧后的金属氧化物吹除，实现工件分离。

A. 手弧焊　　　　　　　　　　　　B. 埋弧焊

C. 气割　　　　　　　　　　　　　D. 钨极气体保护电弧焊

25. AD02 气割是铁在( )中的燃烧过程，而不是熔化过程。

A. 纯氮　　　　　　　　　　　　　B. 纯氧

C. 纯乙炔　　　　　　　　　　　　D. 纯氩气

26. AD04 乙炔瓶距离明火的安全距离为( )m(高空作业时是指与垂直地面处得平行距离)。

A. 10　　　　　B. 8　　　　　C. 5　　　　　D. 2

27. AD04 射线检测的英文缩写是( )。

A. RT　　　　　B. UT　　　　　C. MT　　　　　D. PT

第二部分　专业知识

维抢修日常管理部分

28. BA01 当( )发生变化时，需及时在 PIS 系统中进行更新。

A. 人员　　　　　B. 工程　　　　　C. 档案　　　　　D. 备件

29. BA03 设备日常保养"五定"管理其中不包括( )。

A. 定点　　　　　B. 定期　　　　　C. 定量　　　　　D. 定编

30. BA03 设备运转记录填写其中不包括( )。

A. 运转内容　　　　　　　　　　　B. 运转小时

C. 油品消耗量　　　　　　　　　　D. 操作人

31. BA03 设备运转时间一般为(　　)min。

A. 1~3　　　　　　B. 3~10　　　　　　C. 10~15　　　　　　D. 15~30

32. BA03 罗茨泵一般(　　)检查、保养一次。

A. 每周　　　　　　B. 每月　　　　　　C. 每季度　　　　　　D. 每半年

33. BA03 设备保养"十二字作业"法不包括以下哪个选项(　　)。

A. 清洁　　　　　　B. 润滑　　　　　　C. 紧固　　　　　　D. 打磨

应急管理部分

34. BB01 管道裂口的面积为多少(　　)。

A. 小于 2mm×2mm　　　　　　　　　　B. 长(2~75mm)×10%最大宽度

C. 长(2~75mm)×10%最小宽度　　　　　D. 长(75~100mm)×10%最大宽度

35. BB01 下列不是油气输送管道特点的是(　　)。

A. 运距长　　　　　B. 压力高　　　　　C. 管径大　　　　　D. 事故多

36. BB01 引发输气管道事故的外因不包括(　　)。

A. 违章占压　　　　B. 自然灾害　　　　C. 管体缺陷　　　　D. 人为破坏

37. BB02 事故发生后抢修车需在(　　)min 内出发。

A. 10　　　　　　　B. 30　　　　　　　C. 60　　　　　　　D. 90

38. BB03 下列不属于预案修订原因的是(　　)。

A. 组织机构变化　　　　　　　　　　　B. 国家相关文件修订

C. 生产工艺变化　　　　　　　　　　　D. 突发应急事件

维抢修设备操作及维护保养部分

39. BC01 每(　　)对发电机设备进行一次清洁、整理,保持设备卫生。

A. 小时　　　　　　B. 日　　　　　　　C. 年　　　　　　　D. 月

40. BC01 每(　　)应对发电机润滑部位进行一次油脂润滑,保持机械的润滑状态。

A. 日　　　　　　　B. 月　　　　　　　C. 季度　　　　　　D. 年

41. BC02 对开孔钻进行保养时,如发现 U 型环缺损或无法转动,应如何处理(　　)。

A. 置之不理　　　　　　　　　　　　　B. 及时更换

C. 插入焊条代替　　　　　　　　　　　D. 告知主管经理

42. BC02 液压开孔机保养不包括下列哪项(　　)。

A. 法兰端面　　　　　　　　　　　　　B. 螺栓、螺母

C. 夹板阀　　　　　　　　　　　　　　D. 主轴

43. BC03 封堵器安装,操作控制杆,将封堵头置入管道内,并确认尺寸正确,封堵头在降落过程中,将封堵头导向轮与管内壁刚接触时的尺寸到完全置入尺寸等分(　　)份,封堵头在降落过程中提升几次进行扫描。

A. 1　　　　　　　　B. 2　　　　　　　　C. 3　　　　　　　　D. 4

44. BC03 置入堵塞注意事项,操纵液压系统中换向阀等液压件时,不许猛拉猛推,以免惯性冲击造成开孔机零件损伤,启停时间应不少于(　　)s。

A. 3　　　　　　　　B. 4　　　　　　　　C. 5　　　　　　　　D. 6

45. BC03 手动夹板阀保养不包括下列哪项（　　）。

A. 闸板　　　　　　B. O 型密封圈　　　　C. 螺纹　　　　　　D. 摇把

46. BC03 塞式封堵所用密封皮碗最多可使用（　　）次。

A. 1　　　　　　　B. 3　　　　　　　　C. 5　　　　　　　D. 7

47. BC03 开孔机液压站手动变量柱塞泵，输出液压油，经溢流阀调解，锁定在适合的工作压力区间，再经调速阀调解，使主轴转速锁定在（　　）转。

A. 0～35　　　　　B. 35～45　　　　　C. 45～60　　　　　D. 60～75

48. BC03 FK900 开孔机液压油应每（　　）年交换一次。每次换油后应向油泵加油口注油。

A. 1～2　　　　　B. 2～3　　　　　　C. 3～4　　　　　D. 4～5

49. BC05 ZYQ-100 型液压切管机开启主轴旋转马达通过调整液压阀旋钮，使其转速达到（　　）r/min。先拨动换向阀停止爬行，用套筒扳手顺时针旋转进刀手柄，缓缓地将切刀往下走，直至将管壁切透，锁紧螺栓。再拨动手柄使切管机爬行。

A. 30～40　　　　B. 40～45　　　　　C. 50～55　　　　　D. 70～75

50. BC05 罗茨泵（　　）以上不使用时，应定期清洁，并对电动机进行试运行。

A. 一天　　　　　B. 一周　　　　　　C. 一个月　　　　　D. 三个月

51. BC06 电焊机开始工作后，必须空载运行一段时间，调节焊接电流及极性开关，空载电流不得超过（　　）A。

A. 100　　　　　　B. 110　　　　　　C. 120　　　　　　D. 130

52. BC07 发电机至少（　　）发动试运一次，试运时间一般为 15～30min。

A. 每天　　　　　B. 每周　　　　　　C. 每月　　　　　　D. 每季度

53. BC07 罗茨泵、泥浆泵、潜水泵等泵类，（　　）至少检查、保养一次。

A. 每天　　　　　B. 每周　　　　　　C. 每月　　　　　　D. 每季度

管道维修专业技术部分

54. BD01 下列不属于油气管道重大事故特点的是（　　）。

A. 发生突然　　　　　　　　　　B. 分散迅速

C. 危害范围广　　　　　　　　　D. 发生位置偏僻

55. BD01 管道维修方法不包括（　　）。

A. A 型套筒　　　　　　　　　　B. B 型套筒

C. 囊式封堵　　　　　　　　　　D. 补焊

56. BD01 缺陷管道修复时，管线需要（　　）。

A. 停输　　　　　　B. 降压　　　　　C. 升压　　　　　D. 反输

57. BD01 对于凹槽和沟槽，打磨之后的剩余壁厚应至少为公称壁厚后的（　　）。

A. 60%　　　　　B. 70%　　　　　　C. 80%　　　　　　D. 90%

58. BD01 下列不是补焊操作优点的是（　　）。

A. 相对快速　　　B. 操作简单　　　　C. 费用较低　　　　D. 无须开挖

59. BD01 使用 A 型套筒修复管道时，套袖厚度应等于或大于待修复管道（　　）的壁厚。

A. 1/3　　　　　　B. 2/3　　　　　　C. 1/2　　　　　　D. 3/4

管道抢修技术部分

60. BE01 应急抢修物资和设备不包括(   )。
A. 电力供应设备　　　　　　　　　　B. 抢修人员防护用品
C. 抢修卡具　　　　　　　　　　　　D. A 型套筒

61. BE02 实体坝不适用于(   )。
A. 干涸的沟渠　　　　　　　　　　　B. 小溪
C. 冬季冰下无水的冰面　　　　　　　D. 海面

62. BE02 控制坝(堰)坝体尺寸同实体坝,与实体坝不同的是增加了倒置过水管,过水管出口高度要(   )河岸高度,过水管的设置一定要满足河流的泄流量,否则易导致溃坝。
A. 高于　　　　B. 持平　　　　C. 低于　　　　D. 远远高于

63. BE02 控制坝适用于水面宽度(   )的河流、沟渠及小溪筑坝。
A. 20m 以下　　B. 20m 以上　　C. 30m 以上　　D. 35m 以上

64. BE02 当浮油被围油栏围住时,由于水流或拖拉围油栏,浮油会聚集在围油栏的底部位置,形成 V 形或 U 形。V 形或 U 形的(   )是放置收油机的理想位置。
A. 顶端　　　　B. 中间　　　　C. 底部　　　　D. 两边

65. BE02 若沟渠、小溪内干涸无水,直接在漏油点(   )低洼处筑实体坝将沟渠、小溪闸死。
A. 上游　　　　B. 下游　　　　C. 中游　　　　D. 任何位置

66. BE03 下列哪项不是管道腐蚀泄漏抢修所必须的设备:(   )。
A. 移动油囊　　B. 收油机　　　C. 凸轮夹具　　D. 防腐层剥离机

67. BE05 下列哪项不是管道打孔盗油泄露抢修所必须的设备:(   )。
A. 移动油囊　　B. 封头　　　　C. 凸轮夹具　　D. 溢流夹具

油气管道维抢修作业安全管理与技术部分

68. BF01 水平方向移动重物时,须使重物与障碍物的净空不小于(   )m。在起吊和下放时,不准突然扔下重物。
A. 0.2　　　　B. 0.5　　　　C. 1　　　　D. 1.5

二、判断题(对的画"√",错的画"×")

第一部分　基础知识

常用计算公式、专业术语及计量单位换算部分

(   )1. AA01 当流速很大时,流体分层流动,互不混合,称为层流。
(   )2. AA02 5.1 毫米水柱(mmH$_2$O)= 9.80665 帕(Pa)。
(   )3. AA02 10 毫米汞柱(mmHg)= 133.322 帕(Pa)。

管道识图部分

(   )4. AB01 原油管线用 Y1 表示。

（　　）5. AB01 天然气管线用 TRQ 表示。

（　　）6. AB02 在单线图里，同径三通和异径三通，它们图样的表示形式不相同。

（　　）7. AB02 同心大小头的单线图，同心大小头画成等腰梯形和等腰三角形，这两种表示形式意义相同。

（　　）8. AB02 管道的单双线图：管道施工图从图纸上可分为单线图和双线图。

（　　）9. AB02 45°弯头的单线图，45°弯头的画法和90°弯头的画法相似，只是90°弯头画成半个小圆，而45°弯头只画成整个小圆。

（　　）10. AB02 在图纸中经常出现交叉管线，这是管线投影相交所至。如果两条管线投影交叉，一般低的管线应显示完整，高的管线要断开表示。

管道与油品知识部分

（　　）11. AC01 耐油胶管是主要用于临时装卸输转油设施上或管线卸接的活动部位的输油管。

（　　）12. AC01 公称直径用符号"DN"表征。

（　　）13. AC01 管道的压力参数有"公称压力"、"试验压力"和"工作压力"3项。

（　　）14. AC01 钢实质是一种合金，主要成分是铁和少量碳，还含有硅、锰、磷、硫、铬、钼和钒等微量元素。

（　　）15. AC01 在圆形钢管的横截面上存在着外径不等的现象，即存在着不一定互相垂直的最大外径和最小外径，则最大外径与最小外径之差即为椭圆度。

（　　）16. AC01 为了控制椭圆度，有的钢管标准中规定了椭圆度的允许指标，一般规定为不超过外径公差的80%。

（　　）17. AC01 输送成品油和低凝点、低黏度原油一般采用常温输送；而输送高凝点、高黏度和高含蜡原油，则需要采用加热输送。

（　　）18. AC01 输油站首站位于管道的起点，其功能是接收原油(加热)或成品油，并经计量后向下一站输送，站内主要有输油泵房(棚)、油罐区、计量系统等，如果原油需要加热输送，还应设置加热设备。

（　　）19. AC01 干线输油管道(即管线)包括管道、线路截断阀室、管道阴极保护设施、管线标志以及线路辅助设施等。

（　　）20. AC01 输气站首站主要是对进入站内的气体进行加压后输送至输气干线，同时对进入站内的气体质量进行检测、控制、计量，有时还兼有分离、调压、清管球发送功能。

（　　）21. AC03 相对密度为 0.9~1.0 的称为轻质原油。

（　　）22. AC03 相对密度小于 0.9 的称为轻质原油。

（　　）23. AC03 原油的凝固点大约为-50~25℃。

（　　）24. AC04 成品油可分为：石油燃料、石油溶剂与化工原料、润滑剂、石蜡、石油沥青、石油焦6类。

（　　）25. AC04 成品油管道顺序输送时，动火应尽量放在柴油段进行，不易在汽油段进行动火，且要做好相应的防范措施。

（　　）26. AC05 天然气的含水量用绝对湿度、相对湿度、露点来表示。

管道焊接相关知识部分

（　　）27. AD01 埋弧焊可以采用较大的焊接电流。

（　　）28. AD01 焊接过程中钨极熔化，只起电极的作用。

（　　）29. AD02 倾斜角大小不是根据工件厚度而定。

（　　）30. AD02 切割厚度小于 30mm 钢板时候，割嘴向后倾斜 20°～30°。

（　　）31. AD02 厚度大于 30mm 厚钢板时，开始气割时不应将割嘴向前倾斜 5°～10°，全部割透后再将割嘴垂直于工件，当快切割完时，割嘴应逐渐向后 5°～10°。

（　　）32. AD02 切割速度根据厚度选择，工件越薄，速度越快；反之，则慢。

（　　）33. AD03 通过右手定则确定并使用电磁线圈形成的磁场方向与管道剩磁磁场方向相反。消磁过程中，可调节电流的大小、线圈的多少或者通过改变线圈通电方向来调节消磁效果。

（　　）34. AD04 不使用的情况下，氧气、乙炔瓶的安全距离为 2m。存放的时候是分开存放。

（　　）35. AD04 氧气瓶与乙炔瓶在使用过程中要垂直固定，并绑扎牢靠。乙炔瓶禁止卧地使用，防止丙酮流出。对于卧地的乙炔瓶，使用前应立牢静止 15min 后方可使用。

（　　）36. AD04 氧气瓶、乙炔瓶的搬运要分开搬运，不得混装，并防止剧烈振动和碰撞。

（　　）37. AD04 在役管道焊接操作前，要制订造成管道焊缝缺陷的处理措施（如碳纤维补强、修复套管等），并在焊接操作前做好准备，以便能够及时处理焊缝缺陷，使管道在整体强度上满足运行要求。

（　　）38. AD04 管道投运 24h 后，输油管道的焊缝必须进行超声相控阵与超声衍射时差相结合探伤检测。

（　　）39. AD04 对于检测不合格的焊缝，经管道管理单位同意，要采取有效的焊缝加强措施，如碳纤维补强、修复套筒等，必要时需更换缺陷焊缝管段。

（　　）40. AD04 MT 和 PT 主要用于探测试件内部缺陷，RT 和 UT 主要用于探测试件表面缺陷。

（　　）41. AD04 管道地理信息系统是指以空间地理特征与管道特征相结合，来表示管道位置信息、各种功能的信息管理系统。

（　　）42. AD04 ECDA 是内腐蚀直接评估的简称。

（　　）43. AD04 风险评价数据是指用于管道风险评价、风险管理的数据，主要包括定性风险评价、定量风险评价数据、高风险区域特征数据等，与管道的风险因素有关的人、设备、房屋、地域等。

第二部分　专业知识

维抢修日常管理部分

（　　）44. BA01 管道完整性管理系统（PIS）访问地址是：http：//pis.petrochina/。

（　　）45. BA01 PIS 系统一年更新一次。

（　　）46. BA02 管道基本概况主要包括：管道名称、长度、管径、管道材质、设计压力、管道壁厚、管道走向、重点站场、阀室、主要的穿跨越以及周边主要水系等。

（　　）47. BA03 设备的日常维护保养，可归纳为"清洁、润滑、调整、紧固、防腐、密封"12 个字。

（　　）48. BA03 罗茨泵、泥浆泵、潜水泵等泵类，每月至少检查、保养一次。

（　　）49. BA03 各种抢修卡具每月检查、保养一次。

应急管理部分

（　　）50. BB01 油气管道事故一般是指造成输送介质从管道内泄漏并影响管道正常运营的意外事件，主要是管道区段内的事故。

（　　）51. BB01 对于加热输送的高黏易凝原油管道，当输量过低、沿程温降过大或管道停输时间过长时，会使管内油温过低，可能会造成凝管事故。

（　　）52. BB01 油罐区事故包括油罐着火爆炸事故、油罐冒顶、憋罐、油罐破裂、罐板腐蚀、泄漏、基础不均匀沉降、浮顶油罐浮船卡住、沉船等。

（　　）53. BB01 管道运行中，因管子开裂引发的泄漏量与裂口大小程度有关，开裂的孔洞越大，泄漏量也越大。

（　　）54. BB01 油品净泄漏量等于总泄漏量与回收泄漏量之和。

（　　）55. BB01 输气管道事故一般被分为 3 类：泄漏、穿孔和破裂。

（　　）56. BB01 输气管道事故划分标准与泄漏量有关。

（　　）57. BB01 天然气云的大小主要与泄漏的总量有关，而不是泄漏速率。

（　　）58. BB02 应急预案是指针对可能发生的事故，为迅速、有效地开展应急行动而预先制订的行动方案。

（　　）59. BB02 管道穿孔或较小裂纹引起的少量油气泄漏可称为 C 类事故。

（　　）60. BB02 应急预案按实施主体分为 3 级。地区管道分公司为一级，管道分公司下属输油气分公司、维抢修中心为二级，输油气分公司下属站场、维抢修队为三级。

（　　）61. BB03 维抢修工程师应每半年组织开展一次站队级应急预案演练。

（　　）62. BB03 应急预案演练必须采用实战方式进行。

（　　）63. BB03 每年应对应急预案进行一次修订。

维抢修设备操作及维护保养部分

（　　）64. BC01 发电机每年应对润滑部位进行一次油脂润滑，保持机械的润滑状态。

（　　）65. BC01 发电机对点火延时、油门高度等不影响使用时，可以不调整。

（　　）66. BC01 发电机每月对设备进行一次清洁、整理，保持设备卫生。

（　　）67. BC02 开液压夹板阀前不必将连通阀慢慢打开，压力不均等时打开闸板，不会损坏"O"形密封圈或把它们挤出原来的位置。

（　　）68. BC02 关闭闸板之前要先关闭连通阀，开孔刀或堵头必须全部收回到联箱内，然后关闭闸板。

（　　）69. BC02 为了弄清闸板是否完全打开或是完全关闭，在开闭闸板时要计算阀杆的行程，以保证闸板处于恰当的位置。

（　　）70. BC02 如需堵孔，开孔前必须进行堵孔试验并记录数据，确认堵孔可靠，方可进行开孔。

（　　）71. BC02 计算开孔切削尺寸应准确，特别是开封孔而且开较大封堵时应在管线上焊接加强板，以防开孔后马鞍变形卡住刀体。

（　　）72. BC02 开孔过程中允许开反车。

（　　）73. BC02 液压胶管中的快速接头应妥善保管、防尘，防止出现泄漏。

（　　）74. BC02 开孔操作人员应经过必要的培训，有一定的熟练操作能力，能够处理开孔作业中的一些小故障。

（　　）75. BC02 封堵缸在运输及储藏过程中，活塞杆始终保持回收状态。

（　　）76. BC02 封堵缸的触头与活塞杆相连，可以触头垫起与主轴平行。

（　　）77. BC02 封堵缸用完后，缸体、密封板、密封套三者可以不紧固在一起。

（　　）78. BC02 安装在封堵头上的所有零件必须处理干净，要从所有的配合面及螺栓孔中去除污垢和杂屑。所有的内螺纹都要检查磨损情况、稍稍涂些机油来减少摩擦。清理及润滑活动架销。

（　　）79. BC02 封堵作业结束后，应清除封堵器各处的油污。

（　　）80. BC02 允许在没有支撑情况下，将带封堵头的控制杆伸出套筒。

（　　）81. BC02 关闭闸板之前要先关闭连通阀，开孔刀或砥柱、贮囊筒、囊、溢流法兰（堵塞）必须全部收回到机体内，然后关闭闸板。

（　　）82. BC02 封堵工作完成后，通过排出口的内螺纹球阀，泄放上部腔体的压力使压力表指示为零，方可拆除。

（　　）83. BC03 送取囊装置日常保养设备备用时应将活塞杆全部收回到油缸内，并将输气管全部收回到贮囊筒内。

（　　）84. BC04 切管机刀口要避开管线环型焊口 100mm 距离以上，且管线表面应清理，无阻碍物。

（　　）85. BC04 切管作业管线圆周围应保证 500mm 以上距离内无障碍物，保证切管机顺利通过。

（　　）86. BC04 检查液压站各阀的动作是否灵活，并使其处于中间状态，接通电源，电动机顺时为准，将刀具主轴旋转马达和自动爬行进给马达开启，空载运行 3~5min，使其液压回路运行畅通。

（　　）87. BC04 链条安装的松紧度以手锤轻击链条不下凹为宜。

（　　）88. BC04 切管机使用前必须试运转，确认转向正确。

（　　）89. BC04 切管机工作过程中刀具必须保持充足的冷却。

（　　）90. BC04 切管机工作过程中可以用金属条在刀具前插入管内探测介质深度。

（　　）91. BC04 切管机工作过程中不得用任何物件清除刀具前后金属屑，以免发生事故。

（　　）92. BC04 切管机使用过程中可以用手锤敲击操作手柄强行进退刀，进退机。

（　　）93. BC05 罗茨泵停机前应先关进、出口阀门。

（　　）94. BC05 罗茨泵密闭使用时，应在泵出口安装压力表。

（　　）95. BC05 首先对电动机进行正反转试运行检查和排油管的畅通检查，然后将等径规格的排油管分别连接在泵体出入口两端及排油管线的阀门快速接头上。同时预备好插入管和相应螺栓。

（　　）96. BC05 检查泵体出入口各阀门是否打开，检查各部位密封，及检查压力表是否灵活，并进行手动盘车。

（　　）97. BC05 渣浆泵连接前，确保进油管回路[快速接头（外）]连接至"IN"端口。回流管［快速接头（内）］连接至相反的端口。请勿颠倒回路流动，否则可导致内油封损坏。

（　　）98. BC05 将 2 个 U 形螺栓安装在收油机的前部，它们用于存储时，悬挂收油机而达到保护轮鼓的作用。

（　　）99. BC05 检查动力机组液压油箱，通过玻璃液位观察柱观察，如果液压油面到了液位观察柱的最底部"Add"位置，就需要加注液压油，使液面达到"FULL"（满）的位置。

（　　）100. BC05 检查电瓶连接线是否连接，平常不使用时，为了减少放电，可将电源线断开。

（　　）101. BC05 启动收油机，通过调节控制阀控制轮鼓转速，当看到水被油带上来，然后减慢轮鼓速度，直到很少的水被收集，然后固定收油机的速度进行溢油回收。

（　　）102. BC05 当油膜厚度变厚时，应相应地增加收油机运转速度。

（　　）103. BC05 通过调节液压控制阀来控制收油机轮鼓和收油泵的速度。

（　　）104. BC05 清洗设备时，必须穿戴防护服和手套。

（　　）105. BC05 收油机是由海洋防腐铝制造的，所以用热水清洗效果非常好，也可以使用溶剂清除表面的油污。

（　　）106. BC06 电焊机开始工作后，必须空载运行一段时间，调节焊接电流及极性开关，空载电压不得超过 80V、电流不得超过 120A。

（　　）107. BC06 氩气瓶内氩气不得用完，应保留 98~226kPa，氩气瓶应竖立、固定放置，不得倒放。

（　　）108. BC07 堵漏夹具使用前应测量管道的椭圆度，不大于 2%。

（　　）109. BC07 可燃气体检测仪，主要用于检测空气中的可燃气体，常见的如氢气（H_2）、甲烷（CH_4）、乙烷（C_2H_6）、丙烷（C_3H_8）、丁烷（C_4H_{10}）等。

（　　）110. BC07 空气中可燃气体浓度达到其爆炸下限值时，称这个场所可燃气环境爆炸危险度为百分之百，即 100%LEL。

（　　）111. BC07 如果可燃气体含量只达到其爆炸下限的 10%，称这个场所此时的可燃气环境爆炸危险度为 10%LEL。

（　　）112. BC07 可燃气体在空气中遇明火种爆炸的最高浓度，称为爆炸上限。

管道维修专业技术

（　　）113. BD01 腐蚀既有可能大面积减薄管道壁厚，从而导致过度变形或破裂；也有可能直接造成管道穿孔或应力腐蚀开裂，引发油气泄漏事故。

（　　）114. BD01 油气管道事故维修应在预防为主的前提下，贯彻统一指挥、分区负责、单位自救和社会救援相结合的原则。

（　　）115. BD01 打磨修复（以下简称打磨）是一种使用手工或机械方式，去除管道缺陷中包含的应力集中点、裂纹、变质的金属本体等，并与周边完好的表面形成过渡面的修复方法。

（　　）116. BD01 对于凹槽和沟槽，打磨之后的剩余壁厚应最多为公称壁厚后的 50%。

（　　）117. BD01 在打磨前运行压力应降低至发现缺陷时压力的 80%，或近期记录最高压力的 80% 及以下。

（　　）118. BD01 打磨修复完成后，无须使用磁粉检测。

（　　）119. BD01 A 型套筒与 B 型套筒最大的区别是长度不同。

（　　）120. BD01 复合材料修复是一种使用玻璃纤维、碳纤维等非金属复合材料对管道缺陷进行维修的方法。

（　　）121. BD01 复合材料修复适用于管道、异型管件外部非泄漏缺陷的补强，不适用于裂纹、内腐蚀等缺陷，也不适用于易滑坡、洪水冲击等地质灾害频发区域。

管道抢修技术

（　　）122. BE02 若管道在常年流水的较大型河流穿越处发生泄漏事件，应使用围油栏进行拦堵。

（　　）123. BE02 泄漏油品进入水面较宽的河流后，应采用围油栏进行拦截收油工作。

（　　）124. BE02 围油栏种类一般有篱笆式和窗帘式，窗帘式围油栏又分为固体浮子、充气浮子和岸滩型围油栏。

（　　）125. BE02 利用水重油轻原理，设置倒置过水涵管，过水涵管数量应根据河水流量设置，一层不够时，可以考虑两层或三层设置。

（　　）126. BE02 迎水面坝体过水涵管设置木板或钢板，调解河水流量。

（　　）127. BE02 管道发生泄漏事件后，应立即与管道途经相关水域的河道管理部门取得联系，充分利用河道上的闸门，控制好水位，便于溢油回收。

（　　）128. BE03 抢修现场外围车辆无须安装防火帽。

（　　）129. BE04 管道腐蚀泄漏，可选用补板法进行抢修作业。

（　　）130. BE05 打孔盗油泄漏，可选用补板法进行抢修作业。

（　　）131. BE09 管道冰堵发生是因为天气寒冷造成的。

油气管道维抢修作业安全管理与技术

（　　）132. BF01 长输管道抢修的特点和抢修现场的安全隐患，应从组织措施和技术措施两个方面来加强抢修现场的安全管理。

（　　）133. BF01 当泄漏点周围有水源时，要组织人员在水源的下游没有油品的地方，在水面上搭建围油栏，挡住油品顺水而下。

（　　）134. BF01 将抢修车辆和设备放置在上风口，尽可能离现场近一点。

（　　）135. BF01 操作坑与地面之间应有人行通道，通道应设置在动火点的下风向，其宽度不小于 1m，通道坡度大于 30°。

（　　）136. BF01 土方开挖前要做好必要的水文、地质和地下隐蔽工程的资料收集与调查工作，确定是否有给排水、供热、供煤气管道以及电缆、光缆等。

（　　）137. BF01 抛土距坑边不得大于 0.8m，高度不得超过 2.5m。

（　　）138. BF01 在距路面高度基准面 2m 或 2m 以上的高处进行的作业即为高空作业。

三、简答题

第一部分　基础知识

管道与油品知识部分

1. AC05 天然气爆炸条件是什么？

第二部分　专业知识

维抢修日常管理部分

2. BA03 简述润滑油"五定"管理？

应急管理部分

3. BB02 应急预案里的应急响应包括哪些内容？
4. BB02 应急预案里的应急保障包括哪些内容？

维抢修设备操作及维护保养部分

5. BC02 封堵缸如何维护和保养？
6. BC03 三通短节的日常保养项目是什么？
7. BC03 简述液压站在日常保养主要内容？
8. BC04 液压切管机日常维护保养的内容？
9. BC04 电动切管机日常保养内容？

管道抢修技术部分

10. BE01 水上油品清理分哪些方法？
11. BE07 清管器卡堵一般有几种情况？
12. BE07 清管器卡堵开孔排蜡方案的操作方法？
13. BE08 天然气管道冰堵抢修现场处置程序？
14. BE10 管道悬空采用双塔架悬索处置方法？
15. BE10 管道悬空采用单塔架悬索处置方法？
16. BE11 洪水引发河道内管道漂管处置方法？

中级资质理论认证试题答案

一、单项选择题答案

1. D	2. B	3. B	4. C	5. A	6. D	7. B	8. B	9. D	10. C
11. C	12. C	13. D	14. A	15. C	16. C	17. C	18. C	19. C	20. D
21. A	22. D	23. A	24. C	25. B	26. A	27. A	28. A	29. D	30. D
31. D	32. B	33. D	34. D	35. D	36. C	37. B	38. D	39. D	40. B
41. B	42. C	43. C	44. C	45. D	46. A	47. A	48. A	49. C	50. C
51. C	52. B	53. C	54. D	55. C	56. B	57. D	58. D	59. B	60. D
61. D	62. C	63. A	64. C	65. B	66. B	67. C	68. B		

二、判断题答案

1.×当流速很小时，流体分层流动，互不混合，称为层流。　2. √　3.×1 毫米汞柱

（mmHg）= 133.322 帕（Pa）。　　4. √　5. ×天然气管线用 M 表示。　　6. ×在单线图里，不论是同径三通，还是异径三通，它们图样的表示形式相同。　　7. √　8. √　9. ×45°弯头的单线图，45°弯头的画法和 90°弯头的画法相似，只是 90°弯头画成整个小圆，而 45°弯头只画成半个小圆。　　10. ×在图纸中经常出现交叉管线，这是管线投影相交所至。如果两条管线投影交叉，一般高的管线应显示完整，低的管线要断开表示。

11. √　12. √　13. √　14. √　15. √　16. √　17. √　18. √　19. √　20. √

21. ×相对密度为 0.9~1.0 的称为重质原油。　　22. √　23. ×原油的凝固点大约为 -50~35℃。　24. √　25. √　26. √　27. √　28. ×焊接过程中钨极不熔化，只起电极的作用。29. ×倾斜角大小根据工件厚度而定。　30. √

31. ×厚度大于 30mm 厚钢板时，开始气割时应将割嘴向前倾斜 5°~10°，全部割透后再将割嘴垂直于工件，当快切割完时，割嘴应逐渐向后 5°~10°。　32. ×切割速度根据厚度选择，工件越厚，速度越慢；反之，则快。　33. √　34. √　35. √　36. √　37. √　38. √　39. √

40. ×RT 和 UT 主要用于探测试件内部缺陷，MT 和 PT 主要用于探测试件表面缺陷。41. √　42. ×ICDA 是内腐蚀直接评估的简称。　43. √　44. √　45. ×PIS 系统需适时更新。　46. √　47. √　48. √　49. √

50. √　51. √　52. √　53. √　54. ×油品净泄漏量等于总泄漏量与回收泄漏量之差。55. √　56. ×输气管道事故划分标准与管道本身的特性（如直径、壁厚等）有关。　57. ×天然气云的大小主要与泄漏速率有关，而不是泄漏的总量。　58. √　59. ×管道穿孔或较小裂纹引起的少量油气泄漏事故为 B 类事故。

60. √　61. ×维抢修工程师应每季度至少组织开展一次站队级应急预案演练。　62. ×应急预案演练可以采用桌面、实战以及与地方政府协同等形式。　63. ×一般情况下，每 3 年对预案至少进行一次修订。　64. ×每月应对润滑部位进行一次油脂润滑，保持机械的润滑状态。　65. ×发电机对点火延时、油门高度等应及时进行调整。　66. √　67. ×开液压夹板阀前必须将连通阀慢慢打开，使闸板两侧压力平衡后闸板才可以打开，如果压力不均等时打开闸板，会损坏"O"形密封圈或把它们挤出原来的位置。　68. √　69. √

70. √　71. √　72. ×开孔过程中不允许开反车，如遇刀具卡阻，应立即停车将手柄扳至空挡处，稍稍提刀，排除故障后立可继续开孔。　73. √　74. √　75. √　76. ×封堵缸的触头与活塞杆相连，必须将触头垫起与主轴平行。　77. ×封堵缸用完后，必须将缸体、密封板、密封套三者用螺栓紧固在一起。　78. √　79. √

80. ×不允许在没有支撑情况下，将带封堵头的控制杆伸出套筒。　81. √　82. √83. √　84. ×切管机刀口要避开管线环型焊口 500mm 距离以上，且管线表面应清理，无阻碍物。　85. √　86. √　87. √　88. √　89. √

90. ×切管机工作过程中不得用金属条在刀具前插入管内探测介质深度。　91. √　92. ×切管机使用过程中不得用手锤敲击操作手柄强行进退刀，进退机。　93. ×停机前不应先关进、出口阀门，否则可能损坏设备　94. √　95. √　96. √　97. √　98. √　99. √

100. √　101. √　102. ×当油膜厚度变厚时，应相应地降低收油机运转速度。103. √　104. √　105. √　106. √　107. √　108. √　109. √

110. √　111. √　112. √　113. √　114. √　115. √　116. ×对于凹槽和沟槽，打磨之

后的剩余壁厚应至少为公称壁厚后的90%。　117. √　118. ×打磨修复完成后，必须对打磨后的位置进行渗透检测或磁粉探伤，确保表面应无裂纹和其他缺陷。　119. ×B型套筒的两个端部均以角焊的方式与输送管道连接。

120. √　121. √　122. √　123. √　124. √　125. √　126. √　127. √　128. ×所有车辆内燃机必须戴防火帽。　129. √

130. ×需选用扣管帽方式修复。　131. ×冬季冰堵主要是因为环境温度低，加上天然气温降和天然气中含水所造成，特别是在夜间用气量极小，调压阀开度小或者关闭时有积水的情况下。　132. √　133. √　134. ×将抢修车辆和设备放置在上风口，在有利于抢修方便的前提下，尽可能离现场远一点。　135. ×操作坑与地面之间应有人行通道，通道应设置在动火点的上风向，其宽度不小于1m，通道坡度不大于30°。　136. √　137. ×抛土距坑边不得少于0.8m，高度不得超过1.5m。　138. √

三、简答题答案

第一部分　基础知识

1. AC05 天然气爆炸条件是什么？

答：①必须有天然气和空气的混合物；②天然气的浓度必须在爆炸范围之内；③必须满足爆炸所需温度，如遇明火。

评分标准：答对①②各占30%，答对③占40%。

第二部分　专业知识

2. BA03 简述润滑油"五定"管理？

答：①定点：根据润滑图表上指定的部位、润滑点、检查点，进行加油、添油、换油，检查液面高度及供油情况。②定质：确定润滑部位所需油料的品种、牌号及质量要求，所加油质必须经化验合格。采用代用材料或掺配代用，要有科学根据。③定量：按规定的数量对润滑部位进行日常润滑，实行耗油定额管理，要搞好添油、加油和油箱的清洗换油。④定期：按润滑卡片上规定的间隔时间进行加油，并按规定的间隔时间进行抽样化验，视其结果确定清洗换油或循环过滤，确定下次抽样化验时间，这是搞好润滑工作的重要环节。⑤定人：按图表上的规定分工，分别由操作工、维修工和润滑工负责加油、添油、清洗换油，并规定负责抽样送检的人员。

评分标准：答对①～⑤各占20%。

3. BB02 应急预案里的应急响应包括哪些内容？

答：①预警：明确信息报告和接警、预警条件、预警程序、预警职责、预警解除条件。预警条件以突发事件发展趋势的预警信息为依据，把预警工作向前延伸，逐级提前预警，提高预警时效。②信息报告：明确现场报警程序、方式和内容，相关部门24h应急通信联络方式，信息报送以及向外求援方式等。③应急响应：明确应急响应条件、程序、职责及响应解除条件等内容。根据应急响应的程序和环节，明确现场工作组的派驻方式、人员组成和主要职责，应急专家的选派方式，应急救援队伍的协调和调度方式，以及与外部专家和救援队伍的联络与协调等。明确预案中各响应部门的应急响应工作流程，绘制流程图，编制应急职能分解表。

评分标准：答对①②各占30%，答对③占40%。

4. BB02 应急预案里的应急保障包括哪些内容？

答：①通信与信息：明确相关单位和人员的应急联系方式，并提供备用方案。建立健全应急通信系统与配套设施，确保应急状态下信息通畅。②物资与装备：明确应急救援物资、装备的配备情况，包括种类、数量、功能、存放地点等。明确应急救援物资、装备的生产、供应和储备单位的情况。③应急队伍：明确应急队伍的专业、规模、能力、分布、联系方式等情况。④应急技术：阐述应急救援技术方案、措施等内容。

评分标准：答对①~④各占25%。

5. BC02 封堵缸如何维护和保养？

答：①设备在运输及储藏过程中，活塞杆始终保持回收状态；②若触头与活塞杆相连，必须将触头垫起与主轴平行；③设备用完后，必须将缸体、密封板、密封套三者用螺栓紧固在一起；④设备不用时，应将油缸内的压力泄掉。

评分标准：答对①~④各占25%。

6. BC03 三通短节的日常保养项目是什么？

答：①法兰端面和各密封有无损伤锈蚀等缺陷；②"O"形锁环是否好用；③堵塞上"单向阀"是否动作灵活；④"O"形密封橡胶圈是否完好；⑤"O"形密封橡胶圈不应放进闲置的三通短节内存放；⑥三通短节长期存放时，应一年检查一次锈蚀情况，并进行相应的维护保养。

评分标准：答对①~④各占20%，答对⑤⑥各占10%。

7. BC03 简述液压站在日常保养主要内容？

答：①零部件、紧固件是否有松动和损坏；②液压系统有无渗漏；③所有阀门是否开关灵活，有无渗漏；④液压油箱内的液压油是否达到规定油位；⑤离合器内润滑油是否达到规定油位；⑥动力装置日常保养时，对所有润滑油孔和需要润滑部件注润滑油。

评分标准：答对①②各占10%，答对③~⑥各占20%。

8. BC04 液压切管机日常维护保养的内容？

答：①定期进行润滑；②对刀具定期保养，保持其刃口的锋利，必要时进行更换；③保持链条的清洁，定期清洗和润滑；④液压系统各部要保持清洁、密封，不得混入异物；⑤定期更换过滤器，冲洗堵塞物；⑥定期检查液压油标，防止损坏液压泵。

评分标准：答对①~④各占20%，答对⑤⑥各占10%。

9. BC04 电动切管机日常保养内容？

答：①设备清洁无锈蚀。刀架导柱、进刀螺杆、链条拉紧螺杆无锈蚀。②零配件、操作工具齐全。③将要使用的刀具应锋利。④电动机试运完好。⑤链条、链轮爬轮处要清洁、润滑。

评分标准：答对①~⑤各占20%。

10. BE01 水上油品清理分哪些方法？

答：①消油剂结合活性炭坝清油：在桥上或水闸上游人工喷洒消油剂处理残余油花。②燃烧或焚烧：使用便携式焚化炉处理少量的固体油污物。对于水面油品不易回收时，使用耐火围油栏将油品圈围至水流平稳且周边环境空旷的河段点燃。③河道清理及拦截点依次撤除：在确定油品泄漏抢修完成之后，依次从油品入河点沿河岸两侧清理残留在土体和植物上的油污。④细菌降解：对清理完的河道和土地，可利用嗜油性细菌将残余污油进行生物降解。

评分标准：答对①~④各占25%。

11. BE07 清管器卡堵一般有几种情况？

答：①管线截断阀未全开造成清管器卡堵；②管道变形造成清管器卡堵；③管线内异物堵塞造成清管器卡堵；④管线蜡堵造成的清管器卡堵。

评分标准：答对①~④各占25%。

12. BE07 清管器卡堵开孔排蜡方案的操作方法？

答：①根据清管器卡堵位置的地形地貌，在蜡堵位置上游选择合适位置开挖注压作业坑。②现场抢险人员进行 DN50mm 注压孔的焊接以及开孔作业，将压裂车连接管与 DN50mm 注压孔安全连接。③在清管器卡堵下游每间隔 50~100m 开 DN50mm 或 DN100mm 排蜡孔，排蜡管线采用刚性连接，连接至收蜡罐或排蜡坑。排蜡坑做一定的防渗漏处理。④在注压孔对管道注压时控制压力在管道最高允许压力下，并严密关注排蜡情况，见排蜡口油流状态转好即停止注压，关闭排蜡阀门。⑤顺序开启其余各排蜡孔继续进行排蜡作业，直至蜡堵管线疏通。

评分标准：答对①~⑤各占20%。

13. BE08 天然气管道冰堵抢修现场处置程序？

答：①现场判断冰堵位置，完成相关工艺流程操作(在冰堵比较严重时，应首先关停压缩机)；②确定抢修方案，布置抢修机具和设备；③将冰堵段上下游隔离并放空；④拆除冰堵段设备，找出冰堵点；⑤采取加热升温等措施去除冰堵；恢复设备安装，恢复工艺流程。

评分标准：答对①~⑤各占20%。

14. BE10 管道悬空采用双塔架悬索处置方法？

答：①预置或使用提前预置支撑塔架对称分布在悬空管道两侧稳固地面。②塔架底座增大受力面积，防止受力后塔架整体沉降，并保持与地面的水平全接触。在塔架外侧埋设地锚作为主索紧固依靠。③视现场条件选择牵引方式将主索通过塔架上方限位槽进行拉设并与地锚有效连接(可采用卷扬机、倒链、滑轮组、汽车牵引或几种方式结合)。④主索可选用单根对中敷设以及双根平行敷设。单根对中敷设即只采用一根主索，而主索拉设位于悬空管道上方；双根平行敷设即采用两根主索，主索位于悬空管道两侧水平布置。⑤根据悬空管道现场情况合理选择悬索的分布，组织有效的提拉悬空管道，完成悬空管道的临时提固。

评分标准：答对①~⑤各占20%。

15. BE10 管道悬空采用单塔架悬索处置方法？

答：①在可进入大型抢险设备和车辆的现场的一侧搭设塔架，必要时固定卷扬机。②在无法进入现场的一侧只安装地锚并做引出绳。③牵引主索至无法进入现场的一侧地锚引出绳并连接紧固。④将主索吊至塔架限位槽。使用卷扬机或手动倒链等收紧主索。⑤根据悬空管道现场情况合理选择悬索的分布，组织有效的提拉悬空管道，完成悬空管道的临时提固。

评分标准：答对①~⑤各占20%。

16. BE11 洪水引发河道内管道漂管处置方法？

答：①对漂管管线全线停输，关闭上下游截断阀门；②在水利部门配合下关闭漂管河流上游水库闸门、橡胶坝，减缓水流速度，采用水流测速仪连续监控河水流速，为制订现场抢修方案提供可靠的依据；③铺设能够抵达漂管河岸的进场施工便道，便道需满足重型车辆通行要求；④调集多台推土机、挖掘机等土方施工设备在河流两岸做好抢险准备，与周边石料场联系，调集货车将毛石等材料运至河流两岸；⑤根据漂管长度、河水流速及漂管段河流两岸截断阀室设置情况，制订相应的漂管管段抢修方案。

评分标准：答对①~⑤各占20%。

中级资质工作任务认证

中级资质工作任务认证要素细目表

模块	代码	工作任务	认证要点	认证形式
一、维抢修日常管理	W-WQ-01-Z01	管理平台查询与使用	系统信息填报（人员、设备）	系统操作
	W-WQ-01-Z02	收集管辖范围管道概况	管道走向图、高程图识读	现场问答
二、应急管理	W-WQ-02-Z02	应急预案演练	绘制应急处置流程图	绘制流程图
	W-WQ-02-Z03	演练后评价及问题整改	应急预案演练及后评价	步骤描述
三、维抢修设备操作及维护保养	W-WQ-03-Z01	发电、照明类设备管理	照明灯操作与保养	技能操作
	W-WQ-03-Z02-01	高压封堵类设备管理	液压开孔机保养	步骤描述
	W-WQ-03-Z02-02	高压封堵类设备管理	液压站保养	步骤描述
	W-WQ-03-Z03	低压封堵类设备管理	手动开孔钻保养	技能操作
	W-WQ-03-Z04	切管类设备管理	液压切管机安装与保养	技能操作
	W-WQ-03-Z05	收油类设备管理	渣浆泵操作与保养	技能操作
	W-WQ-03-Z07	其他抢修类设备管理	溢流夹具安装	技能操作
四、管道抢修技术	W-WQ-05-Z02	水上油品回收	小面积溢油回收	步骤描述
	W-WQ-05-Z04	管道腐蚀泄漏抢修	管体缺陷修复	步骤描述
	W-WQ-05-Z05	打孔盗油抢修	未泄漏处置	步骤描述
	W-WQ-05-Z06	焊缝开裂抢修	焊缝开裂抢修流程	步骤描述
	W-WQ-05-Z08	清管器卡堵抢修	清管器卡堵处置	步骤描述

中级资质工作任务认证试题

一、W-WQ-01-Z01 管理平台查询与使用——系统信息填报（人员、设备）

1. 考核时间：15min。

2. 考核方式：系统操作。

3. 考核评分表。

考生姓名：_____　　　　　　　　　　　　　单位：_____

序号	工作步骤	工作标准	配分	评分标准	扣分	得分	考核结果
1	更新 1 次抢修记录	（1）进入抢修记录； （2）输入事故发生位置、时钟位置、地理位置、输送介质、是否泄漏、事故类型、抢修队伍进场时间、抢修开始时间、抢修完毕时间、停输状况； （3）抢修过程简述	40	（1）进入类别错误扣 10 分； （2）输入信息错误每项扣 2 分； （3）抢修过程简述输入错误或未输入扣 10 分			
2	更新 1 次站队及演练记录	（1）进入应急演练，三级演练记录维护； （2）输入演练名称、演练单位、演练时间、参加人数、演练地点、演练内容； （3）输入演练简单描述	60	（1）进入类别错误扣 10 分； （2）输入信息错误每项扣 5 分； （3）演练过程简单简述输入错误或未输入扣 20 分			
		合计	100				

考评员　　　　　　　　　　　　　　　　　　　　　　　　年　　月　　日

注：所有操作均为模拟操作，无须保存上报。

二、W-WQ-01-Z02 收集管辖范围管道概况——管道走向图、高程图识读

1. 考核时间：15min。
2. 考核方式：现场问答。
3. 考核评分表。

考生姓名：_____　　　　　　　　　　　　　单位：_____

序号	工作步骤	工作标准	配分	评分标准	扣分	得分	考核结果
1	查看图纸	查看一条管线走向图，在管道走向图中指出至少 4 处阀室或站场进场路由	80	不正确或缺少 1 条路由扣 20 分			
2	查看图纸	查看一条管线高程图，根据高程图结合走向图，指出 2 处高点在走向图的大概位置	20	不正确或缺少高点位置 1 处扣 10 分			
		合计	100				

考评员　　　　　　　　　　　　　　　　　　　　　　　　年　　月　　日

三、W-WQ-03-Z02 应急预案演练——绘制应急处置流程图

1. 考核时间：30min。
2. 考核方式：绘制流程图。
3. 考核评分表。

考生姓名：_____　　　　　　　　　　　单位：_____

序号	工作步骤	工作标准	配分	评分标准	扣分	得分	考核结果
1	绘制应急处置流程图	处置流程图需包括反应流程、组织机构、人员分工、设备装车、安全监测等环节	100	反应流程不正确扣20分。组织机构不正确扣20分。人员分工不正确扣20分。设备装车不正确扣20分。缺少安全监控或监控项目不全扣20分			
	合计		100				

考评员　　　　　　　　　　　　　　　　　　　　　　　　年　　　月　　　日

四、W-WQ-03-Z03 演练后评价及问题整改——应急预案演练

1. 考核时间：30min。
2. 考核方式：步骤描述。
3. 考核评分表。

考生姓名：_____　　　　　　　　　　　单位：_____

序号	工作步骤	工作标准	配分	评分标准	扣分	得分	考核结果
1	描述技术员职责	(1)抢修现场信息收集工作； (2)抢修现场人员组织工作； (3)抢修设备现场运行、保障工作； (4)抢修结束后进行抢修总结及抢修后评价	20	漏答或答错一项扣5分			
2	描述应急响应流程	(1)发生模拟事件后，主任(站长)接到上级单位抢修指令后，了解相关信息，启动应急预案，向抢修人员告知事件类型及情况、现场可能的危害因素等； (2)副主任(副站长)安排人员对设备进行装车； (3)副主任(副站长)到达现场后实施并监督抢修预案执行情况； (4)安全员在现场负责现场作业人员的安全、环境等安全管理； (5)技术员与班长组织人员进行抢修作业； (6)抢修结束后主任(站长)确认抢修结果。向上级应急领导小组报告抢修情况，关闭应急预案	30	漏答或答错一项扣5分			
3	描述打孔盗油未泄漏处置	(1)先遣组抵达现场后由值班干部临时指挥。现场未发生油品泄露时，由值班干部首先确认阀门是否牢固。阀门不牢固时不可轻易操作，避免操作不当发生漏油事件，等待后续人员到场后将阀门固定后再继续处理。当确认阀门安装牢固后，继续进行后续处理； (2)电工接电，如夜间抢修还需负责照明系统	50	漏答或答错一项扣5分			

序号	工作步骤	工作标准	配分	评分标准	扣分	得分	考核结果
3	描述打孔盗油未泄漏处置	(3)电焊工负责电焊机调试，做好焊接前准备； (4)管工根据管道尺寸，阀门长度，对封头进行尺寸计算并下料； (5)剩余2名人员使用防腐层剥离机清理足够面积防腐层； (6)值班干部与钳工/管工配合，视情况拆除阀门短节上部管件，拆除阀杆； (7)准备工作完成后，值班干部与管道科联系，确认管道压力满足焊接条件； (8)管工安装封头，并注意安装期间避免碰触阀门； (9)封头安装完成后焊工进行焊接作业；封头焊接完成后，在封头与管线连接处焊接加强板； (10)经管道科确认后，抢修结束	50	漏答或答错一项扣5分			
		合计	100				

考评员　　　　　　　　　　　　　　　　　　　　　　　　　　　　年　　月　　日

五、W-WQ-03-Z01 发电、照明类设备管理——照明灯操作与保养

1. 考核时间：30min。
2. 考核方式：技能操作。
3. 考核评分表。

考生姓名：_____　　　　　　　　　　单位：_____

序号	工作步骤	工作标准	配分	评分标准	扣分	得分	考核结果
1	操作前检查	(1)机油油位检查： ①将发电机放在平坦的平面上； ②停止引擎来检查机油油位； ③机油添加至油位上限。 (2)燃油油位检查： ①观察燃油油位标尺； ②加注燃油严禁吸烟、严禁将油溢出； ③燃油加至燃油滤清器的肩部。 (3)空气滤清器检查： ①发电机在粉尘大的环境中使用，每次起动前应拆下空气滤清器抖落滤芯上的粉尘； ②严禁未装空气滤清器起动运行发动机	50	机油、燃油油位检查、答错一项扣5分。空气滤清器检查答错一项扣10分			
2	照明灯启动	(1)关闭交流断路器(严禁带载起动)，从交流插座拆卸任何负载——置于"OFF"； (2)将燃油阀打开——置于"ON"位置； (3)关闭阻风门(冷机状态)——将阻风门杆扳到"CHOKE"(关)位置	35	漏答或答错一项扣5分			

续表

序号	工作步骤	工作标准	配分	评分标准	扣分	得分	考核结果
2	照明灯启动	(4)打开发动机开关(即引擎开关)——置于"ON"位置; (5)轻轻拉起动抓手直到感到阻力为止,然后用力拉起(严禁一开始就用力拉); (6)当引擎升温时,将阻风门打开; (7)打开交流断路器——置于"ON"位置	35	漏答或答错一项扣5分			
3	检查与保养	(1)每次使用都必须检查机油,如不足请添加; (2)每次使用需检查空气滤清器,还必须定期更换:定期更换时间为每50h和每3个月更换一次; (3)火花塞检查:火花塞的火花状态:火花以蓝色、强劲为佳,如为红色请调整或更换。用钢丝刷清除火花塞的积炭;检查调整火花塞的间隙,适宜间隙为0.7~0.8mm	15	漏答或答错一项扣5分			
		合计	100				

考评员　　　　　　　　　　　　　　　　　　　　　　　　　　年　　　月　　　日

六、W-WQ-03-Z02-01 高压封堵类设备管理——液压开孔机保养

1. 考核时间:60min。

2. 考核方式:步骤描述。

3. 考核评分表。

考生姓名:＿＿＿＿＿＿＿＿　　　　　　　　　　　　　　　单位:＿＿＿＿＿＿＿＿

序号	工作步骤	工作标准	配分	评分标准	扣分	得分	考核结果
1	液压开孔机保养	(1)设备使用后,要对设备进行清洗处理,入库后按位摆放; (2)定期检查减速箱润滑油,加入30号机油指标,500h或每年换油1次; (3)检查开孔机是否有油泄漏,修补泄漏处并清洗开孔机,使开孔机保持清洁; (4)丝杆的润滑在工作500h后,要拆除清洗并重新涂润滑油,所有金属件要避免生锈和腐蚀; (5)设备长期不用时,应按月定期进行保养试运行; (6)使用前应对液压站和开孔机进行装配和空载调试; (7)要保证中心钻的U形环灵活完好,用以卡住鞍形弧板; (8)检查开孔机吊装部分及连接元件,确认没有过多的磨损存在,损坏的部要及时更换	100	漏答或答错第(1)、(2)项各扣20分;漏答或答错第(3)至第(8)项各扣10分			
		合计	100				

考评员　　　　　　　　　　　　　　　　　　　　　　　　　　年　　　月　　　日

七、W-WQ-03-Z02-02 高压封堵类设备管理——液压站保养

1. 考核时间：60min。
2. 考核方式：步骤描述。
3. 考核评分表。

考生姓名：_____ 单位：_____

序号	工作步骤	工作标准	配分	评分标准	扣分	得分	考核结果
1	液压站保养	(1)应使用带有过滤器的加油油泵向液压站内注油(油牌号 46~68 号抗磨液压油)至油标 4/5 处； (2)液压油应每 1~2 年交换一次。每次换油后应向油泵加油口注油； (3)长途运输时应将油箱中的油全部放出，以保护过滤器； (4)在某些区域，油液在较低的温度下就被加热，液压油和马达里的油液会被潮湿的空气所污染，这就要求更加频繁地更换液压油和过滤器，将过滤器的滤网清理干净	100	漏答或答错一项扣 25 分			
	合计		100				

考评员 年 月 日

八、W-WQ-03-Z03 低压封堵类设备管理——手动开孔钻保养

1. 考核时间：60min。
2. 考核方式：技能操作。
3. 考核评分表。

考生姓名：_____ 单位：_____

序号	工作步骤	工作标准	配分	评分标准	扣分	得分	考核结果
1	手动开孔钻保养	(1)转动外套，将丝杠伸出，确认润滑是否良好； (2)检查中心钻及开孔刀，是否有损坏和过度磨损； (3)检查接刀盘、螺栓是否松动； (4)检查中心钻 U 形环是否缺损，转动是否灵活； (5)中心钻内螺纹是否损坏，并清除杂质； (6)观察丝杠表面光滑无磨损，对丝杠表面和注油点进行保养润滑处理； (7)检验丝杠和铜套间隙是否过大； (8)全部收回丝杠后，对开孔钻整体进行清洁	100	漏答或答错第(1)、(2)项各扣 20 分；漏答或答错第(3)至第(8)项各扣 10 分			
	合计		100				

考评员 年 月 日

九、W-WQ-03-Z04 切管类设备管理——液压切管机安装与保养

1. 考核时间：60min。
2. 考核方式：技能操作。
3. 考核评分表。

准备要求。

设备准备：

序号	名称	规格	数量	备注
1	液压切管机		1台	
2	φ529mm 或 φ720mm 管道		至少 5m 并固定	
3	液压站		1台	

考生姓名：_____　　　　　　　　　单位：_____

序号	工作步骤	工作标准	配分	评分标准	扣分	得分	考核结果
1	液压切管机安装与使用	（1）将切管机安装上所需要的坡口刀或平口刀，用规定的链条将其安装固定在被切的管线上； （2）切管机刀口要避开管线环型焊口 500mm 距离以上，且管线表面应清理，无阻碍物；切管作业管线圆周围应保证 500mm 以上距离内无障碍物，保证切管机顺利通过； （3）连接主轴胶管和爬行胶管，并加入密封圈； （4）检查液压站各阀的动作是否灵活，并使其处于中间状态，接通电源，电机顺时为准，将刀具主轴旋转马达和自动爬行进给马达开启，空载运行 3~5min，使其液压回路运行畅通； （5）压力调整：调节溢流阀门使主轴空载压力达到（10±0.2）MPa，调节减压阀门使副油路空载压力达到（8±0.2）MPa，运行 2~3min； （6）速度调整：拨动换向阀使主轴逆时针转动，调节主油路调节阀，初调主轴转速达 90±5r/min；使切管机顺时针爬行，调节副油路调速阀，使爬行速度达到 77±2mm/min（以 720 管为例，28 分钟爬行一圈为佳）。校正调节主轴转速达 100±5r/min。铣刀逆时针旋转，（人站在铣刀一侧，面向铣刀）； （7）开启主轴旋转马达通过调整液压阀旋钮，使其转速达到 50~55 转/分钟。先拨动换向阀停止爬行，用套筒扳手顺时针旋转进刀手柄，缓缓地将切刀往下走，直至将管壁切透，锁紧螺栓。再拨动手柄使切管机爬行； （8）开启爬行马达开关，通过液压阀旋钮，调整爬行进给速度，如果切管中抖动剧烈，说明切管速度过快，重新调整爬行进给速度，调整到平稳为止；并同时用冷却液，对切割刀具进行冷却，可改善机械加工切削性能，保护刀具提高功效	70	漏答或答错一项扣 7 分			

续表

序号	工作步骤	工作标准	配分	评分标准	扣分	得分	考核结果
1	液压切管机安装与使用	(9)切割完毕后，先关闭行走马达，将刀具旋至最高位置，然后关上切割主轴马达先将切管机链条扣打开，吊装到地面，拆卸切刀片和链条，待清洁油污后装车； (10)对液压站，应先调节溢流阀，降至1MPa以下，再停电动机	70	漏答或答错一项扣7分			
2	液压切管机保养	(1)定期进行润滑； (2)对刀具定期保养，保持其刃口的锋利，必要时进行更换； (3)保持链条的清洁，定期清洗和润滑； (4)液压系统各部要保持清洁、密封，不得混入异物； (5)定期更换过滤器，冲洗堵塞物； (6)定期检查液压油标，防止损坏液压泵	30	漏答或答错一项扣5分			
		合计	100				

考评员   年   月   日

十、W-WQ-03-Z05 收油类设备管理——渣浆泵操作与保养

1. 考核时间：60min。
2. 考核方式：技能操作。
3. 考核评分表。

准备要求。

设备准备：

序号	名称	规格	数量	备注
1	渣浆泵		1台	
2	排油管		至少2根	
3	液压站		1台	

考生姓名：_____   单位：_____

序号	工作步骤	工作标准	配分	评分标准	扣分	得分	考核结果
1	渣浆泵使用前检查	(1)启动设备前，检查是否有松动的螺栓或螺母、润滑油是否泄漏； (2)使手掌、手臂和手指远离所有旋转或运动的部件；做任何调整或维修前，一定要先关闭设备； (3)禁止在通电传输线附近操作设备；连接设备前，确保液压回路控制阀必须处于"OFF"的位置	20	漏答或答错一项扣5分			

续表

序号	工作步骤	工作标准	配分	评分标准	扣分	得分	考核结果
1	渣浆泵使用前检查	(4)连接前，确保进油管回路[快速接头(外)]连接至"IN"端口。回流管[快速接头(内)]连接至相反的端口。请勿颠倒回路流动，否则可导致内油封损坏	20	漏答或答错一项扣5分			
2	检查动力源	(1)确定液压动力源在2000psi时，产生7～10gal/min的流量； (2)确定动力源配备了泄压阀，设置为在最大2100～2250psi时开启； (3)确定泵动力源回油进油不超过250psi； (4)确定泵入口没有杂物，操作前，清除所有障碍物	20	漏答或答错一项扣5分			
3	连接油管	(1)连接前，将所有油管接头用无绒布擦干净； (2)将液压动力源的油管连接至泵或油管的接头； (3)观察接头上的箭头，确定流量方向的正确	15	漏答或答错一项扣5分			
4	泵操作	(1)在渣浆泵出口处连接一个排油管； (2)在泵把手上拴一条绳子或缆线，将泵降低到要抽取的液体中；请勿通过油管或接头提拉或降低渣浆泵； (3)打开液压动力源，注意所抽取液体中的固体； (4)完成抽吸后，将液压控制符置于"OFF"位置；用拴的绳子或缆线将泵从工作区提上来； (5)为移动泵中的固体颗粒，泵必须保持在一个最小的泵轮速度	25	漏答或答错一项扣5分			
5	渣浆泵保养	(1)浆泵中取出油管，如其堵塞，在水管出口端的末端提起，然后摇动，松动杂物，在入口端继续摇动，直到整个水管中都没有杂物； (2)观察泵出口和入口(底部)并去除所有杂物	20	漏答或答错一项扣10分			
	合计		100				

考评员　　　　　　　　　　　　　　　　　　　　　　年　　月　　日

十一、W-WQ-03-Z07 其他抢修类设备管理——溢流夹具安装

1. 考核时间：45min。

2. 考核方式：技能操作。

3. 考核评分表。

考生姓名：_____   单位：_____

序号	工作步骤	工作标准	配分	评分标准	扣分	得分	考核结果
1	溢流夹具使用	(1)除去管道表面的防腐层、铁锈等异物； (2)测量管道的椭圆度，不大于2%； (3)给密封垫涂上润滑剂； (4)把夹具的2in短节内的堵塞取出，安上2in阀门，阀门打开，处于引流状态，使用吊装设备吊住夹具的吊环，把夹具套在管道的泄漏阀门或泄漏点上，并将夹具尽量地置于管道上泄漏位置中心； (5)将丝杠—链条组合放在左、右两链座上，右旋均匀紧固，使夹具外套与管线紧密接触，通过密封垫，实现密封； (6)确认夹具无泄漏后，实施焊接；焊接时防止密封垫过热；依次焊接不同的部位，避免热量集中；在现场焊接中，应定时扭紧丝杠—链条组合及拉紧环链手拉葫芦，防止焊接可能引起松动； (7)完成焊接后，拆下链座，焊加强圈。由手动开孔机完成送堵后，卸下阀门，拧上并焊牢2in短节盖，完成堵漏	100	第(1)，(2)，(3)，(5)项操作错误各扣10分；第(4)，(6)，(7)项操作错误各扣20分			
	合计		100				

考评员   年   月   日

十二、W-WQ-05-Z02 水上油品回收——小面积溢油回收

1. 考核时间：15min。

2. 考核方式：步骤描述。

3. 考核评分表。

考生姓名：_____   单位：_____

序号	工作步骤	工作标准	配分	评分标准	扣分	得分	考核结果
1	描述小面积溢油的围堵方法	(1)当发生小面积的溢油时，只需将收油船开到溢油水域，采用小面积溢油回收方法； (2)当水流速大于0.5kn时，船只也可以不动，静止收油；使用围油栏、浮桶形成一个U形；浮桶提供浮力，防止围油栏下沉； (3)固定杆一端固定在船上，另一端连接浮桶，浮桶可以随波浪上下运动，收集水面的浮油聚集在U形底部； (4)收油机通过吊车放置在U形底部区域，收集浮油，收油机一般不需移动就可以收集浮油，需要移动时，移动吊车或拉动收油机上拖绳即可	100	漏答或答错一项扣10分；示意图绘制正确得50分			
	合计		100				

考评员   年   月   日

十三、W-WQ-05-Z04 管道腐蚀泄漏抢修——管道缺陷修复

1. 考核时间：15min。
2. 考核方式：步骤描述。
3. 考核评分表。

考生姓名：＿＿＿＿＿＿＿＿＿＿　　　　　　　　　单位：＿＿＿＿＿＿＿＿＿＿

序号	工作步骤	工作标准	配分	评分标准	扣分	得分	考核结果
1	管体缺陷修复基本原则	(1)油气管道管体缺陷应依据管道完整性评价结果进行修复； (2)管体缺陷修复技术中涉及需在管道进行焊接作业时，应制订相应的焊接工艺评定和操作规程，管道工艺运行压力要满足相关要求； (3)当管道缺陷较多时，应优先安排缺陷程度较大、出站压力较高、穿越铁路、公路、河流、水源地、人口密集等高后果区地段处缺陷修复； (4)当不停输管道管材等级在X60及以上时，不宜采用堆焊和补板进行缺陷修复	60	漏答或答错一项扣15分			
2	腐蚀穿孔泄漏修复方法（油品可控时）	(1)根据腐蚀点尺寸，选取木楔钉入穿孔处，控制油品泄漏并尽可能地去除管壁外残留木楔；清理作业坑内残留落地油； (2)补板法：使用与管道曲率半径相同的弧板将耐油胶皮压在穿孔处并使用堵漏器紧固链条紧固后焊接； (3)安装B型套筒法：使用B型套筒覆盖泄漏点后焊接； (4)扣管帽等方式：使用适当管径管线短节，一端焊接完盲头后扣在泄漏点后焊接	40	漏答或答错一项扣10分			
合计			100				

考评员　　　　　　　　　　　　　　　　　　　　　年　　月　　日

十四、W-WQ-05-Z05 打孔盗油抢修——未泄漏处置

1. 考核时间：15min。
2. 考核方式：步骤描述。
3. 考核评分表。

237

考生姓名：_____   单位：_____

序号	工作步骤	工作标准	配分	评分标准	扣分	得分	考核结果
1	盗油点未泄漏处置方法	(1)宜采用人工开挖方式作业，先清理盗油阀门周围覆土，形成足够的作业空间，然后将盗油阀门附件覆土清理干净；不能使用工程机械直接挖掘盗油点，可根据现场情况适当使用； (2)可采用扣管帽法：根据现场情况拆去盗油阀门上部管件并根据盗油阀门通径、高度，选择适当管径管线短节并焊接盲头； (3)清理防腐层，清理面积应满足焊接需要； (4)使用预制完毕的管线短节扣在盗油阀门上，并进焊接作业；焊接前应使用测厚仪检测焊接点附近管线壁厚，以确定焊接电流大小、焊接方式及是否需要安装加强板并进行油气浓度检测；进行防腐作业；防腐形式根据现场情况确定； (5)回填。管周围人工回填，机械回填土方时不得高空抛洒，妥帖放置沟内，管道周围及光缆下人工夯填，光缆留置下沉余量	60	漏答或答错一项扣10分			
2	绘制扣封头示意图		40	画错示意图扣40分			
		合计	100				

考评员   年   月   日

十五、W-WQ-05-Z06 焊缝开裂抢修——焊缝开裂抢修流程

1. 考核时间：15min。
2. 考核方式：步骤描述。
3. 考核评分表。

考生姓名：_____   单位：_____

序号	工作步骤	工作标准	配分	评分标准	扣分	得分	考核结果
1	焊缝开裂抢修处置方法	(1)确定断裂点； (2)清理漏油油品； (3)检测现场油气浓度； (4)拆除防腐层； (5)拆解对开式卡具，并检查密封； (6)安装卡具并紧固，确保无泄漏； (7)清除现场落地油并进行安全检测； (8)组织对开卡具焊接作业	100	处置过程漏答或答错1项扣10分			

续表

序号	工作步骤	工作标准	配分	评分标准	扣分	得分	考核结果
1	焊缝开裂抢修处置方法	(9)汇报应急领导小组，由应急领导小组下达命令恢复输油；接到恢复输油命令后，进行恢复输油流程切换操作配合，并联系分公司各泵站进行恢复输油流程切换操作； (10)由维抢修队伍组织进行管线防腐、回填夯实工作	100	处置过程漏答或答错1项扣10分			
	合计		100				

考评员　　　　　　　　　　　　　　　　　　　　　　　　　　　　年　　月　　日

十六、W-WQ-05-Z08 清管器卡堵抢修——清管器卡堵处置

1. 考核时间：15min。
2. 考核方式：步骤描述。
3. 考核评分表。

考生姓名：＿＿＿＿＿＿＿＿＿＿＿　　　　　　　　　　　单位：＿＿＿＿＿＿＿＿＿＿

序号	工作步骤	工作标准	配分	评分标准	扣分	得分	考核结果
1	管道变形导致清管器卡堵的现场处置程序	(1)视现场情况以及管道高程、管道干线截断阀等条件，在卡堵点两侧或单侧合理位置选择封堵点数量及位置； (2)进行开孔封堵及密闭收油作业（SY/T6150—2011《钢制管道封堵技术规程》）； (3)进行机械断管作业； (4)预制管段并进行更换的动火作业（Q/SY64—2012《油气管道动火规范》）； (5)焊缝检验合格恢复生产； (6)管道防腐回填恢复地貌	60	漏答或答错一项扣10分			
2	管线内异物堵塞造成清管器卡堵的现场处置程序	(1)在清管器卡堵的上游站提压或在卡堵处上游使用压裂车进行挤顶，解除清管器的卡堵现象； (2)清管器提压挤顶无效后可在清管器上游站继续投放清管器挤顶； (3)以上两种方法无效后，则采取开孔封堵作业，取出卡堵清管器以及异物，换管恢复生产	40	漏答或答错第（1）、（2）项扣10分；答错第（3）项扣20分			

考评员　　　　　　　　　　　　　　　　　　　　　　　　　　　　年　　月　　日

高级资质理论认证

高级资质理论认证要素细目表

行为领域	代码	认证范围	编号	认证要点
基础知识 A	A	常用计算公式、专业术语及计量单位换算	01	常用计算公式及概念
			02	常用计量单位之间的换算
	B	管道识图	01	符号及图例
			02	管道单线图的识图
			03	输油气站场工艺流程图
	C	管道与油品知识	01	管道的分类与分级
			02	油气管道的组成及其特点
			03	原油知识
			04	成品油知识
			05	天然气知识
			06	氮气知识
			07	液压油知识
			08	润滑油知识
	D	管道焊接相关知识	01	维抢修常见焊接方法
			02	气焊工艺技术
			03	管道动火口消磁方法
			04	管道焊接安全注意事项
专业知识 B	A	维抢修日常管理	01	管理平台查询与使用
			02	收集管辖范围管道概况
			03	设备日常保养
	B	应急管理	01	应急预案
			02	应急预案演练
			03	演练后评价及问题整改
	C	维抢修设备操作及维护保养	01	发电、照明类设备管理
			02	高压封堵类设备管理
			03	低压封堵类设备管理
			04	切管类设备管理
			05	收油类设备管理
			06	焊接类设备
			07	其他抢修类设备管理

续表

行为领域	代码	认证范围	编号	认证要点
专业知识B	D	管道维修专业技术	01	管道事故类型与维修方法
	E	管道抢修技术	01	抢修程序
			02	水上油品回收
			03	陆地油品回收
			04	管道腐蚀泄漏抢修
			05	打孔盗油抢修
			06	焊缝开裂抢修
			07	管道断裂抢修
			08	清管器卡堵抢修
			09	天然气管道冰堵抢修
			10	天然气管道泄漏抢修(氮气置换)
			11	管道悬空抢修
			12	管道漂管抢修
	F	油气管道维抢修作业安全管理与技术	01	抢修现场作业安全管理

高级资质理论认证试题

一、单项选择题(每题4个选项,将正确的选项号填入括号内)

第一部分　基础知识

常用计算公式、专业术语及计量单位换算部分

1. AA01 空心直圆柱体积计算公式为(　　　)。其中 R 为外半径,r 为内半径,h 为圆柱高,t 为圆柱壁厚,p 为平均半径。

A. $\pi h(R-r)$　　　　　B. $\pi h(R-r)^2$　　　　　C. $2\pi Rpth$　　　　　D. $4\pi Rpth$

2. AA02 1 英尺 = (　　　)英寸。

A. 0.5　　　　　B. 1　　　　　C. 12　　　　　D. 24

3. AA02 1 千克力 = (　　　)牛。

A. 1　　　　　B. 5　　　　　C. 9.8　　　　　D. 98

4. AA02 1 毫米汞柱(mmHg) = (　　　)帕。

A. 13.332　　　　　B. 133.322　　　　　C. 78.56　　　　　D. 9.80665

管道识图部分

5. AB01 管道识图线型分类中,管件、阀件的图线用的线型是(　　　)。

A. 粗实线　　　　　B. 中实线　　　　　C. 细实线　　　　　D. 虚线

6. AB01 输油管线规定使用的代号是( )。

A. Y   B. YM   C. Y1   D. SY

7. AB01 下图符号的名称是( )。

A. 丝扣阀   B. 导向支架   C. 焊接阀   D. 同径大小头

8. AB01 下图符号的名称是( )。

A. 丝扣阀   B. 导向支架   C. 焊接阀   D. Y 形过滤器

9. AB02 长短相同的两根管子，如果重叠在一起的话，它们的投影就完全重合，反映在投影面上好像是一根管子的投影，这种现象称为管子的( )。

A. 重合   B. 重叠   C. 映射   D. 叠加

管道与油品知识部分

10. AC01 16Mn 钢管的温度使用范围一般为( )。

A. 0~100℃   B. −10~50℃   C. −40~475℃   D. −10~10℃

11. AC01 在钢中若加入适量的硅，钢便具有很好的( )。

A. 强度   B. 弹性   C. 塑性   D. 韧性

12. AC03 原油相对密度为( )称为重质原油。

A. 0.75~0.95   B. 大于 0.95

C. 小于 0.75   D. 0.9~1.0

13. AC03 原油冷却到由液体变为固体时的温度称为( )。

A. 凝固点   B. 沸点   C. 熔点   D. 闪点

14. AC03 原油的沸点范围通常为( )。

A. 0~100℃   B. 100~200℃   C. 200~300℃   D. 500℃ 以上

15. AC04 柴油的标号一般指( )。

A. 温度   B. 压力

C. 辛烷值   D. 适用的环境温度

管道焊接相关知识部分

16. AD01 埋弧焊可以采用较大的焊接电流。与手弧焊相比，其最大的优点是( )。

A. 焊缝质量好，焊接速度高   B. 焊缝质量差，焊接速度高

C. 焊缝质量好，焊接速度慢   D. 焊缝质量差，焊接速度慢

17. AD01( )是一种不熔化极气体保护电弧焊，是利用钨极和工件之间的电弧使金属熔化而形成焊缝的。

A. 手弧焊   B. 埋弧焊

C. 等离子弧焊   D. 钨极气体保护电弧焊

18. AD01(　　)在国际上通称为 TIG 焊。

A. 手弧焊　　　　　　　　　　　　　　B. 埋弧焊

C. 等离子弧焊　　　　　　　　　　　　D. 钨极气体保护电弧焊

19. AD01(　　)是以电弧作为热源的机械化焊接方法。

A. 手弧焊　　　　　　　　　　　　　　B. 埋弧焊

C. 等离子弧焊　　　　　　　　　　　　D. 钨极气体保护电弧焊

20. AD02(　　)是用气体火焰为热源的一种焊接方法。

A. 手弧焊　　　　　　　　　　　　　　B. 埋弧焊

C. 气焊　　　　　　　　　　　　　　　D. 钨极气体保护电弧焊

21. AD02(　　)的熔点为 1534℃，纯铁的燃点为 315~320℃。

A. 纯铜　　　　　B. 纯铁　　　　　C. 纯铝　　　　　D. 纯银

22. AD02 气割参数的选择：(　　)、预热火焰能率、割嘴型号、割嘴与被割工件的距离、割嘴与被割工件表面倾斜角、切割速度。

A. 切割氮气压力　　　　　　　　　　　B. 切割氩气压力

C. 切割氧压力　　　　　　　　　　　　D. 切割氯气压力

23. AD02 1 号割嘴的切割范围为：(　　)。

A. 切割钢材厚度 1~8mm　　　　　　　B. 切割钢材厚度 1~12mm

C. 切割钢材厚度 2~10mm　　　　　　　D. 切割钢材厚度 1~15mm

24. AD04 乙炔的使用压力不能超过(　　)MPa。

A. 1　　　　　B. 2　　　　　C. 0. 5　　　　　D. 0. 05

25. AD04 氧气的使用压力一般在(　　)MPa。

A. 0. 1　　　　　B. 0. 2　　　　　C. 0. 5　　　　　D. 0. 4

26. AD04 低于 X60 以下钢级管道(包括 X52. L360、16Mn、A3 等)补焊、补板焊接作业，参照(　　)要求执行。

A.《焊接试验研究报告》

B.《X60 钢级在役管道抢修焊接施工指导书和焊接工艺规程》

C.《X65 钢级在役管道抢修焊接施工指导书和焊接工艺规程》

D.《X70 钢级在役管道抢修焊接施工指导书和焊接工艺规程》

27. AD04 对于检测不合格的焊缝，按照(　　)标准规定，经动火管道管理单位同意，进行清除缺陷、返修、采取有效的焊缝加强措施或切除焊缝重新下料、对口、焊接。

A.《焊接试验研究报告》

B.《钢质管道焊接及验收》(GB/T 31032—2014)

C.《X65 钢级在役管道抢修焊接施工指导书和焊接工艺规程》

D.《X70 钢级在役管道抢修焊接施工指导书和焊接工艺规程》

28. AD04 管道抢修时，需要的在役管道焊接但没有相应的焊接工艺规程，可由抢修单位提出焊接工艺方案，经应(　　)审批后实施。

A. 班长　　　　　　　　　　　　　　　B. 应急领导小组

C. 队长　　　　　　　　　　　　　　　D. 经理

第二部分　专业知识

维抢修日常管理部分

29. BA01 PIS 平台不包括下列哪项内容（　　）。

A. 维抢修人员　　　B. 维抢修设备　　　C. 维抢修车辆　　　D. 维抢修预案

30. BA01 PIS 平台对于预案演练的要求是及时上报（　　）。

A. 预案演练计划　　B. 演练记录　　　　C. 演练后评价　　　D. 以上都是

31. BA01 PIS 平台抢修人员信息更新时间为（　　）。

A. 1 个月　　　　　B. 3 个月　　　　　C. 6 个月　　　　　D. 即时

32. BA03 测试对设备添加润滑油时应严格保证（　　），防止杂物进入设备内部。

A. 过滤　　　　　　B. 温度　　　　　　C. 压力　　　　　　D. 黏度

33. BA03 能够编制设备维护保养计划，组织相关人员定期对设备进行试运和检查保养，保养结束后及时填写（　　）。

A. 设备保养记录　　B. 抢修记录　　　　C. 生产记录　　　　D. 检查记录

34. BA03 抢修设备中包含（　　）要求强制性检定或校验附件的，应严格按照有关规定进行定期检定或校验，确保安全附件随时处于完好状态。

A. 地方安全部门　　　　　　　　　　　B. 地方监查部门

C. 地方消防部门　　　　　　　　　　　D. 地方检定公司

35. BA03 下列哪种设备不是每月至少检查、保养一次（　　）。

A. 电焊机　　　　　B. 罗茨泵　　　　　C. 封堵设备　　　　D. 轴流风机

应急管理部分

36. BB01 哪一项不属于应急准备（　　）？

A. 制订编写流程文件

B. 建立、健全应急工作的规章制度。组织开展应急宣传教育，提高员工的应急意识，掌握有关应急知识

C. 公司应急有关部门应做好有关应急平台的建设、运行及管理工作，提高公司应急指挥和处置能力

D. 应做好突发事件预防、监测、预警、应急处置、救援的新技术、新设备的研发和推广工作

37. BB01 应急保障不包括下列哪项（　　）？

A. 通讯与信息　　　B. 应急队伍　　　　C. 应急技术　　　　D. 作业指导书

38. BB02 公司所属各单位、部门针对所管辖业务及所在区域可能发生的突发事件、主要风险等，制订本单位、本部门应急预案编制规划，并根据实际情况变化适时修订完善，原则上至少（　　）修订一次。

A. 半年　　　　　　B. 一年　　　　　　C. 二年　　　　　　D. 三年

39. BB01 应急保障不包括以下哪项（　　）？

A. 应急资金　　　　B. 应急队伍　　　　C. 应急车辆　　　　D. 应急技术

40. BB02 根据现场及作业环境可能出现的突发事件类型，对现场进行风险识别。重点分析关键装置、要害部位、重大危险源等突发事件可能性及后果的严重程度，对现场及可以依托的资源的应急处置能力进行分析和（   ）。

A. 检查　　　　　　　B. 评估　　　　　　　C. 校对　　　　　　　D. 记录

维抢修设备操作及维护保养部分

41. BC02 打开液压夹板阀阀门：用（   ）逆时针旋转连通阀，慢慢打开连通阀，从腔体中放出空气来平衡夹板阀闸板两边的压力。

A. 活动扳手　　　　　B. 梅花扳手　　　　　C. 六角扳手　　　　　D. F 扳手

42. BC02 开液压夹板阀前必须将连通阀（   ），使闸板两侧压力平衡后闸板才可以打开，如果压力不均等时打开闸板，会损坏"O"形密封圈或把它们挤出原来的位置。

A. 慢慢打开　　　　　B. 迅速打开　　　　　C. 慢慢关闭　　　　　D. 迅速关闭

43. BC02 开孔作业，完全开启阀门，使用给进马达或手摇把将镗杆伸出，在距中心钻与管体相接处标记 2~3cm（1in）处停止伸出镗杆，用手摇把将镗杆伸出至中心钻与管体相接触，退回（   ）圈。

A. 1~2　　　　　　　B. 2~3　　　　　　　C. 3~4　　　　　　　D. 4~5

44. BC03 封堵器使用前检查密封皮碗无损伤，且（   ）。

A. 只能使用一次　　　　　　　　　　　B. 使用两次

C. 使用三次　　　　　　　　　　　　　D. 可以反复使用

45. BC02 封堵液压缸水平放置 3 个月要转动一次，每次转动（   ）。

A. 60°　　　　　　　B. 90°　　　　　　　C. 180°　　　　　　　D. 360°

46. BC03 PN64 DN300mm 手动夹板阀是用于在（   ）管线上封堵作业的专用阀。

A. ϕ370mm~ϕ529mm　　　　　　　　B. ϕ529mm~ϕ720mm

C. ϕ720mm~ϕ900mm　　　　　　　　D. ϕ900mm~ϕ1016mm

47. BC04 ZYQ-100 型液压切管机注入 46# 抗磨液压油达油标（   ）处。

A. 1/4　　　　　　　B. 1/3　　　　　　　C. 2/3　　　　　　　D. 1/2

48. BC04 ZYQ-100 型液压切管机，检查液压站各阀的动作是否灵活，并使其处于中间状态，接通电源，电动机顺时为准，将刀具主轴旋转马达和自动爬行进给马达开启，空载运行（   ）min，使其液压回路运行畅通。

A. 1~2　　　　　　　B. 2~3　　　　　　　C. 3~5　　　　　　　D. 5~6

49. BC05 先行启动罗茨泵，然后逐渐打开被排油管线阀门。压力不准超过（   ）MPa。

A. 0.6　　　　　　　B. 0.9　　　　　　　C. 1.0　　　　　　　D. 1.2

50. BC06 外置电焊机时，必须安放在通风良好、干燥、无腐化媒质、高温高湿和多粉尘的地方，雨天应搭防雨棚或遮阳伞，焊机应用绝缘物垫起，垫起高度不得小于（   ）cm，按要求配备消防器具材料。

A. 10　　　　　　　　B. 20　　　　　　　　C. 30　　　　　　　　D. 40

51. BC06 焊接电缆的选择应按照焊接电流的大小和电缆的长度，按划定选用较大的剖面积，一次线长度要求在（   ）m、二次线长度不得超过 30m。

A. 2　　　　　　　　B. 3　　　　　　　　C. 4　　　　　　　　D. 5

管道抢修技术部分

52. BE01 小面积溢油,溢油没有在围油栏中:当发生小面积的溢油时,只需将收油船开到溢油水域,采用小面积溢油回收方法。当水流速大于( )kn 时,船只也可以不动,静止收油。

A. 0.5   B. 1   C. 1.5   D. 2

53. BE01 围油栏布设需在河道两岸打坚固的钢桩、木桩或利用已有的树木等,围油栏与河道的夹角跟河水的流速有关,流速越大,夹角( )。

A. 越大   B. 越小   C. 不变   D. 与流速无关

54. BE01 控制坝,坝体砌筑在迎水面宜垒砌成直面,在背水面砌筑坡比 1:1~1:2,坝顶宽度不宜小于( )m,必要时可在两侧打木桩防护。

A. 0.5   B. 1   C. 1.25   D. 1.5

55. BE01 对于泄漏量较大、水面上的油层厚度( )的现场回收,可在岸边再挖一个集油坑,将水面上的油品直接引入坑内,引流渠的沟底高度与水面平齐。将集油坑内的油品直接用泵排油入罐。

A. 小于 1cm   B. 大于 1cm 小于 2cm

C. 大于 2cm 小于 3cm   D. 大于 3cm

56. BE06 管线断裂部位切管。采用液压切管机对断裂管段单侧( )管段切除裂部位切管。

A. 不小于 1m   B. 小于 1m   C. 1m   D. 任何位置

57. BE07 确定管道蜡堵长度后,组织人员间隔性地开挖管道烘烤作业坑,作业坑一般不大于 1.5m,间距为( )m,也可根据现场情况适当加密烘烤点。

A. 小于 10   B. 10~20   C. 20~30   D. 大于 30

二、判断题(对的画"√",错的画"×")

第一部分　基础知识

常用计算公式、专业术语及计量单位换算部分

( )1. AA02 1 吨(t)= 1000 千克(kg)= 2305 磅(lb)。

( )2. AA02 1 英寸(in)= 5.54 厘米(cm)。

( )3. AA02 水的密度在 4℃时为 $10^3 kg/m^3$。物理意义是:每立方厘米的水的质量是 $1.0×10^3 kg$。

管道识图部分

( )4. AB01 粗实线:管件、阀件的图线,建筑物及设备轮廓线,尺寸线、引出线。

( )5. AB02 长短相同的两根管子,如果重叠在一起的话,它们的投影就完全重合,反映在投影面上好像是一根管子的投影,这种现象称为管子的重叠。

( )6. AB02 管线投影图的识读:(一)看视图、想形状,(二)对线条、找关系,

（三）合起来、看整体。

（　　　　）7. AB02 在图形中仅用两条线条表示管子和管件形状的方法叫做双线表示法。

（　　　　）8. AB02 在图形中用单根粗实线来表示管子和管件的图样，通常叫做双线表示法，由它画成的图样称为双线图。

管道与油品知识部分

（　　　　）9. AC01 管子按用途分类，可分为流体输送管道、传热管道、结构管道以及其他用途管道等。

（　　　　）10. AC01 长输管道指产地、储存库、用户之间的用于输送商品介质的管道，为 GA 类，级别划分为 GA1 级、GA2 级、GA3 级。

（　　　　）11. AC01 公用管道包括燃气管道和热力管道，为 GB 类，级别划分为 GB1 级、GB2 级。

（　　　　）12. AC01 石油化工管道属于工业管道，为 GC 类，级别划分为 GC1 级、GC2 级与 GC3 级。

（　　　　）13. AC01 公称压力如同公称直径是方便工程的名义压力参数，表示为 PN。

（　　　　）14. AC01 公差：标准中规定的正、负偏差值绝对值之和叫做公差。

（　　　　）15. AC01"正公差"的说法是正确的。

（　　　　）16. AC01 钢管在长度方向上呈曲线状，用数字表示出其曲线度即叫弯曲度。

（　　　　）17. AC01 涂层是埋地管道腐蚀控制的第一道防线，其作用是将管体金属与腐蚀环境隔离。

（　　　　）18. AC01 阴极保护的作用是对涂层缺陷处的金属提供附加保护。

（　　　　）19. AC01 石油沥青涂层适用于对涂层性能要求不高的一般土壤环境，如砂土、壤土环境，长期工作温度低于 80℃；不宜用于沼泽、水下以及生物活动频繁、植物根系发达地带。

（　　　　）20. AC01 3PE 涂层，底层与钢管面所接触的是环氧粉末防腐涂层，中间层为带有分支结构功能团的共聚粘合剂，面层为高密度聚乙烯防腐涂层。

（　　　　）21. AC01 通常热力管道用泡沫塑料、油毛毡、矿渣棉和玻璃棉等；低温管道则常用石棉、硅藻土、蛭石水泥、膨胀珍珠岩、泡沫混凝土、矿渣棉和玻璃棉等。

（　　　　）22. AC02 输油站主要作业区的设备或设施包括输油泵房（棚）或输油泵区、储罐区、阀组区、计量区、清管设施、加热系统（加热炉或换热器组等）、油品预处理装置（多设于首站）等。

（　　　　）23. AC02 管道是用于输送油品的设备，一般采用螺旋缝或直缝低合金钢管焊接而成，管道内外表面涂有防腐蚀层，除站（库）内管道沿地、架空敷设外，一般采用埋地敷设。

（　　　　）24. AC02 线路截断阀室：是为了及时进行抢修、检修而设的。一般根据线路所在地区类别，每隔一定距离及在江河、湖泊、公路、铁路等穿跨越处两侧设置线路截断阀室。

（　　　　）25. AC02 天然气输气管道系统主要由矿场集气管道（网）、干线输气管道（网）、城市配气管道（网）以及与此相关的输（压）气站、场等组成。

（   ）26. AC02 压缩机组是输（压）气站中提供输（压）气动力的关键部分，包括输（压）气机组及辅助系统。

（   ）27. AC02 分输站的任务是进行天然气的分离、调压、计量，收发清管球，在事故状态下对输气干线进行放空，以及给各用户进行供气。

（   ）28. AC03 原油物理性质包括颜色、密度、黏度、凝固点、溶解性、发热量、荧光性、旋光性等。

（   ）29. AC03 原油相对密度一般为 0.55~0.95。

（   ）30. AC03 凝固点的高低与石油中的组分含量有关，轻质组分含量高，凝固点低，重质组分含量高，尤其是石蜡含量高，凝固点就高。

（   ）31. AC03 原油黏度大小取决于温度、压力、溶解气量及其化学组成。

（   ）32. AC03 原油冷却到由液体变为固体时的温度称为凝固点。

（   ）33. AC04 由于成品油的物性，决定了成品油管道泄漏抢修难度远高于原油管道泄漏抢修，主要表现在成品油远高于原油的燃烧性、蒸发性、爆炸性、流动性、有毒性以及渗透性。

（   ）34. AC04 成品油管道泄漏极易造成着火、爆炸以及深层的土壤、水源污染，因此在维抢修作业过程中，应从防静电措施、火花控制、个人防护、防渗处理等方面对危险危害进行防控。

（   ）35. AC05 天然气是一种多组分的混合气态化石燃料，主要成分是烷烃，其中甲烷占绝大多数，另有少量的乙烷、丙烷和丁烷。

管道焊接相关知识部分

（   ）36. AD01 钨极气体保护电弧焊由于能很好地控制热输入，所以它是连接薄板金属和打底焊的一种极好方法。

（   ）37. AD02 气割是利用可燃气体和助燃气体，在割把内进行混合，使混合气体发生剧烈燃烧，将被割工件在切割处预热到燃烧温度后，喷出高速切割氧气流，使切口处金属剧烈燃烧，并将燃烧后的金属氧化物吹除，实现工件分离。

（   ）38. AD02 气割参数的选择：切割氧压力、预热火焰能率、割嘴型号、割嘴与被割工件的距离、割嘴与被割工件表面倾斜角、切割速度。

（   ）39. AD02 切割氧气压力太低，容易形成氧气浪费，切口表面粗糙，切口加大。

（   ）40. AD02 切割速度过快，后托量越大，甚至割不透。后托量越小越好。

（   ）41. AD02 氧气瓶颜色为淡酞蓝色（天蓝色），字样"氧"，字颜色为黑色。

（   ）42. AD02 溶解乙炔气瓶颜色为白色，字样"乙炔不可近火"，字颜色为大红色。

（   ）43. AD02 氧气瓶、乙炔瓶的安全距离为 5m，乙炔瓶距离明火的安全距离 10m（高空作业时是指与垂直地面处得平行距离）。

（   ）44. AD02 乙炔的使用压力可以能超过 0.05MPa，氧气的使用压力一般在 0.4MPa，严禁超压使用，防止皮带爆开发生事故。

（   ）45. AD02 氧气、乙炔瓶内气体必须用净，不应留有余压。

（   ）46. AD02 在气割时金属飞溅物堵塞了割嘴，乙炔气不能有效流出，氧气逆行和乙炔气混合后顺着乙炔管路而上进行燃烧，这一现象被称为回火。

（   ）47. AD04 焊接前，应测量并记录焊接地点的环境温度、环境湿度、环境风速等数值，如不能满足焊接工艺规程要求，不得进行在役管道焊接作业。

第二部分 专业知识

维抢修日常管理部分

（   ）48. BA01 PIS 平台包括维抢修人员、维抢修设备、维抢修车辆、维抢修预案等内容。

（   ）49. BA01 PIS 平台抢修设备信息更新时间为半年。

（   ）50. BA01 PIS 平台不包括站场维修相关内容。

（   ）51. BA02 维抢修工程师需熟知本单位管辖管道概况，并进行记录，定期更新整理。

（   ）52. BA03 抢修车因为是车辆，所以不是维抢修工程师管辖范围。

（   ）53. BA03 设备的备品备件分为储备类备品备件和易耗类备品备件。

（   ）54. BA03 设备的日常维护保养，可归纳为"清洁、润滑、调整、紧固、防腐、密封"。

应急管理部分

（   ）55. BB01 现场处置预案是针对站（队）重大危险源、关键生产装置、要害部位及场所以及大型公众聚集活动或重要生产经营活动等可能发生的突发事件或次生事故，编制的处置、响应、救援等具体的工作方案，具体内容由各站队编制。

（   ）56. BB01 突发事故灾难事件主要包括站外管道突发事件、站内突发事件、涉外管道突发事件、新建管道突发事件、天然气销售突发事件、突发急性职业中毒事件、突发环境事件等。

（   ）57. BB01 社会安全事件主要包括新闻媒体应对事件、群体性突发事件、重大失密泄密事件、网络与信息安全事件、办公区大型活动突发事件、管道防恐事件等。

（   ）58. BB01 公司应急响应的过程可分为接警、判断响应级别、应急启动、控制及救援行动、扩大应急、应急状态解除等步骤。

（   ）59. BB01 在发生险情时，维抢修工程师可不执行体系文件相关要求。

（   ）60. BB01 管道公司预案结构体系由管道公司级应急预案、站队级应急预案组成。

（   ）61. BB01 管道公司级应急预案由管道公司突发事件总体应急预案和公司级专项应急预案组成。

（   ）62. BB01 输油气分公司级应急预案由分公司突发事件综合应急预案和分公司级现场处置预案组成。

（   ）63. BB01 站队级应急预案由站（队）突发事件综合应急预案和现场处置预案组成。

（   ）64. BB01 突发事件总体应急预案是应急预案演练的总纲。

（   ）65. BB01 站队级专项预案是管道公司突发事件总体应急预案的支持性文件，主要针对某一类或某一特定的突发事件，对应急预警、响应以及救援行动等工作职责和程序作出的具体规定。

（   ）66. BB01 分公司现场处置预案是分公司应对各类突发事件的指导性文件。

(   )67. BB01 分公司级现场处置预案是分公司突发事件综合应急预案的支持性文件，主要针对某一类或某一特定的突发事件。

(   )68. BB01 站(队)综合应急预案是站(队)应对各类突发事件的总体性文件，站(队)总体应急预案对现场处置预案的构成、编制提出要求及指导。

(   )69. BB02 预案应急演练只可以采用实战操作的形式。

(   )70. BB02 事故类型与危害分析：分析存在的危险源及其风险性、引发事故的诱因、事故影响范围及危害后果，提出相应的事故预防和应急措施。

(   )71. BB03 维抢修工程师应当建立定期评估制度，分析评价预案内容的针对性、实用性和可操作性，实现应急预案的动态优化和科学规范管理。

维抢修设备操作及维护保养部分

(   )72. BC01 发电机故障的原因通常是多方面因素造成的，不同故障表现出不同的现象，要排除故障，必须先查明故障的原因，在实践中通过看、听、摸、嗅等感觉，来发现发电动机异常的表现，从而发现问题、解决问题，消除故障。

(   )73. BC01 判断发电机故障的一般原则是：结合结构、联系原理、弄清现象、结合实际，从简到繁、由表及里、按系分段、查找原因。

(   )74. BC01 发电机在常温下，一般应在几秒内能顺利启动，有时需要反复 3~4 次才能启动是正常的。

(   )75. BC02 夹板阀存放和运输时，底部要垫平稳，避免碰坏。端面盖好防护盖，保护闸板密封面和端面结合面。

(   )76. BC02 液压开孔机要求管内介质压力不小于 6.4MPa，温度不超过 80℃，由于采用机械切削开孔，因特别适用于易燃、易爆的液态介质和气态介质的管线上进行作业。

(   )77. BC02 液压开孔机通过调节液压站上泵的排量，溢流阀、调速阀的流量调解主轴转速，从而控制开孔速度，完成开孔作业。

(   )78. BC02 标尺杆能准确记录进刀尺寸，与理论尺寸相比较，从而准确把握自动进刀、快速进退刀、手动进退刀、停车等操作。

(   )79. BC02 液压开孔机使用后，要对设备进行清洗处理，入库后按位摆放。

(   )80. BC02 定期检查减速箱润滑油，加入 30 号机油指标，100h 或每半年换油 1 次。

(   )81. BC02 液压油应每月交换一次。每次换油后应向油泵加油口注油。

(   )82. BC02 长途运输时油箱中的油可以不放出。

(   )83. BC02 在某些区域，油液在较低的温度下就被加热，液压油和马达里的油液会被潮湿的空气所污染，这就要求更加频繁地更换液压油和过滤器，将过滤器的滤网清理干净。

(   )84. BC02 封堵器每次使用后都应对封堵头进行清洗，铰链装置应进行清洁，涂抹润滑脂。

(   )85. BC02 检查封堵头外壳的螺纹和密封端盖，不能有任何形式的损坏，在开始作业前在密封元件上涂抹润滑脂。

(   )86. BC03 送取囊装置日常保养时应检查各密封处有无渗漏，仪表指示是否准确。

（　　）87. BC04 被切割管应支撑牢固，尽量缩短管子悬臂长度，以减轻切割时的振动。

（　　）88. BC04 为保证切管机顺利地沿管壁外表面爬行，管子周围的障碍物距管外表面不得大于 350mm。

（　　）89. BC04 切管机工作前没必要清除管子外表面的泥土及其他脏物。

（　　）90. BC04 刀具选择：切割普通碳素钢管、低合金钢管，选用硬质合金铣刀。切割铸铁管时选用高速钢铣刀。

（　　）91. BC04 切管机工作时电源线必须全部放开，不得卷绕在电动机或切管机其他部位上。

（　　）92. BC04 切割有应力的管道时，应在切开部位加楔块，加楔块时不需要暂停切割作业。

（　　）93. BC04 切管机使用完毕后，应先调节溢流阀将压力降到 1MPa 以下再停机。

（　　）94. BC04 数控火焰切割机在操作转换开关时，无须使机器停止后换向。

（　　）95. BC04 数控火焰切割机切割工件应在通风良好的环境中进行，在通风不良或在容器中进行切割时，应另外采取加强通风的有效措施。

（　　）96. BC04 数控火焰切割机更换割炬零件前，必须切断电源总开关。

（　　）97. BC04 数控火焰切割机操作时应注意保护割炬软管电缆不受伤害；也要注意不使火花损伤油漆、塑料及其他金属等物体。

（　　）98. BC05 先行启动罗茨泵，然后逐渐打开被排油管线阀门。压力不准低于 0.6MPa。

（　　）99. BC05 罗茨泵当排油压力为零时，首先关闭排油管线上的阀门，拆下排油管线阀门端的快速接头，接上法兰接头的插入管，进行管内无压情况下的原油排油操作。

（　　）100. BC05 排油操作过程中，如需间断时，应先停泵，再关闭管线控制阀。再操作时也先开泵，后开控制阀。

（　　）101. BC05 当罗茨泵停止工作后，要对过滤器、阀门、排油管进行通透和清洁处理，然后关闭阀门，并将排油管盘好，按位停放到库内。

（　　）102. BC05 动力机组启动时应连接液压管线。

（　　）103. BC05 把液压管线摆顺，避免管路绞缠和摩擦。如果管路纽结或漏油，必须更换。

（　　）104. BC05 在确认液压管线全部连接好的情况下才可启动动力机组，严禁液压管线未连接或连接不好的情况下启动动力机组。

（　　）105. BC05 把收油机吊放到需收油的水中，注意水深最多 7.5cm(3in)。

（　　）106. BC05 快速接头应该保持干净，采用刷子、压缩空气、煤油或其他溶剂清洁。

（　　）107. BC05 清洗液压软管和输油管表面，清洗后，液压连接部要涂保护性润滑油。

（　　）108. BC05 收油机动力机组启动时可以连接液压管线。

（　　）109. BC07 在管道上安装夹具前，要除去管道表面的防腐层、铁锈等异物。

（　　）110. BC07 检测管道的椭圆度，不大于 5%，密封垫准许管道表面有较小的不规则度，范围在 0.8mm 内。

（　　）111. BC07 紧固卡具时，所有螺栓、螺母都应一致扭转。在固定好螺栓的同时，最好能保持钢梁缝隙相同。

( )112. BC07 当夹具完全固定后，侧面钢梁缝隙约 4~6mm。同时打开溢流阀，利用溢流管路排泄漏点压力或液体。

管道抢修技术部分

( )113. BE01 拦油坝坝体用玻璃丝袋装土垒砌而成，土就地取材。

( )114. BE01 实体坝和控制堰适用于狭窄河流或小溪，且河底深度不宜大于 2.0m。

( )115. BE01 当过水管无法满足河流泄流量时，为避免溃坝，应准备一定数量的污水泵或泥浆泵。

( )116. BE01 坝体砌筑在迎水面宜垒砌成直面，在背水面砌筑坡比 1:1~1:2，坝顶宽度不宜小于 1.5m，必要时可在两侧打木桩防护。

( )117. BE01 在静水、油层薄和相对面积较大的区域，宜选择采用凝油剂进行油品回收。

( )118. BE01 对清理完的河道和土地，可利用嗜油性细菌将残余污油进行生物降解。

( )119. BE02 抢修先遣组迅速赶赴抢修现场进行勘察，制订有针对性的抢修方案，确定是否请求其他队伍支援。

( )120. BE05 焊缝开裂抢修可采取卡具堵漏或管道封堵换管两种方案。

( )121. BE05 安装卡具前，检查卡具密封胶圈是否完好，并在密封面涂上适量黄油。

( )122. BE09 输气管线发生断裂后，抢修人员抵达事故现场后要立即开展抢修。

三、简答题

第一部分 基础知识

管道与油品知识部分

1. AC01 偏差和公差的区别是什么？
2. AC01 天然气的爆炸性包括哪些内容？
3. AC01 影响天然气爆炸力的因素有哪些？
4. AC02 干线输油管道包括哪几部分？它们的主要作用是什么？
5. AC05 影响天然气爆炸范围的因素有哪些？
6. AD02 在役管道焊接基本条件是什么？
7. AD02 气割安全操作规程有哪些？

第二部分 专业知识

应急管理部分

8. BB01 输气管道的危险、有害因素分析中，外界原因一般包括哪些？
9. BB01 输气管道的危险、有害因素分析中，内在因素一般包括哪些？
10. BB03 应急预案演练的日常工作包括哪些内容？

维抢修设备操作及维护保养部分

11. BC01 简述手动开孔钻日常保养主要内容？

12. BC07 堵漏夹具的使用步骤分哪几步？

管道抢修技术部分

13. BE01 管道发生泄漏事件后，如何控制油品不扩散到下游区域？

14. BE08 发生冰堵管道的现场处置程序是什么？

15. BE10 管道悬空时用立柱支撑抢修的方法是什么？

16. BE10 管道悬空时用草袋填土抢修的方法是什么？

17. BE11 管道漂管抢修的注意事项有哪些？

高级资质理论认证试题答案

一、单项选择题答案

1. C	2. C	3. C	4. B	5. C	6. A	7. B	8. D	9. B	10. C
11. B	12. D	13. A	14. D	15. D	16. A	17. D	18. D	19. B	20. C
21. B	22. C	23. A	24. D	25. D	26. A	27. B	28. D	29. D	30. D
31. D	32. A	33. A	34. A	35. A	36. A	37. D	38. D	39. C	40. B
41. C	42. A	43. A	44. A	45. C	46. B	47. C	48. C	49. A	50. B
51. D	52. A	53. B	54. D	55. D	56. A	57. B			

二、判断题答案

1. ×1 吨（t）= 1000 千克（kg）= 2205 磅（lb）。　2. ×1 英寸（in）= 2.54 厘米（cm）。　3. ×水的密度在 4℃时为 10^3 千克/米³。物理意义是：每立方米的水的质量是 1.0×10^3 千克。
4. ×细实线：管件、阀件的图线，建筑物及设备轮廓线，尺寸线、引出线。　5. √　6. √
7. √　8. ×在图形中用单根粗实线来表示管子和管件的图样，通常叫做单线表示法，由它画成的图样称为单线图。　9. √　10. ×长输管道指产地、储存库、用户之间的用于输送商品介质的管道，为 GA 类，级别划分为 GA1 级、GA2 级。

11. √　12. √　13. √　14. √　15. ×公差是没有方向性的，因此，把偏差值称为"正公差"或"负公差"的叫法是错误的。　16. √　17. √　18. √　19. √　20. √

21. ×通常热力管道用石棉、硅藻土、蛭石水泥、膨胀珍珠岩、泡沫混凝土、矿渣棉和玻璃棉等；低温管道则常用泡沫塑料、油毛毡、矿渣棉和玻璃棉等。　22. √　23. √
24. √　25. √　26. √　27. √　28. √　29. ×原油相对密度一般为 0.75~0.95。　30. √

31. √　32. √　33. √　34. √　35. √　36. √　37. √　38. √　39. ×切割氧气压力太低，切割过程缓慢，容易形成吹不透，粘渣。　40. √

41. √　42. √　43. √　44. ×乙炔的使用压力不能超过 0.05MPa，氧气的使用压力一般在 0.4MPa，严禁超压使用，防止皮带爆开发生事故。　45. √　46. √　47. √　48. √

49. ×PIS 系统需随时更新。　50. √

51. √　52. ×抢修车上设备、工具等归维抢修工程师负责。　53. √　54. √　55. √
56. √　57. √　58. √　59. ×即使发生险情也需执行体系文件。　60. ×管道公司预案结构体系由管道公司级应急预案、输油气分公司级应急预案和站队级应急预案组成。

61. √　62. √　63. √　64. √　65. √　66. √　67. √　68. √　69. ×也可采用桌面推演等方式进行。　70. √

71. √　72. √　73. √　74. ×发电机在常温下，一般应在几秒内能顺利启动，有时需要反复 1~2 次才能启动是正常的。　75. √　76. ×液压开孔机要求管内介质压力不大于6.4MPa，温度不超过 80℃，由于采用机械切削开孔，因特别适用于易燃、易爆的液态介质和气态介质的管线上进行作业。　77. √　78. √　79. √　80. ×定期检查减速箱润滑油，加入 30 号机油指标，500h 或每年换油 1 次。

81. ×液压油应每 1~2 年交换一次。每次换油后应向油泵加油口注油。　82. ×长途运输时应将油箱中的油全部放出，以保护过滤器。　83. √　84. √　85. √　86. √　87. √
88. ×为保证切管机顺利地沿管壁外表面爬行，管子周围的障碍物距管外表面不得小于350mm。　89. ×切管机工作前需清除管子外表面的泥土及其他脏物。　90. ×刀具选择：切割普通碳素钢管，低合金钢管，选用高速钢铣刀。切割铸铁管时选用硬质合金铣刀。

91. √　92. ×切割有应力的管道时，应在切开部位加楔块，加楔块前暂停切割作业。
93. √　94. ×数控火焰切割机在操作转换开关时，必须使机器停止后才可换向，如果突然改变旋转方向会损坏电动机，影响电动机使用寿命，且易烧断保险丝。　95. √　96. √
97. √　98. ×先行启动罗茨泵，然后逐渐打开被排油管线阀门。压力不准超过 0.6MPa。
99. √　100. ×排油操作过程中，如需间断时，应先关闭管线控制阀，后停泵。再操作时应先开泵，后开控制阀。

101. √　102. ×动力机组启动时严禁连接液压管线，应该在启动前连接好液压管线。
103. √　104. √　105. ×把收油机吊放到需收油的水中，注意水深至少 7.5cm（3in）。
106. √　107. √　108. ×动力机组启动时严禁连接液压管线。　109. √　110. ×检测管道的椭圆度，不大于 2%，密封垫准许管道表面有较小的不规则度，范围在 0.8mm 内。

111. √　112. ×当夹具完全固定后，侧面钢梁缝隙约 3.6~4mm。同时打开溢流阀，利用溢流管路排泄漏点压力或液体。　113. √　114. √　115. √　116. √　117. ×在静水、油层薄和相对面积较小的区域，宜选择采用凝油剂进行油品回收。　118. √　119. √　120. √
121. √　122. ×首先检测现场可燃气体浓度，达标后人员才可进场。

三、简答题答案

1. AC01 偏差和公差的区别是什么？

答：①偏差：在生产过程中，由于实际尺寸难于达到公称尺寸要求，即往往大于或小于公称尺寸，所以标准中规定了实际尺寸与公称尺寸之间允许有一差值。差值为正值的叫正偏差，差值为负值的叫负偏差。②公差：标准中规定的正、负偏差值绝对值之和叫做公差，亦叫"公差带"。③偏差是有方向性的，即以"正"或"负"表示；公差是没有方向性的，因此，把偏差值称为"正公差"或"负公差"的叫法是错误的。

评分标准：答对①占 40%，答对②③各占 30%。

2. AC01 天然气的爆炸性包括哪些内容？

答：①燃烧：物质发生激烈氧化，是连续稳定的氧化过程并发出光和热。②爆炸：物质在极短的时间内激烈氧化，瞬间向外传播光和热并产生冲击波，是不连续、不稳定的氧化过程。③爆炸低限：能够引起爆炸的可燃气体的最低含量。④爆炸高限：能够引起爆炸的可燃气体的最高含量。⑤天然气的爆炸范围：一般在 5%~15%（体积）范围内，不同的天然气成分不同，爆炸范围有所变化，但变化不大。⑥爆炸力：天然气与空气的混合物爆炸时所产生的冲击力。

评分标准：答对①~④各占 20%，答对⑤⑥各占 10%。

3. AC01 影响天然气爆炸力的因素有哪些？

答：①在爆炸范围内混合气体多少的影响：混合气体越多，爆炸力越大；混合气体越少，爆炸力越小。②混合气压力的影响：爆炸力与混合气爆炸前混合气的压力成正比。③与混合气体的密闭程度有关，密闭越严，爆炸力越大。

评分标准：答对①占 40%，答对②③各占 30%。

4. AC02 干线输油管道包括哪几部分？它们的主要作用是什么？

答：①干线输油管道（即管线）包括管道、线路截断阀室、管道阴极保护设施、管线标志以及线路辅助设施等。②管道：用于输送油品的设备，一般采用螺旋缝或直缝低合金钢管焊接而成，管道内外表面涂有防腐蚀层，除站（库）内管道沿地、架空敷设外，一般采用埋地敷设。③线路截断阀室：是为了及时进行抢修、检修而设的。一般根据线路所在地区类别，每隔一定距离及在江河、湖泊、公路、铁路等穿跨越处两侧设置线路截断阀室。④管道阴极保护设施：为防止管道的腐蚀，对管线进行保护，每隔一定距离在管线上设置强制电流阴极保护装置，对于穿跨越处，则在管道上悬挂镁或锌阳极的牺牲阳极阴极保护装置。为防止阴极保护系统电流的流失及对其他管道、建（构）筑物造成干扰，在站（场）干线管道进出站口处及各阀室放空管上设置有绝缘装置与绝缘装置电池保护器。⑤管线标志：敷设好的线路均设置有线路里程桩、转角桩、阴极保护桩、测试桩、穿跨越警示牌，用于管线的状态标志、警示和保护电流测试等。⑥线路辅助设施：为了保证输油管道的正常运行，线路还设有供电、消防、通信等设施。

评分标准：答对①~④各占 20%，答对⑤⑥各占 10%。

5. AC05 影响天然气爆炸范围的因素有哪些？

答：①温度的影响：温度越高，天然气的爆炸范围越大；温度越低，天然气的爆炸范围越小。②压力的影响：压力增大，天然气的爆炸下限变化不大，而上限明显增加。③惰性气体的影响：含惰性气体越多，天然气的爆炸范围越小。

评分标准：答对①占 40%，答对②③各占 30%。

6. AD02 在役管道焊接基本条件是什么？

答：①所有的在役管道焊接必须由具备有资质单位出具相应的焊接工艺规程，焊接工艺规程与焊接形式必须严格对应，一般包括：连头对死口焊接、连头返修焊接、管道全包围对开三通的焊接、同材质加强套管焊接、管道支管及其加强圈焊接等工艺规程。②焊接操作的焊工必须持有相应资格证书，并经过必要的相对应焊接工艺规程理论和实际操作培训，并通过在役管道管理单位的认可。③焊接操作必须经在役管道管理单位的批准。

评分标准：答对①占 40%，答对②③各占 30%。

7. AD02 气割安全操作规程有哪些？

答：①氧气瓶、乙炔瓶的安全距离为 5m，乙炔瓶距离明火的安全距离 10m。存放的时候是分开存放。②氧气瓶与乙炔瓶在使用过程中要垂直固定，并绑扎牢靠。乙炔瓶禁止卧地使用，防止丙酮流出。对于卧地的乙炔瓶，使用前应立牢静止 15min 后方可使用。③乙炔的使用压力不能超过 0.05MPa，氧气的使用压力一般在 0.4MPa，严禁超压使用，防止皮带爆开发生事故。④瓶内气体严禁用净，应留有余压。乙炔不得低于 0.05MPa，氧气不得低于 0.1MPa。⑤氧气瓶、乙炔瓶的搬运要分开搬运，不得混装，并防止剧烈振动和碰撞。⑥在容器内和空间狭小，空气流通不畅的情况下，禁止电焊火焊同时进入。⑦氧气瓶嘴、割把氧气接口严禁油污，防止发生火灾事故。⑧发生火灾的时候，若氧气软管着火，不能折弯软管断气，应迅速关闭氧气阀门，停止供氧；若乙炔软管着火，可以采取折弯前面一段软管的办法将火熄灭。乙炔瓶着火时，应立即把乙炔瓶朝安全方向推倒，用沙子或者消防器材扑灭。⑨严禁在带压力的容器或者管道上进行焊、割作业，带电设备应先切断电源。⑩点火时，割把不能对准人，正在燃烧的焊枪不得放在工件或者地面上。在储存过易燃、易爆及有毒物品的容器或者管道上焊、割作业，应先清理干净，用蒸汽清理、烧碱清洗，作业时应将所有的孔、口打开。

评分标准：答对①~⑩各占 10%。

8. BB01 输气管道的危险、有害因素分析中，外界原因一般包括哪些？

答：①工地开挖打桩、施工机械碾压损坏管道；②违章建筑占压引起沉陷造成管道断裂；③地下管道施工野蛮作业和不规范操作造成管道损坏；④自然灾害造成管道损坏；⑤人为破坏造成管道损坏。

评分标准：答对①~⑤各占 20%。

9. BB01 输气管道的危险、有害因素分析中，内在因素一般包括哪些？

答：①管道施工时基础处理不密实引起管道下沉断裂；②管材质量缺陷引起泄漏；③管沟回填质量差受动荷载振动而引发管道损坏；④管线垂直交叉间距不足最终造成局部应力集中剪切管道。

评分标准：答对①~④各占 25%。

10. BB03 应急预案演练的日常工作包括哪些内容？

答：①应每季度至少组织开展一次站队级应急预案演练。演练可以采用桌面、实战以及与地方政府协同等形式，组织开展人员广泛参与、处置联动性强、形式多样，节约高效的应急演练。②在演练过程中应当组织演练评估。评估的主要内容包括：演练的执行情况，预案的合理性与可操作性，指挥协调和应急联动情况，应急人员的处置情况，演练所用设备、装备的适用性，对完善预案、应急准备、应急机制、应急措施等方面的意见和建议。③在演练结束后应当对演练进行总结。对演练中发现的问题提出的整改意见并负责督办，直至整改完成。④应当对应急预案建立定期评估制度，分析评价预案内容的针对性、实用性和可操作性，实现应急预案的动态优化和科学规范管理。

评分标准：答对①~④各占 25%。

11. BC01 简述手动开孔钻日常保养主要内容？

答：①转动外套，将丝杠伸出，确认润滑是否良好；②检查中心钻及开孔刀，是否有损坏和过度磨损；③检查接刀盘、螺栓是否松动；④检查中心钻 U 形环是否缺损，转动是否灵活；⑤中心钻内螺纹是否损坏，并清除杂质；⑥检验丝杠和铜套间隙是否过大；⑦观察丝杠表面光滑无磨损，对丝杠表面和注油点进行保养润滑处理；⑧全部收回丝杠后，对开孔钻整体进行清洁。

评分标准：答对①～⑥各占 10%，答对⑦⑧各占 20%。

12. BC07 堵漏夹具的使用步骤分哪几步？

答：①除去管道表面的防腐层、铁锈等异物。②测量管道的椭圆度，不大于 2%。③给密封垫涂上润滑剂。④把夹具的 2in 短节内的堵塞取出，安上 2in 阀门，阀门打开，处于引流状态，使用吊装设备吊住夹具的吊环，把夹具套在管道的泄漏阀门或泄漏点上，并将夹具尽量地置于管道上泄漏位置中心。⑤将丝杠—链条组合放在左、右两链座上，右旋均匀紧固，使夹具外套与管线紧密接触，通过密封垫，实现密封。⑥确认夹具无泄漏后，实施焊接；焊接时防止密封垫过热；依次焊接不同的部位，避免热量集中；在现场焊接中，应定时扭紧丝杠—链条组合及拉紧环链手拉葫芦，防止焊接可能引起松动。⑦完成焊接后，拆下链座，焊加强圈。由手动开孔机完成送堵后，卸下阀门，拧上并焊牢 2in 短节盖，完成堵漏。

评分标准：答对①～⑥各占 15%，答对⑦占 10%。

13. BE01 管道发生泄漏事件后，如何控制油品不扩散到下游区域？

答：①控制好溢油逃逸路线上河流相关水闸（包括管道泄漏点上游的水闸），根据上游来水量合理控制，即保证水位不漫过水闸导致溢油下泄，又不因为放水过多致使收油工作艰难；②尽可能关闭所有向溢油逃逸河流汇集的其他河流上的水闸，在水系发达地区，可通过开关水闸等分流水量，降低流速，缓解收油压力；③在无水闸的河流上，对不重要的河流筑坝闸死。

评分标准：答对①占 40%，答对②③各占 30%。

14. BE08 发生冰堵管道的现场处置程序是什么？

答：①现场判断冰堵位置，完成相关工艺流程操作；②确定抢修方案，布置抢修机具和设备；③将冰堵段上下游隔离并放空；④拆除冰堵段设备，找出冰堵点；⑤采取加热升温等措施去除冰堵；⑥恢复设备安装，恢复工艺流程。

评分标准：答对①～④各占 20%，答对⑤⑥各占 10%。

15. BE10 管道悬空时用立柱支撑抢修的方法是什么？

答：①选用适宜的钢管或枕木自悬空管道下竖直支撑；②支撑柱下方硬化或夯实或铺垫枕木钢板，使其受力后不沉降；③支撑柱与管道接触点采用适宜的弧形瓦片连接，瓦片与管道接触面还应当粘贴防滑胶皮等，增大受力面积防止管道受力变形。

评分标准：答对①、②占 30%，答对③占 40%。

16. BE10 管道悬空时用草袋填土抢修的方法是什么？

答：①在现场条件允许的情况下，使用草袋填土封口回填管道下方，形成堆砌立柱，起到临时支持管道作用；②本方法适用于管体悬空高度小于 1.5m 的长距离的管道悬空事件的临时处置；③现场可组织大量人工、机械设备机械进行多点工作。

评分标准：答对①占 40%，答对②③各占 30%。

17. BE11 管道漂管抢修的注意事项有哪些？

答：①漂管段排油点应尽量选择在低点位置，有助于油品排空效果；②漂管段抢险处置过程中，为防止发生油品泄漏对河流造成污染，应提前在漂管河流下游布设多道围油栏，充分做好防控措施；③修筑毛石围堰时，抛投毛石应避免对管线造成损伤；④夯制护管钢管桩时，应避免液压镐对管线造成损伤。⑤在河水水流较大情况下，冲锋舟作业时应防止倾覆；⑥固定拖锚锚链与管线连接应牢固，间隔应保持均匀；⑦沼泽、湿地、岸滩内漂管段恢复至管沟底部后，采取配重块对管线进行压覆时，应提前在压覆部位包裹橡胶板，防止配重块安装过程中对管线防腐层造成损伤。

评分标准：答对①~⑥各占15%，答对⑦占10%。

高级资质工作任务认证

高级资质工作任务认证要素明细表

模块	代码	工作任务	认证要点	认证形式
一、维抢修日常管理	W-WQ-01-G03	设备日常保养	设备定期维修保养	步骤描述
二、应急管理	W-WQ-02-G02	应急预案演练	编写现场处置预案	步骤描述
三、维抢修设备操作及维护保养	W-WQ-03-G01	发电、照明类设备管理	照明灯故障排除	故障描述
	W-WQ-03-G02	高压封堵类设备管理	堵孔操作	技能操作
	W-WQ-03-G03	低压封堵类设备管理	堵孔操作	技能操作
	W-WQ-03-G04	切管类设备管理	数控火焰切割机安装与点火	技能操作
	W-WQ-03-G05	收油类设备管理	鼓式收油机操作	技能操作
	W-WQ-03-G06	焊接类设备	电焊机操作(林肯 DC400)	技能操作
	W-WQ-03-G07	其他抢修类设备管理	对开全包围夹具安装	技能操作
四、管道维修专业技术	W-WQ-04-G02	管道事故类型与维修方法	补焊操作	步骤描述
五、管道抢修技术	W-WQ-05-G01	抢修程序	人员、物资准备	步骤描述
	W-WQ-05-G02	水上油品回收	控制坝筑坝	步骤描述
	W-WQ-05-G05	打孔盗油抢修	泄漏处置	步骤描述
	W-WQ-05-G07	管道断裂抢修	换管修复	步骤描述
	W-WQ-05-G08	清管器卡堵抢修	蜡堵处置	步骤描述
	W-WQ-05-G09	天然气管道冰堵抢修	冰堵抢修处置	步骤描述
	W-WQ-05-G10	天然气管道泄漏抢修	氮气置换	步骤描述
	W-WQ-05-G11	管道悬空抢修	管道悬空处置	步骤描述
	W-WQ-05-G12	管道漂管抢修	管道漂管处置	步骤描述

高级资质工作任务认证试题

一、W-WQ-01-G03 设备日常保养——设备定期维修保养

1. 考核时间：45min。
2. 考核方式：步骤描述。
3. 考核评分表。

考生姓名：_____   单位：_____

序号	工作步骤	工作标准	配分	评分标准	扣分	得分	考核结果
1	保养周期	(1)发电机、电焊机、抢修机动设备(包括抢险工程车、吊车、卡车、拖平车、挖掘机、推土机、装载机、吊焊机等)除正常保养外，每周至少发动试运一次，试运时间一般为15~30min； (2)罗茨泵、泥浆泵、潜水泵等泵类，每月至少检查、保养一次； (3)管道切割、开孔、封堵等设备除正常保养外，每月至少检查、保养一次；抢修储备物资每月检查清点一次，并做好检查清点记录； (4)各种抢修卡具每月检查、保养一次； (5)管道抢修各种安全防护设备(包括防毒面具、充气泵、轴流风机等)每月至少检查、保养一次	50	每项设备保养周期不正确扣10分			
2	定期检查	(1)设备的备品备件分为储备类备品备件和易耗类备品备件。定期对设备备品备件进行巡回检查。发现缺失、损坏、失效等情况时及时补充备品备件。对于在抢修工程中耗损的备品、备件及材料，抢修结束后应及时按"定额"规定的数量补齐。 (2)抢修设备中包含地方安全部门要求强制性检定或校验附件的，应严格按照有关规定进行定期检定或校验，确保安全附件随时处于完好状态。 (3)维抢修工程师能够在保养过程中发现设备存在的隐患、故障并提出修理意见。 (4)配合电工定期对抢修设备中的电气部分进行检查，确保电气安全保护设施完好、可靠。 (5)定期开展设备故障诊断和状态监测工作，及时准确地掌握设备运行状况，积累状态监测历史数据，总结探索设备故障发生规律，根据设备状态监测情况确定设备的小修和大修项，报上级主管部门审批并组织实施	50	每项检查内容不正确扣10分			
合计			100				

考评员   年   月   日

二、W-WQ-02-G02 应急预案演练——编写现场处置预案

1. 考核时间：30min。

2. 考核方式：步骤描述。

3. 考核评分表。

考生姓名：_____　　　　　　　　　　　　单位：_____

序号	工作步骤	工作标准	配分	评分标准	扣分	得分	考核结果
1	事故类型和危险程度分析	(1)能够客观分析本单位存在的危险源及危险程度； (2)能够客观分析可能引发事故的诱因、影响范围及后果； (3)能够提出相应的事故预防和应急措施	12	漏答或答错一项扣4分			
2	组织机构及职责	(1)能够清晰描述本单位的应急组织体系； (2)明确应急组织成员日常及应急状态下的工作职责； (3)清晰表述本单位应急指挥体系； (4)应急指挥部门职责明确； (5)各应急救援小组设置合理，应急工作明确	20	漏答或答错一项扣4分			
3	预防与预警	(1)明确危险源的检测监控方式、方法； (2)明确技术性预防和管理措施； (3)明确采取的应急处置措施	12	漏答或答错一项扣4分			
4	信息报告程序	(1)明确本单位24h应急值守电话； (2)明确本单位内部信息报告方式、要求与处置流程	10	漏答或答错一项扣5分			
5	相应分级	(1)分级清晰，且与上级应急预案相应分级衔接； (2)能够体现事故紧急和危害程度； (3)明确紧急情况下应急相应决策的原则	10	答错一项扣3分，全错不得分			
6	相应程序	(1)立足于控制事态发展，减少事故损失； (2)明确救援过程中各专项应急功能的实施程序； (3)明确扩大应急的基本条件及原则； (4)能够辅以图表直接表述应急相应程序	16	漏答或答错一项扣4分			
7	处置措施	(1)针对事故类型制定相应的应急处置措施； (2)符合实际，科学合理； (3)程序清晰，简单易行	10	答错一项扣3分，全错不得分			
8	应急物资与装备保障	(1)明确对应急救援所需的物资和装备的要求； (2)应急物资与装备保障符合单位实际，满足应急要求	10	漏答或答错一项扣5分			
	合计		100				

考评员　　　　　　　　　　　　　　　　　　　　　　　　　年　　月　　日

三、W-WQ-03-G01 发电、照明类设备管理——照明灯故障排除

1. 考核时间：30min。
2. 考核方式：故障描述。
3. 考核评分表。

考生姓名：_____   单位：_____

序号	工作步骤	工作标准	配分	评分标准	扣分	得分	考核结果
1	引擎无法启动	（1）依次检查燃油，检查燃油开关是否打开； （2）检查引擎开关是否打开； （3）检查阻风杆的状态； （4）检查火花塞是否产生火花	40	漏答或答错一项扣10分			
2	无交流输出	（1）若发电动机启动正常，而无交流输出，可能AC交流电路器关闭，将其打开； （2）检查插线排保险是否跳出，若是则按下去进行复位	20	漏答或答错一项扣10分			
3	声音异常	发电动机启动后，插上交流电输出插头与将插头取下时，发动机的声音不同，属于正常现象，因插上插头后发电机处于带载状态	20	现象原因描述错误扣20分			
4	灯不亮	灯泡损坏，更换灯泡	20	现象原因描述错误扣20分			
		合计	100				

考评员　　　　　　　　　　　　　　　　　　　　　年　　月　　日

四、W-WQ-03-G02 高压封堵类设备管理——堵孔操作

1. 考核时间：60min。
2. 考核方式：技能操作。
3. 考核评分表。

考生姓名：_____   单位：_____

序号	工作步骤	工作标准	配分	评分标准	扣分	得分	考核结果
1	安装堵塞	（1）首先将筒刀卸下。将开孔机上带出的马鞍焊在塞柄底部的接管上（注意应计算核对接管的尺寸不影响收发球），将堵柄与塞柄连接后，装入开孔机主轴，旋转标尺杆，锁紧堵柄，并收回零位，确认将堵塞完全退回至连箱内。 （2）准确测量各部件尺寸并记录、作标记，同时有第二人复测	30	第1步操作错误扣20分，第2步操作错误扣10分			

续表

序号	工作步骤	工作标准	配分	评分标准	扣分	得分	考核结果
2	堵孔操作	(1)连接开孔机与夹板阀,打开夹板阀上平衡阀进行压力平衡,禁止使用干线平衡阀平衡压力。 (2)降落堵塞,当堵塞底部与限位卡簧片相距离约2~3cm时,将三通法兰的限位卡簧片对称伸出,改用手动降落堵塞至完全接触,提升堵塞约1cm(逆时针方向旋转要拨5圈),完全退回限位卡簧片 (3)手动降落堵塞至限位卡簧片与堵塞卡槽对位,伸出全部限位卡簧片,并手动将塞堵上下活动几次,确定限位卡簧片与堵塞卡槽完全对位,最后提升堵塞,让限位卡簧片下面与堵塞卡槽面接触	40	第1、3步操作错误各扣10分,第2步操作错误扣20分			
3	堵孔确认	(1)到位后,检查堵孔效果,打开排泄阀,几分钟内不泄压,证明合格,一旦出现泄漏,有下列几种可能:堵塞没有完全到位,解决方法:将堵塞提出重放;堵塞上的"O"形圈损坏,解决方法:将堵塞提出,更换"O"形圈。 (2)当堵塞已被正确定位后,逆时针旋转测杆把堵塞固定座与限位杆脱离,手动退回镗杆约25.4mm。 (3)放空连箱内压力,卸下开孔机、堵柄、夹板阀,将盲板盖装在三通上完成全部堵孔作业	30	未操作或操作错误每项扣10分			
	合计		100				

考评员 年 月 日

五、W-WQ-03-G03 低压封堵类设备管理——堵孔操作

1. 考核时间:60min。
2. 考核方式:技能操作。
3. 考核评分表。

考生姓名:_____   单位:_____

序号	工作步骤	工作标准	配分	评分标准	扣分	得分	考核结果
1	安装堵塞	(1)将开孔时切掉的弧形管壁焊于鞍形板架上,再将鞍形板架与法兰短节的堵塞下部相连。 (2)将挺杆装入溢流法兰的ϕ10mm孔中,再将堵塞紧固在溢流法兰上,这时,挺杆的圆弧面顶住堵塞中的钢球,以便于堵塞的送进。 (3)将挺杆旋入溢流法兰中,转动手轮使堵塞收回于法兰支架中	30	未操作或操作错误每项扣10分			

序号	工作步骤	工作标准	配分	评分标准	扣分	得分	考核结果
2	堵孔操作	(1)将堵孔器安装在夹板阀上。打开夹板阀的闸板。 (2)转动手轮将堵塞送进法兰短节指定位置，按法兰短节使用说明锁上锁环，即完成封堵。 (3)旋出压杆。打开内螺纹球阀，放掉残压后卸掉堵孔器。 (4)卸掉溢流法兰	40	未操作或操作错误每项扣10分			
3	堵孔确认	到位后，检查堵孔效果，打开排泄阀，几分钟内不泄压，证明合格，一旦出现泄漏，堵塞可能没有完全到位，解决方法：将堵塞提出重放	30	未操作或操作错误项扣30分			
	合计		100				

考评员　　　　　　　　　　　　　　　　　　　　　　　　年　　月　　日

六、W-WQ-03-G04 切管类设备管理——数控火焰切割机安装与点火

1. 考核时间：60min。
2. 考核方式：技能操作。
3. 考核评分表。

准备要求。

设备准备：

序号	名称	规格	数量	备注
1	数控火焰切割机		1台	
2	φ720mm 管道		至少5m 并固定	

考生姓名：＿＿＿＿＿＿＿＿＿　　　　　　　　　　　　单位：＿＿＿＿＿＿＿＿＿

序号	工作步骤	工作标准	配分	评分标准	扣分	得分	考核结果
1	安装轨道	(1)安装轨道，将爪具的孔端与轨道的螺柱端配合，并用随机配带的垫片及螺母旋紧固定； (2)调整、紧固轨道	20	漏做或做错一项扣10分			
2	安装主机	(1)将切割机主机放在轨道上，车轮正好分布在轨道两侧； (2)调整主机的预紧旋转把手，使从动链轮降到最低； (3)链条活结上的扁平销向外，将防滑链条挂在驱动链轮与从动链轮上，并缠绕待切割钢管。将长出来的链条由内向外伸进链条活节，拉紧挂在扁平销上	40	漏做或做错一项扣10分			

续表

序号	工作步骤	工作标准	配分	评分标准	扣分	得分	考核结果
2	安装主机	(4)调整主机的预紧旋转把手,使从动链轮升高合适的距离,拉紧链条,以保证主机在切割过程中环绕待切割管道而不掉机、不滑动	40	漏做或做错一项扣 10 分			
3	调整割炬	将割炬放进夹持机构中,调节好切割角度和切割位置,然后锁紧	10	漏做或做错扣 10 分			
4	点火与切割	(1)正确连接气瓶及设备; (2)正确点火并预热切割管道; (3)正确完成切割工作; (4)能正确处置切割过程中设备故障	30	设备操作不正确扣 5~20 分;设备使用过程中故障处置不当扣 10 分			
	合计		100				

考评员　　　　　　　　　　　　　　　　　　　　　　　年　　月　　日

七、W-WQ-03-G05 收油类设备管理——鼓式收油机操作

1. 考核时间:60min。
2. 考核方式:技能操作。
3. 考核评分表。
准备要求。
设备准备:

序号	名称	规格	数量	备注
1	收油机		1 台	
2	液压站		1 台	
3	液压管		3 根	

考生姓名:_____　　　　　　　　　　　　单位:_____

序号	工作步骤	工作标准	配分	评分标准	扣分	得分	考核结果
1	收油机安装	(1)收油机组装安装管接头到收油机后部。将泵连接到快快速接头上将隔网防止收油机槽中间(后部)。 (2)将 2 个 U 形螺栓安装在收油机的前部。 (3)保持液压管连接头的干净、无尘。 (4)试运行—当所有管路连接好之后,就可以在陆地上试运行。 (5)检查动力机组液压油箱,通过玻璃液位观察柱观察	50	漏做或做错一项扣 5 分			

序号	工作步骤	工作标准	配分	评分标准	扣分	得分	考核结果
1	收油机安装	(6)检查动力机组机油位,查看机油标尺。 (7)检查电瓶连接线是否连接。 (8)检查冷却液(50%的防冻液+50%的干净水)。 (9)连接液压管线,将动力单元回流管路系统(绿色)、泵液压管路系统(红色)、收油机液压管路系统(黄色)和收油机相应管路系统连接,在连接时要保持液压管连接头的干净、无尘。 (10)把液压管线摆顺,避免管路绞缠和摩擦。链接泵输油管线	50	漏做或做错一项扣5分			
2	收油机操作	(1)在确认液压管线全部链接好的情况下才可启动力机组。 (2)将节气门放到半开位置。 (3)确定液压控制阀在关闭的位置(顺时针方向转到不能动的位置)。 (4)逆时针转动钥匙,动力单元面表上的电热塞指示红灯就会亮,当红灯灭后,顺时针转动钥匙直到引擎启动。 (5)引擎启动后,让引擎开动5min(暖机)后,再打开收油机和泵的液压输出控制开关。 (6)通过调节液压控制阀来控制收油机轮鼓和收油泵的速度	30	漏做或做错一项扣5分			
3	溢油回收	(1)把收油机吊放到需收油的水中,注意水深至少7.5cm。 (2)启动收油机,通过调节控制阀控制轮鼓转速,当到看到水被油带上来,然后减慢轮鼓速度,直到很少的水被收集,然后固定收油机的速度进行溢油回收。 (3)当油膜厚度变厚或变薄时,应相应的增加/降低收油机运转速度。 (4)启动收油泵把回收的溢油输送到储油设备里	20	漏做或做错一项扣5分			
		合计	100				

考评员　　　　　　　　　　　　　　　　　　　　　　　　　　　　年　　　月　　　日

八、W-WQ-03-G06 焊接类设备——电焊机操作(林肯 DC400)

1. 考核时间:60min。
2. 考核方式:技能操作。
3. 考核评分表。

考生姓名：_____　　　　　　　　　　　单位：_____

序号	工作步骤	工作标准	配分	评分标准	扣分	得分	考核结果
1	电焊机操作	（1）闭合主 AC 输入电源； （2）设定电压表极性开关到合适位置； （3）如电极与负（正）输出端连接，则设定此开关到电极负（正）极位置； （4）焊接模式开关设定焊接方法； （5）将输出开关设定在本机位置； （6）设定输出端开关到合适位置； （7）设定电弧力控制在中等范围 5~6； （8）设定电弧控制到中等范围 3； （9）设定电源开关旋钮至导通位置，电源指示灯亮，风扇启动； （10）设定输出控制电位器到合适的电压或电流； （11）运行后检查：电焊机仪表显示值在正常范围且电流输出、调整正常，机体平稳，无异常噪音及颤动； （12）线缆接头及保护层无破损、导电、虚连、过热及打火现象，二次线连接牢固，焊接的管道位置有导电装置； （13）焊接完毕后关闭输出开关、关闭电源开关、拆除二次线并收取两条焊接线、关闭藏线箱门	65	漏做或做错一项扣 5 分			
2	电焊操作安全规范	(1)外置电焊机时，必须安放在通风良好、干燥、无腐化媒质、高温高湿和多粉尘的地方，雨天应搭防雨棚或遮阳伞，焊机应用绝缘物垫起，垫起高度不得小于 20cm，按要求配备消防器具材料； (2)焊接前应断开输出开关，待发电机供电后空载启动，进行电焊机预热，运转平稳后再搬动送电开关； (3)电焊机开始工作后，必须空载运行一段时间调节焊接电流及极性开关，空载电压不得超过80V、电流不得超过120A； (4)在承压管道上焊接作业时，应先在管道外进行打火，试点焊并进行电流调整，后方可进行正式焊接并按焊接进度及时调整电流大小； (5)焊接方式及方法应根据现场焊接工艺要求进行； (6)焊接过程中，严禁用拖拉电缆的方法移动焊机，焊接半途突然停电和补缀时，必须当即切断焊机电源； (7)电焊机的工作负荷应依照设计划定，不应超载运行，作业中应时常查看电焊机的温升，超过A 级 60℃、B 级 80℃时必须停止运转	35	漏做或做错一项扣 5 分			
合计			100				

考评员　　　　　　　　　　　　　　　　　　　　　　　年　　月　　日

九、W-WQ-03-G07 其他抢修类设备管理——对开全包围夹具安装

1. 考核时间：60min。
2. 考核方式：技能操作。
3. 考核评分表。

考生姓名：_____　　　　　　　　　　　单位：_____

序号	工作步骤	工作标准	配分	评分标准	扣分	得分	考核结果
1	对开全包围夹具安装	(1)在管道上安装夹具前，要除去管道表面的防腐层、铁锈等异物； (2)检测管道的椭圆度，不大于2%，密封垫准许管道表面有较小的不规则度，范围在0.8mm内； (3)给密封垫涂上润滑剂； (4)把夹具吊装并卡在管道上，使涂有黄漆的两端相对，并将夹具尽量地置于管道破坏点的中心； (5)所有螺栓、螺母都应一致扭转，在固定好螺栓的同时，最好能保持钢梁缝隙相同； (6)当夹具完全固定后，侧面钢梁缝隙约3.6～4mm，同时打开溢流阀，利用溢流管路排泄漏点压力或液体； (7)确认夹具无泄漏后，方可实施焊接； (8)在现场焊接中，必须定时扭紧螺栓、螺母，因为焊接可能引起松动； (9)密封焊接侧面，扭紧螺栓、螺母； (10)密封焊接螺母与侧面钢梁，密封焊接螺栓、螺母	100	漏做或做错一项扣10分			
		合计	100				

考评员　　　　　　　　　　　　　　　　　　　　年　　月　　日

十、W-WQ-04-G02 管道事故类型与维修方法——补焊操作

1. 考核时间：30min。
2. 考核方式：步骤描述。
3. 考核评分表。

考生姓名：_____　　　　　　　　　　　单位：_____

序号	工作步骤	工作标准	配分	评分标准	扣分	得分	考核结果
1	焊前准备	(1)焊接前，有必要清除损坏区域内的腐蚀产物。如果需要，还应进行必要的打磨，直到外表面满足焊接要求。 (2)焊接部位不应存在氧化物、锈皮、涂层、水分和其他污染物	30	漏答或答错一项扣10分			

续表

序号	工作步骤	工作标准	配分	评分标准	扣分	得分	考核结果
1	焊前准备	（3）测量补焊位置的管道壁厚，确保管道壁厚符合管道安全运行的要求。而且管道剩余壁厚应大于或等于 3.2mm。检查管道剩余壁厚时，应采用合适的超声波检验设备和方法	30	漏答或答错一项扣 10 分			
2	补焊作业程序	（1）在沿需修复缺陷的外延焊接一圈，确定焊缝的边界。初始边界焊缝规定了后续焊接不允许超过的周界。 （2）在圈内以直焊道熔敷第一层，使用焊接工艺规程规定的较小的热输入。以防止熔穿。 （3）第一层焊接完成后，在初始边界焊道上进行打磨，是焊脚距边界焊道焊趾距离为 1~2mm。 （4）在进行第二层熔敷填充焊接前，先进行第二层边界焊缝的焊接。第二层以及以后熔敷时可以使用较大的热输入，确保回火效果。 （5）持续堆焊到预定的维修厚度。 （6）打磨补焊区域最外沿焊道与管道本体保持平滑过渡，打磨深度不允许低于母材。 （7）补焊后应按照相关标准规范的要求对焊缝进行磁粉检测或超声波检测，表面应无裂纹、气孔、夹渣等焊接缺陷	70	漏答或答错一项扣 10 分			
合计			100				

考评员　　　　　　　　　　　　　　　　　　　　　　　　年　　月　　日

十一、W-WQ-05-G01 抢修程序——人员、物资准备

1. 考核时间：30min。
2. 考核方式：步骤描述。
3. 考核评分表。

考生姓名：_____　　　　　　　　　　　单位：_____

序号	工作步骤	工作标准	配分	评分标准	扣分	得分	考核结果
1	应急组织和人员准备	（1）提前构建应急组织，应急组织是应急准备的执行机构，是应急准备和响应的组织基础，职责明确、分工清晰、机构健全的应急响应组织是应急响应过程成功的关键。 （2）应急组织体系的构成一般由应急领导小组、应急指挥中心、办事机构和工作机构、应急工作主要部门、应急工作支持部门、信息组、专家组、现场应急指挥部等构成	50	漏答或答错一项扣 10 分			

序号	工作步骤	工作标准	配分	评分标准	扣分	得分	考核结果
1	应急组织和人员准备	(3)应急指挥中心成员可以包括总指挥(最高管理者)、安全总监、各关键部门主管、各关键岗位操作人员等,并应明确工作职责,协调管理范畴、负责解决的主要问题以及具体操作步骤等。 (4)指挥中心应承担应急响应中总的协调和组织指挥工作,并指挥各抢修组的成员进行相应的应急响应。 (5)加强对抢修人员的岗位技能操作培训和演练	50	漏答或答错一项扣10分			
2	应急物资与设备准备	(1)根据油气管道发生的突发事故类型及特点,准备相应的应急物资与设备。 (2)应急物资与设备的准备是应急救援工作的重要物质保障。 (3)应急组织应对其在应急抢修时所需使用的物资与设备建立台账,并定期进行检查、维护和补充,保证各种设备与物资随时处于可用状态,以免由于设备损坏或维修保养不及时、物资缺乏而延误应急抢修。 (4)应急物资与设备的配置上,应根据突发事故的风险程度来进行物资和设备的准备工作。 (5)急抢修物资和设备主要包括:抢修人员防护用品、检测仪器、通信工具、抢修卡具、开孔封堵设备、消防设备、电力供应设备、断管设备、焊接设备、抢修工具(铜制)	50	漏答或答错一项扣10分			
	合计		100				

考评员　　　　　　　　　　　　　　　　　　　　　　　　　　　年　　月　　日

十二、W-WQ-05-G02 水上油品回收——控制坝筑坝

1. 考核时间:25min。
2. 考核方式:步骤描述。
3. 考核评分表。

考生姓名:_____　　　　　　　　　　　单位:_____

序号	工作步骤	工作标准	配分	评分标准	扣分	得分	考核结果
1	控制坝尺寸	(1)坝体顶宽一般不宜小于1.5m,坝体底宽不宜小于2.5m,且满足土体放坡系数要求(放坡系数不宜低于1:5),迎水面设置塑料布防止油品渗透	15	漏做或做错一项扣5分			

续表

序号	工作步骤	工作标准	配分	评分标准	扣分	得分	考核结果
1	控制坝尺寸	(2)适用于在干涸的沟渠及小溪(尤其在管道泄漏处)或冬季冰下无水的冰面筑坝。 (3)过水管出口高度不应高于河岸高度,过水管的设置一定要满足河流的泄流量,否则易导致溃坝。适用于在水面宽度20m以下的河流、沟渠及小溪(尤其在管道泄漏处)筑坝	15	漏做或做错一项扣5分			
2	控制坝示意图		5	绘制错误扣5分			
3	控制坝筑坝	(1)控制堰适用于狭窄河流(河流宽度宜小于20m)或小溪,且河底深度不宜大于2.0m(图中H); (2)坝体用玻璃丝袋装土垒砌而成,土就地取材。 (3)河水泄流量简易判定:两人相距30m,上游1人扔漂浮物,计时到下游另1人的时间,计算河水流速,量出河面宽度及深度,计算出河水流量。 (4)当过水管无法满足河流泄流量时,为避免溃坝,应准备一定数量的污水泵或泥浆泵。 (5)坝体砌筑在迎水面宜垒砌成直面,在背水面砌筑坡比1:1~1:2,坝顶宽度不宜小于1.5m,必要时可在两侧打木桩防护。 (6)利用水重油轻原理,设置倒置过水涵管,过水涵管数量应根据河水流量设置,一层不够时,可以考虑两层或三层设置。 (7)迎水面坝体过水涵管设置木板或钢板,调解河水流量。 (8)调节板应根据水量提前进行设置,一般在河水水量低于涵管过水能力时,将部分过水涵管用调节板遮挡,当河水水量增大时,逐步提起调节板,直至全部提起;当河水水量又降低时,逐步放下调节板,直至全部放下	80	漏做或做错一项扣10分			
	合计		100				

考评员　　　　　　　　　　　　　　　　　　　　　　　　　　　年　　月　　日

十三、W-WQ-05-G05 打孔盗油抢修——泄漏处置

1. 考核时间：35min。
2. 考核方式：步骤描述。
3. 考核评分表。

考生姓名：_____   单位：_____

序号	工作步骤	工作标准	配分	评分标准	扣分	得分	考核结果
1	盗油点未泄漏处置方法	(1)停输后开挖作业坑，宜采用人工开挖方式作业，先清理盗油阀门周围覆土，形成足够的作业空间，然后将盗油阀门附件覆土清理干净。不能使用工程机械直接挖掘盗油点。 (2)落地油处置后，抢修人员穿戴耐油水叉，检查泄漏原因。如果盗油阀门未完全关闭，应立即全关阀门。 (3)如果因为焊缝处渗漏或盗油阀门不严且泄漏量大，应使用带油带压堵漏器控制污染扩大，打开引流阀门将油品引至远离作业坑，紧固堵漏设备直至无渗漏。引流管出口处宜开挖集油坑或使用移动油囊、轻便储油罐等集油设备回收泄漏油品。 (4)漏压力减小后，宜采取以盗油阀门为中心，前后左右移动堵漏器位置的方法清理防腐层，清理面积应满足堵漏器密封面及焊接需要。 (5)腐层清理完毕后，进行焊接作业；焊接完毕后，关闭引流阀门，拆除引流管。 (6)装手动开孔机，打开引流阀进行密闭下堵作业，将引流孔堵死后拆除引流阀门并安装堵头	60	漏做或做错一项扣10分			
2	绘制扣封头示意图		40	示意图绘制错误扣40分			
	合计		100				

考评员   年   月   日

十四、W-WQ-05-G07 管道断裂抢修——换管修复

1. 考核时间：25min。
2. 考核方式：步骤描述。
3. 考核评分表。

考生姓名：_____　　　　　　　　　　　单位：_____

序号	工作步骤	工作标准	配分	评分标准	扣分	得分	考核结果
1	换管修复处置过程描述	(1)封堵作业坑选择及开挖，在泄漏点两侧选择远离电力、通信设施，具备封堵进场条件的适宜位置，开挖封堵作业坑，实施泄漏点两侧封堵作业。 (2)管线断裂抢修作业坑开挖。泄漏点两侧封堵作业完成后，实施管线断裂部位开挖作业。开挖长度应满足断裂部位换管及管口下油气隔离囊施工需要，断裂部位单侧长度不应小于 2m。 (3)修作业坑开挖完成后，抢修人员在断裂部位两侧选择确定油气隔离囊封堵和切管部位；在切管部位外侧，实施油气隔离囊封堵短节预制及开孔。 (4)堵管段排油。开 DN100mm 排油孔将封堵管段内原油排空；管线断裂部位切管。采用液压切管机对断裂管段单侧不小于 1 管段切除。 (5)管口油气隔离囊及黄油墙设置。切除管段吊出管沟后，通过两侧管口外侧事先预制的 DN300mm 短节开孔安装油气隔离囊，油气隔离囊充装 0.5～1kg 压力氮气；完成油气隔离囊设置后，在管口部位砌筑黄油墙，黄油墙厚度不小于 1 倍管口直径。 (6)管口油气检测。黄油墙砌筑完成后，使用可燃气体检测仪对管口进行油气检测，检测合格后，方可进入下一步焊接程序。 (7)管焊接作业。将事先预制同规格、同材质管段调至抢修作业坑内。按照《东北管网在役管道抢修作业焊接工艺规程》开展焊接作业。焊接结束后填写《焊接记录表》。 (8)管部位防腐作业。分别采用聚乙烯防腐胶带、聚丙烯防腐胶带对焊口部位、开孔法兰及短节进行防腐。防腐完成后，采用电火花检测仪对防腐管段进行检漏。 (9)沟回填作业。检漏合格后，对抢修作业坑进行回填。 (10)漏点含油土壤置换作业。为避免渗入土壤中油品给当地环境带来污染，抢修作业结束后，对过油土壤进行全部开挖换土，开挖含油土壤由具有专业处理资质的单位回收处理	100	漏答或答错一项扣 10 分			
		合计	100				

考评员　　　　　　　　　　　　　　　　　　　　　　　　年　　　月　　　日

十五、W-WQ-05-G08 清管器卡堵抢修——蜡堵处置

1. 考核时间：25min。
2. 考核方式：步骤描述。
3. 考核评分表。

考生姓名：_____　　　　　　　　　　　　　　　　单位：_____

序号	工作步骤	工作标准	配分	评分标准	扣分	得分	考核结果
1	烘管熔蜡现场处置程序描述	(1) 确定管道蜡堵长度后，组织人员间隔性的开挖管道烘烤作业坑，作业坑一般不大于1.5m，间距为10~20m，也可根据现场情况适当加密烘烤点。 (2) 剥离管道防腐层。 (3) 在烘烤作业坑内堆放适量木材及倾倒少量柴油，并引燃。 (4) 严格控制烘烤作业点火势大小，严禁大火焚烧。 (5) 在确定蜡堵段管道蜡柱基本溶化后熄灭明火，管道启输并提压，确保清管器通行	50	漏答或答错一项扣10分			
2	开孔排蜡现场处置程序描述	(1) 根据清管器卡堵位置的地形地貌，在蜡堵位置上游选择合适位置开挖注压作业坑。 (2) 现场抢险人员进行DN50mm注压孔的焊接以及开孔作业，将压裂车连接管与DN50mm注压孔安全连接。 (3) 在清管器卡堵下游每间隔50~100m开DN50mm或DN100mm排蜡孔，排蜡管线采用刚性连接，连接至收蜡罐或排蜡坑。排蜡坑做一定的防渗漏处理。 (4) 在注压孔对管道注压时控制压力在管道最高允许压力下，并严密关注排蜡情况，见排蜡口油流状态转好即停止注压，关闭排蜡阀门。 (5) 顺序开启其余各排蜡孔继续进行排蜡作业，直至蜡堵管线疏通	50	漏答或答错一项扣10分			
		合计	100				

考评员　　　　　　　　　　　　　　　　　　　　　　　　　　年　　月　　日

十六、W-WQ-05-G09 天然气管道冰堵抢修——冰堵抢修处置

1. 考核时间：30min。
2. 考核方式：步骤描述。
3. 考核评分表。

考生姓名：＿＿＿＿＿＿＿＿＿＿＿　　　　　　　　　　　　单位：＿＿＿＿＿＿＿＿＿＿＿

序号	工作步骤	工作标准	配分	评分标准	扣分	得分	考核结果
1	冰堵位置远离阀室处置程序	(1)判断冰堵位置，完成相关工艺流程操作； (2)确定抢修方案，开挖抢修作业坑，布置抢修机具和设备； (3)清除管道防腐层；焊接带压开孔短节，检测焊口、试压； (4)安装开孔机；带压开孔； (5)拆除开孔机； (6)安装注醇设备； (7)向管道注入甲醇，观察上下游压力变化； (8)管道解堵畅通后恢复输气； (9)封堵开孔阀门，管道防腐、回填； (10)恢复生产	50	漏答或答错一项扣5分			
2	冰堵位置在站场时抢修程序	(1)现场判断冰堵位置，完成相关工艺流程操作(在冰堵比较严重时，应首先关停压缩机)； (2)确定抢修方案，布置抢修机具和设备； (3)将冰堵段上下游隔离并放空； (4)拆除冰堵段设备，找出冰堵点； (5)采取加热升温等措施去除冰堵	50	漏答或答错一项扣10分			
合计			100				

考评员　　　　　　　　　　　　　　　　　　　　　　　　　　年　　月　　日

十七、W-WQ-05-G10 天然气管道泄漏抢修——氮气置换

1. 考核时间：30min。
2. 考核方式：步骤描述。
3. 考核评分表。

考生姓名：＿＿＿＿＿＿＿＿＿＿＿　　　　　　　　　　　　单位：＿＿＿＿＿＿＿＿＿＿＿

序号	工作步骤	工作标准	配分	评分标准	扣分	得分	考核结果
1	氮气置换处置程序	(1)输气管线发生断裂后，控制系统将对全线自动停输，上下游截断阀门自动关闭；铺设能够抵达泄漏点的进场施工便道，便道需满足重型车辆通行要求。 (2)管线断裂段上下游阀室之间管道天然气放空。 (3)输气站先期人员到达现场后，做好天然气泄漏现场警戒，疏散周边300m范围内人员。 (4)抢修队伍到达现场后，根据现场情况制定抢修方案，开展抢修作业。 (5)调集注氮队伍对开裂管段进行氮气置换。 (6)采用含氧分析仪检测天然气置换完成后，开始抢修作业	100	漏答或答错一项扣10分			

序号	工作步骤	工作标准	配分	评分标准	扣分	得分	考核结果
1	氮气置换处置程序	(7)抢修作业坑开挖前检测。开挖前，由佩戴空气呼吸器人员携带可燃气体检测仪对泄漏点进行可燃气体检测，可燃气体检测合格后方可进行抢修作业坑开挖作业。 (8)管线断裂部位抢修作业坑开挖。开挖长度应满足断裂部位换管施工需要，断裂部位单侧长度不应小于1m。 (9)抢修作业坑开挖完成后，抢修人员在断裂部位两侧选择确定切管部位。管线断裂部位切管。采用瓦奇切管机对断裂管段单侧不小于1m管段切除。 (10)换管焊接作业。将事先预制同规格、同材质管段调至抢修作业坑内。按照GB/T 31032—2014《钢制管道焊接及验收》开展焊接作业。焊接结束后填写《焊接记录表》	100	漏答或答错一项扣10分			
	合计		100				

考评员　　　　　　　　　　　　　　　　　　　　　　　　　　　年　　月　　日

十八、W-WQ-05-G11 管道悬空抢修——管道悬空处置

1. 考核时间：25min。
2. 考核方式：步骤描述。
3. 考核评分表。

考生姓名：_____　　　　　　　　　　　单位：_____

序号	工作步骤	工作标准	配分	评分标准	扣分	得分	考核结果
1	双塔架悬索处置	(1)预置或使用提前预置支撑塔架对称分布在悬空管道两侧稳固地面； (2)塔架底座增大受力面积防止受力后塔架整体沉降，并保持与地面的水平全接触。在塔架外侧埋设地锚作为主索紧固依靠； (3)视现场条件选择牵引方式将主索通过塔架上方限位槽进行拉设并与地锚有效连接(可采用卷扬机、倒链、滑轮组、汽车牵引或几种方式结合)； (4)主索可选用单根对中敷设以及双根平行敷设：单根对中敷设即只采用一根主索，而主索拉设位于悬空管道上方；双根平行敷设即采用两根主索，主索位于悬空管道两侧水平布置； (5)根据悬空管道现场情况合理选择悬索的分布，组织有效的提拉悬空管道，完成悬空管道的临时提固	40	漏答或答错一项扣8分			

续表

序号	工作步骤	工作标准	配分	评分标准	扣分	得分	考核结果
2	处置示意图		10	示意图绘制正确得10分			
3	单塔架悬索处置	(1) 在可进入大型抢险设备和车辆的现场的一侧搭设塔架，必要时固定卷扬机； (2) 在无法进入现场的一侧只安装地锚并做引出绳； (3) 牵引主索至无法进入现场的一侧地锚引出绳并连接紧固； (4) 将主索吊至塔架限位槽；使用卷扬机或手动倒链等收紧主索； (5) 根据悬空管道现场情况合理选择悬索的分布，组织有效的提拉悬空管道，完成悬空管道的临时提固	40	漏答或答错一项扣8分			
4	处置示意图		10	示意图绘制正确得10分			
	合计		100				

考评员　　　　　　　　　　　　　　　　　　　　　　　　　年　　月　　日

十九、W-WQ-05-G12 管道漂管抢修——管道漂管处置

1. 考核时间：25min。
2. 考核方式：步骤描述。
3. 考核评分表。

考生姓名：＿＿＿＿＿＿＿＿　　　　　　　　　　　　　　　单位：＿＿＿＿＿＿＿

序号	工作步骤	工作标准	配分	评分标准	扣分	得分	考核结果
1	小型河流漂管处置	(1) 在紧邻漂管管段两侧采用大型施工机具抛投毛石方式修筑贯通河面石质围堰； (2) 挖掘机通过围堰进入河道在管线两侧每间隔3m夯制ϕ159mm钢管1组，每组钢管桩之间采用槽钢或钢管焊接，对防护桩稳定性进行加固	50	答错一步扣25分			

序号	工作步骤	工作标准	配分	评分标准	扣分	得分	考核结果
2	中大型河流漂管处置	(1)在漂管段下游采用推土机、挖掘机等机械抛投大块毛石； (2)使用毛石对漂管管线构筑一条阻挡围堰，减缓漂管横向水流受力强度； (3)采用冲锋舟在漂管段上游每间隔 5m 对管线设置固定拖锚 1 处，消减漂管段横向水流受力	50	答错步骤(1)扣 10 分；答错步骤（2），(3)各扣20分			
		合计	100				

考评员　　　　　　　　　　　　　　　　　　　　　　　　年　　月　　日

参 考 文 献

[1]夏于飞，焦光伟，卜文平．油气管道维修技术[M]．北京：中国科学技术出版社，2009．

[2]洪险峰，崔昊，贾会英，等．浅谈含缺陷管道的完整性评价及维护维修[J]．长江大学学报：自然科学版，2011(11)：48-49，54．

[3]SY/T 6150.1—2011　钢制管道封堵技术规程　第1部分：塞式、筒式封堵[S]．

[4]SY/T 6150.2—2011　钢制管道封堵技术规程　第2部分：囊式封堵[S]．

[5]ASME B31.8　输气和配气管道系统[S]．

[6]PRCI Pipeline repair manual.

[7]GB 150.1~150.4-2011　压力容器[S]．

[8]胡忆为，等．中高压管道带压堵漏工程[M]．北京：化学工业出版社，2011．

[9]李春桥，等．管道安装与维修手册[M]．北京：化学工业出版社，2009．

[10]蔺子军，等．油库设备应急抢修技术[M]．北京：化学工业出版社，2010．

[11]郝宝根，等．油库实用堵漏技术[M]．北京：化学工业出版社，2004．

[12]中国石油管道公司．油气管道检测与修复技术[M]．北京：化学工业出版社，2010．

[13]胡毅为，杨世如．堵漏技术[M]．北京：化学工业出版社，2004．

[14]刘功智，刘铁民．重大事故应急预案编制指南[J]．劳动保护，2004(4)．

[15]陈荣庆，佟瑞鹏．企业生产事故应急预案编制技术[J]．中国安全科学学报，2006(12)：55-60．

[16]杨景顺，谷风涛．油气管道维抢修技术[M]．北京：石油工业出版社，2013．